歴代アメリカ陸軍歩兵個人装備

2008年〜アフガン・イラク現用

アメリカ陸軍歩兵

アメリカ陸軍は 2004 年 6 月に、全域用の新型迷彩服として新たに ACU(Army Combat Uniform) 迷彩を採用。これまでの BDU (Battle Dress Uniform) が大きな柄の森林用としたら、ACU はコンピュータ設計によるデジタル・ドット・パターンで、対テロ向けの市街地戦用ともいえる。

MOLLEシステム

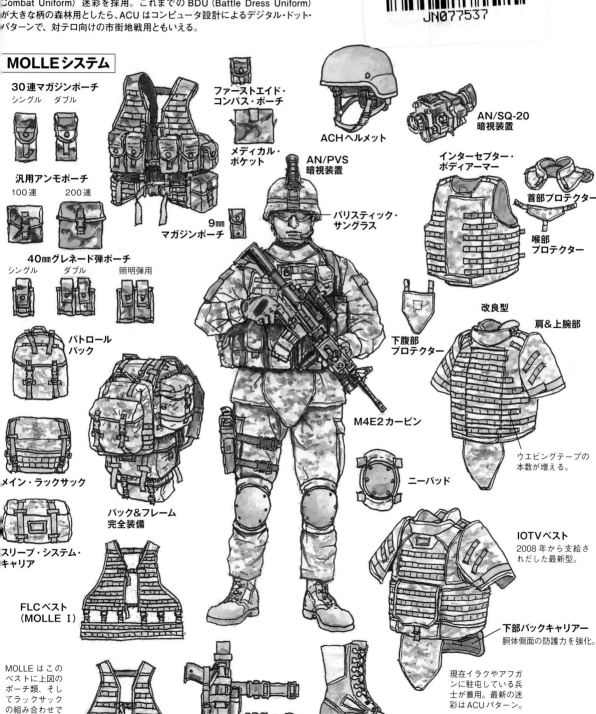

30連マガジンポーチ
シングル　ダブル

ファーストエイド・コンパス・ポーチ

メディカル・ポケット

ACHヘルメット

AN/SQ-20 暗視装置

汎用アンモポーチ
100連　200連

9mm マガジンポーチ

AN/PVS 暗視装置

バリスティック・サングラス

インターセプター・ボディアーマー

首部プロテクター

喉部プロテクター

40mmグレネード弾ポーチ
シングル　ダブル　照明弾用

下腹部プロテクター

改良型

肩＆上腕部

パトロールパック

M4E2カービン

ウエビングテープの本数が増える。

メイン・ラックサック

ニーパッド

パック＆フレーム完全装備

IOTVベスト
2008 年から支給されだした最新型。

スリーブ・システム・キャリア

FLCベスト（MOLLE I）

下部バックキャリアー
胴体側面の防護力を強化。

MOLLE はこのベストに上図のポーチ類、そしてラックサックの組み合わせで構成される。

改良型FLCベスト（MOLLE II）

タクティカル・ホルスター

ACUブーツ

現在イラクやアフガンに駐屯している兵士が着用。最新の迷彩は ACU パターン。

1993年ソマリア

レンジャー部隊

2003年〜イラク戦争

アメリカ陸軍歩兵

湾岸戦争で6色デザート迷彩が意外と目立つことがわかり、急遽開発された3色デザート迷彩を着用している。

ユーテリティー・キャップ

カラビナ＆ロープ

ゴーグル2種

クローズ・クォーター・コンバット（CQB）

ブッシュハット

サンド＆サン

M203

PASGTヘルメット

AN/PVS暗視装置
ACHヘルメットも使用されはじめる。

AN/PRC-126
＆
スピーカーマイク

200連マガジンポーチ

キャメルバッグ

M249

レンジャー・ボディアーマー

グレネードベスト

インターセプター・ボディアーマー

1990年代より陸軍海兵隊に支給。アーマープレートを挿入して、防弾力を強化している。

ニーパッド
MOLLEシステムの実戦使用となった。

ニーパッド

この当時はまだ基本的にALICE装備だ。レンジャーはヘリコプターによる移動が多く、ラベリング用のロープとグローブを装備する。

ALICE　M16用マガジンポーチ

ファーストエイド・コンパス・ポーチ

デザートブーツ

1991年湾岸戦争

アメリカ陸軍歩兵

M9用
M12ピストル・
ホルダー

M9用
マガジンポーチ

M16用
30連マガジン
ポーチ

TLBV
（タクティカルベスト）

革新的な個人
戦闘装備だっ
たが、より良
い MOLLE シ
ステムに切り
替わった。

FPLIF

コンバットブーツ

熱帯用
コンバットブーツ

M203 グレネード・ランチャー用アミュ
ニションベストを着用（40mm弾20発）。

M60 機関銃を構える兵士は、DBDU の上か
らナイトタイムカモフラージュ服を着用。赤
外線暗視カメラにキャッチされにくい。

1980年代前半頃
特殊戦部隊 (SOF)

特殊戦部隊
(SOF 部隊)

第75歩兵連隊
（レンジャー部隊）

デルタ・フォース
特に練度の高い部隊

1980年代後半頃
デルタ・フォース隊員

夜間攻撃におけるデルタ・
フォース隊員。AN／PNS-5
ナイト・ビジョン・ゴーグル
をつけ、手にしているのは各
国の特殊部隊で使用されてい
るH&K MP5サブ・マシンガ
ンの消音器付きの物。

ジャングルでパトロール中の SOF 部
隊。熱帯用 BDU に ALICE 装備。各
隊員は各種専門技術を持つプロ集団だ
が、装備自体にそう変わりはない。

1983年グレナダ侵攻作戦

アメリカ陸軍歩兵

1989～1990年パナマ侵攻作戦

女性MP兵士

M249分隊支援火器を持つ兵士。グレナダ兵を圧倒し、アメリカは完全勝利した。

完全に90年代装備に切り替わっていたパナマ侵攻作戦。女性のMP兵士も戦闘に参加した。

ライトウエイ・
フレームパック

トロピカル・
ラックサック

ALICEパック

ミディアム

ラージ

1970年ベトナム戦争

アメリカ陸軍歩兵

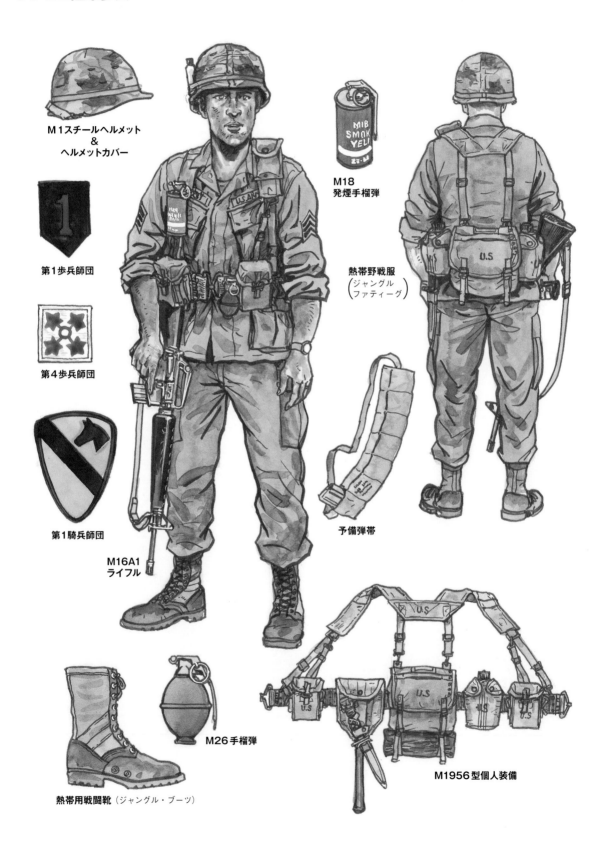

M1スチールヘルメット
＆
ヘルメットカバー

第1歩兵師団

第4歩兵師団

第1騎兵師団

M16A1
ライフル

M18
発煙手榴弾

熱帯野戦服
（ジャングル
ファティーグ）

予備弾帯

M26手榴弾

熱帯用戦闘靴（ジャングル・ブーツ）

M1956型個人装備

1952年朝鮮戦争

アメリカ陸軍歩兵

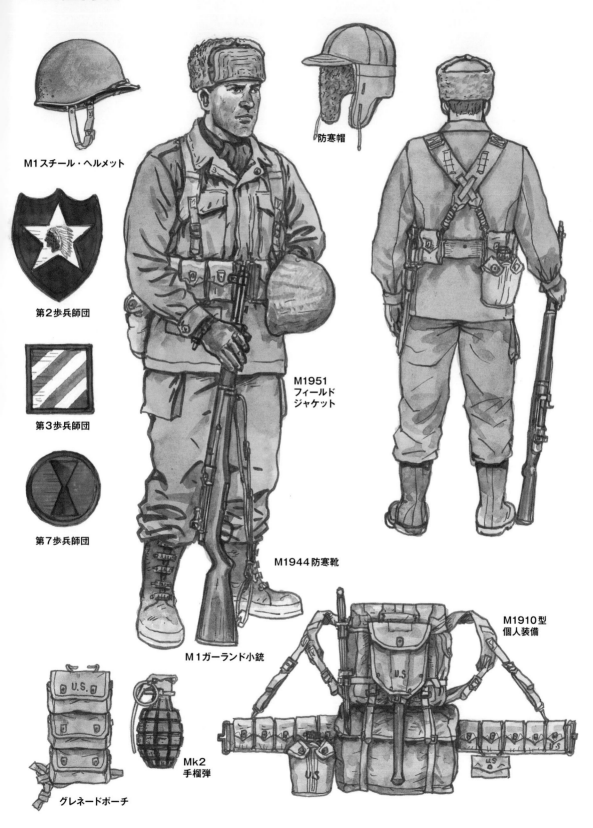

M1スチール・ヘルメット

第2歩兵師団

第3歩兵師団

第7歩兵師団

防寒帽

M1951
フィールド
ジャケット

M1944 防寒靴

M1ガーランド小銃

M1910型
個人装備

Mk2
手榴弾

グレネードポーチ

アメリカ陸軍ユニフォームの分類

サービス・ユニフォーム（制服）

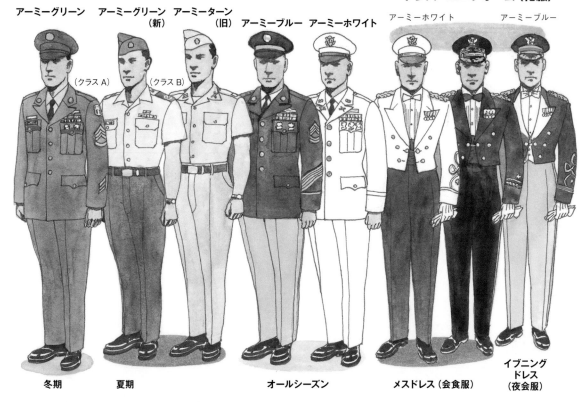

アーミーグリーン　アーミーグリーン　アーミーターン　アーミーブルー　アーミーホワイト
　　　　　　　　　（新）　　　　　　（旧）

（クラスA）　　　（クラスB）

冬期　　　　　夏期　　　　　　　　　オールシーズン

ドレス・ユニフォーム（礼服）

アーミーホワイト　　　　　アーミーブルー

メスドレス（会食服）　　　イブニング
　　　　　　　　　　　　　ドレス
　　　　　　　　　　　　　（夜会服）

フィールド＆ファティーグ・ユニフォーム（野戦服と作業服）

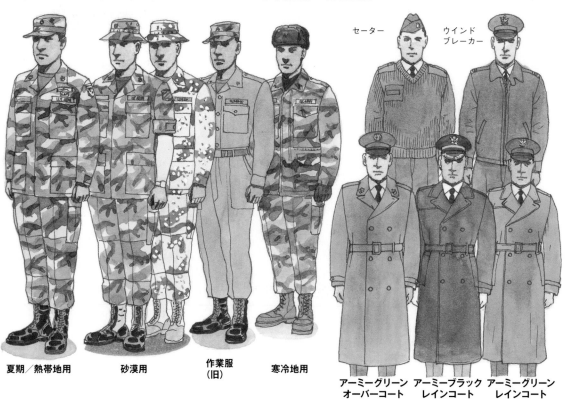

セーター　　　　ウインド
　　　　　　　　ブレーカー

夏期／熱帯地用　　砂漠用　　作業服　　寒冷地用
　　　　　　　　　　　　　（旧）

アーミーグリーン　アーミーブラック　アーミーグリーン
オーバーコート　　レインコート　　　レインコート

COMBAT BIBLE

コンバット・バイブル
［永久保存版］

アメリカ陸軍教本
完全図解マニュアル

上田 信

名簿を持った下士官　　　　　　　　　　　　　　入隊前の志願者

CONTENTS

第1章▶新兵集合編 11

CHAPTER1 軍服
軍服は色々あるのだ! ……………… 12

CHAPTER2 ドリル
ドリル（教練）の基本動作 ……………… 22

CHAPTER3 格闘術（ファイティング）
素手で身を守れ ……………… 26

CHAPTER4 銃剣術
ナイフで戦う ……………… 32

兵舎案内 ……………… 37

第2章▶射撃編 39

CHAPTER5 射撃
小銃は歩兵の友達 ……………… 40

CHAPTER6 射撃訓練（Part2）
手取り足取り教えよう! ……………… 49

CHAPTER7 コルトM1911A1オートマチックピストル
ガバメント取り扱い ……………… 55

CHAPTER8 コルトM1911A1（Part2）
いよいよ射撃訓練だ! M9登場 ……………… 61

CHAPTER9 手榴弾
手榴弾は至近戦に有効だ ……………… 69

第3章▶支援火器編 75

CHAPTER10 M60GPMG・M249SAW
歩兵の強い味方! ……………… 76

CHAPTER11 対戦車兵器
戦車は歩兵に弱い ……………… 89

CHAPTER12 狙撃銃（スナイパーライフル）
最も有効で静かな防御法 ……………… 94

CHAPTER13 M203 40㎜グレネードランチャー
歩兵の強力アイテム ……………… 99

第4章▶野戦編 103

CHAPTER14 戦闘隊形
ライフル分隊の基本編成 ……………… 105

CHAPTER15 戦闘における移動テクニック
敵前での移動 ……………… 111

CHAPTER16 パトロール
敵を探れ ……………… 117

CHAPTER17 アンブッシュ（待ち伏せ）
一番ポピュラーな戦闘法 ……………… 123

CHAPTER18 役に立つ!!露営
露営は楽しいぞ! ……………… 129

CHAPTER19 キャンプサイトの決定
設営には細心の注意を払え ……………… 135

CHAPTER20 Cレーションの歴史
腹が減っては戦はできぬ ……………… 141

第5章▶野戦築城編 147

CHAPTER21 野戦築城
塹壕で陣地を守れ ……………… 149

CHAPTER22 地雷
地雷から身を守る ……………… 161

第6章▶悪条件下の戦闘編 173

CHAPTER23 冬期作戦
冬期装備について ……………… 175

CHAPTER24 冬期作戦（Part2）
戦場スキー入門 ……………… 181

CHAPTER25 砂漠地帯でのサバイバル
砂漠で生き残るテクニック ……………… 187

CHAPTER26 砂漠地帯でのサバイバル（Part2）
湾岸戦争では苦労した ……………… 193

CHAPTER27 市街戦における歩兵戦闘
7つの移動原則 ……………… 199

CHAPTER28 市街戦における歩兵戦闘（Part2）
上下から攻める ……………… 205

第7章▶ゼロ年代以降の最新ミリタリー事情 211

CHAPTER29 捕獲兵器
AKファミリー操作法 ……………… 212

CHAPTER30 捕獲兵器（Part2）
分隊支援火器操作法 ……………… 220

CHAPTER31 現代の装備
現用制式小銃M4 etc. ……………… 228

CHAPTER32 PKO＝国連平和維持活動
ブルーヘルメットの戦士 ……………… 233

CHAPTER33 ハイテク装備
無線機と暗視装置 ……………… 238

キャンプ卒業試験 ……………… 243

面接　　精神鑑定　　歯科検査　　予防注射　　身体検査　　GIカット（散髪）

第1章　新兵集合編

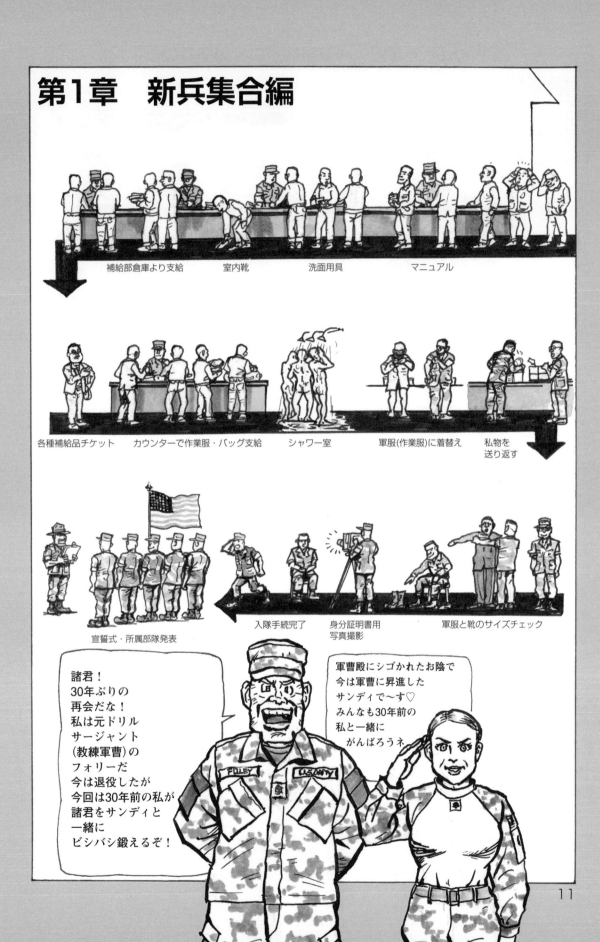

補給部倉庫より支給　　室内靴　　　洗面用具　　　マニュアル

各種補給品チケット　　カウンターで作業服・バッグ支給　　シャワー室　　　軍服(作業服)に着替え　　私物を送り返す

宣誓式・所属部隊発表　　入隊手続完了　　身分証明書用写真撮影　　軍服と靴のサイズチェック

諸君！
30年ぶりの
再会だな！
私は元ドリル
サージャント
(教練軍曹)の
フォリーだ
今は退役したが
今回は30年前の私が
諸君をサンディと
一緒に
ビシバシ鍛えるぞ！

軍曹殿にシゴかれたお陰で
今は軍曹に昇進した
サンディで〜す♡
みんなも30年前の
私と一緒に
がんばろうネ

11

■軍服

さあ
軍人らしく
軍服はビシッと
着こなそうぜ！

略帽
(ギャリソン
キャップ)

正帽

ベレー帽

練兵係軍曹の帽子

男性

女性

女性用
正帽

作業帽

防寒帽

女性用略帽

将校用帽章　　兵用帽章

兵・
下士官用の
制服

アーミー
グリーンの
サービス・
ユニフォームは
冬季の
標準制服だが、
年間を通じて
着用できる。

将校用の制服。
デザインは同じだが
袖とズボンに
黒い布テープが付く。
また将校ともなると
制服は
オーダーメイドするので、
布地や仕立てが
グッと違います。

女性兵士用
アーミーグリーン
サービス・ユニフォーム

■インシグニア入門

海外派遣章は6ヶ月で1本
もらえて、年功章は3年で
1本もらえます

●ブランチ・インシグニア(兵科章)
　将校はここだが
　兵は左エリにつく

●ディー・アイ(クレスト)
　(部隊バッチ。連隊・師団・軍団・軍等)

●USバッチ
　(アメリカ陸軍
　所属を示す)

●ショルダー・スリーブ・インシグニア
　(部隊章・旅団、師団、軍団、軍等)
　右肩に付いている物は戦時の部隊の物で、
　戦時以外の転属では付けてはいけない。

●レジメンタル
　ディステンシブ
　ユニット・インシグニア
　(兵科別クレスト)

●ユニット
　アワード
　および
　サイテーション
　(感状。
　部隊および
　個人が
　もらった物)

●クォリフィケイション・バッチ
　(各種特別技能章)

●サービス・メダルおよびリボン
　(従軍章および戦功章、
　年功章等)

●ランク・インシグニアおよび
　エンリステッド・シェブロン
　(階級章)

●ネーム
　プレート
　(名札)

●オーバー・シー・ストライプ
　(海外派遣章)

●サービス・ストライプ
　(兵・下士官用年功章)

右腕　　左腕

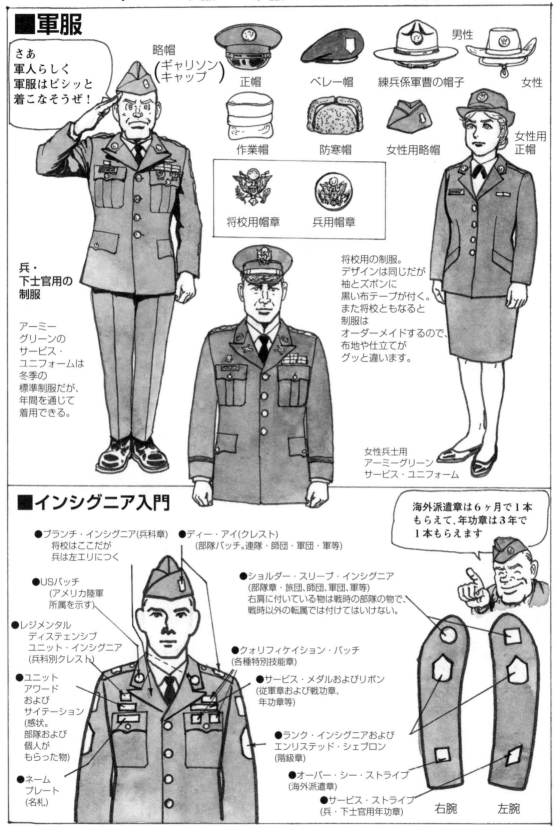

■戦闘服＝BDU(バトル・ドレス・ユニフォーム)

ベトナム戦争中に使用された1965ホットウェザーコンバットコートは、ジャングルファーティーグとも呼ばれたオリーブグリーンの熱帯用戦闘服。

BDUの基本デザインはベトナム戦争で使用された熱帯用戦闘服で現用のBDUはこの発展型ともいえる上下ツーピース迷彩服だ

ERDLは技術研究開発実験所の略だ。

ERDL迷彩服は海兵隊と陸軍では空挺部隊等で使用した

BDUには対赤外線センサー隠蔽効果をもつ綿ポリエステル混紡生地が使われており、布地の厚さでオールシーズン用と熱帯/夏期用の2種類がある。

迷彩服の研究はベトナム戦で本格化。開発は1962年からで65年には実戦テストされ67年より生産開始

前合わせはボタン式でストレートカット余裕ある作りは動きやすく暑中の換気性や寒冷地での保温性にも優れている

DBDU
砂漠用BDUで迷彩パターンが違います。中東用に開発されたもので、ムダにならず実戦で使用されました

DBDU-N(夜間・砂漠用)
砂漠では気温の変化が激しい夜間に暗視装置に発見されないようにBDUの上から着用するコート。赤外線反射率吸収率が草木に近い

くそっ！強力なノリ付けでバリバリいわせながら着ることが最高だといわれてたのに！悲しい…

BDUの採用で陸軍の伝統だった面倒な戦闘服のノリ付けが廃止よかったワ～！

※ノリ付けプレスだと赤外線センサーに探知されやすくなる

■アメリカ軍の迷彩服

●ダック・ハンターズ・パターン WWⅡ戦時主として太平洋戦線に使用

●タイガーストライプ・パターン* ベトナム戦の米軍の制式ではなく、一部の特殊部隊が使用。

●ERDLパターン

1968年に採用。通称リーフパターン

●ウッドランド・パターン 1980年に採用された

衣料用標準迷彩

●デザート・パターン

●ナイトタイム・パターン

*タイガーストライプ・パターン＝ベトナム戦争時の装備で特に人気のある迷彩柄。元は仏軍がベトナムに持ち込んだリザードパターン迷彩を、南ベトナム軍海兵隊が採用した物が元祖。これを米特殊部隊員が私的に購入して着用したのがルーツと言われる。

現在のアメリカ陸軍の戦闘服は活動地域や用途によってかなりバリエーションが豊富になったワ。詳しくは巻頭カラーページを見てネ

■ALICE装備の装着 （ALICE＝All purpose Lightweight individual Carrying Equipment)

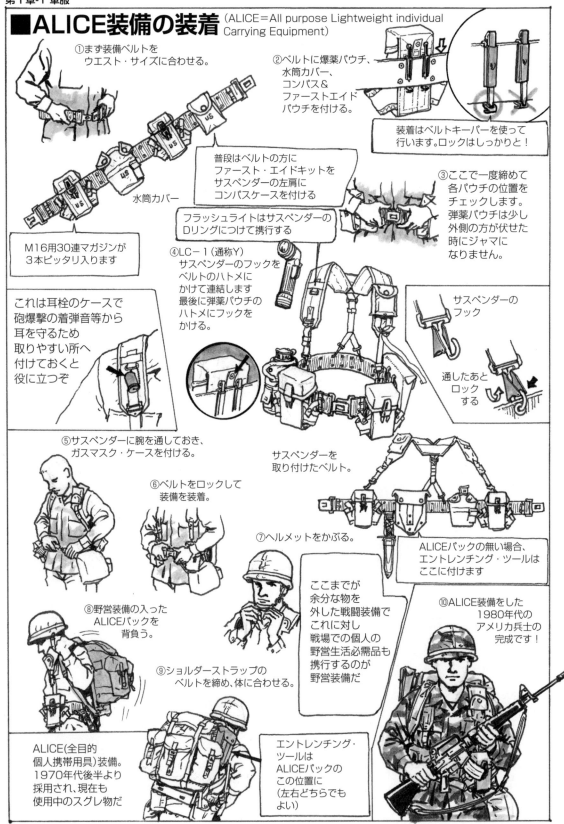

①まず装備ベルトを
ウエスト・サイズに合わせる。

②ベルトに爆薬パウチ、
水筒カバー、
コンパス＆
ファーストエイド
パウチを付ける。

装着はベルトキーパーを使って
行います。ロックはしっかりと！

普段はベルトの方に
ファースト・エイドキットを
サスペンダーの左肩に
コンパスケースを付ける

③ここで一度締めて
各パウチの位置を
チェックします。
弾薬パウチは少し
外側の方が伏せた
時にジャマに
なりません。

M16用30連マガジンが
3本ピッタリ入ります

水筒カバー

フラッシュライトはサスペンダーの
Dリングにつけて携行する

④LC−1（通称Y)
サスペンダーのフックを
ベルトのハトメに
かけて連結します
最後に弾薬パウチの
ハトメにフックを
かける。

サスペンダーの
フック

通したあと
ロック
する

これは耳栓のケースで
砲爆撃の着弾音等から
耳を守るため
取りやすい所へ
付けておくと
役に立つぞ

⑤サスペンダーに腕を通しておき、
ガスマスク・ケースを付ける。

サスペンダーを
取り付けたベルト。

⑥ベルトをロックして
装備を装着。

⑦ヘルメットをかぶる。

ここまでが
余分な物を
外した戦闘装備で
これに対し
戦場での個人の
野営生活必需品も
携行するのが
野営装備だ

ALICEパックの無い場合、
エントレンチング・ツールは
ここに付けます

⑩ALICE装備をした
1980年代の
アメリカ兵士の
完成です！

⑧野営装備の入った
ALICEパックを
背負う。

⑨ショルダーストラップの
ベルトを締め、体に合わせる。

ALICE(全目的
個人携帯用具)装備。
1970年代後半より
採用され、現在も
使用中のスグレ物だ

エントレンチング・
ツールは
ALICEパックの
この位置に
（左右どちらでも
よい)

※IIFS＝Individual Integrated Fighting System

■アメリカ陸軍装備IIFS（総合型歩兵用戦闘システム）

'90年代の
アメリカ兵
がコレだ！

アメリカ陸軍は1980年代に入り
装備の改変に着手。87年には
新コンセプトに基づく
個人装備を採用し
その軍装は一変した

当時、世界で最も
進んだ歩兵用被服
と装備を使用
していたんだ

PASGTアーマーベスト
（地上部隊個人
防護システム）

PASGTヘルメット
（バリスティック・
ヘルメット）

グレナダ侵攻時に
実戦登場した
通称フリッツ・
ヘルメット。

ITLBV（個人用戦術物資携帯ベスト）
弾薬パウチ等が縫い付けられ全体の重量バランスが
よく、伏せ撃ち等が楽にできる。走っても雑音を
立てないし、着脱も楽だ。

弾薬ポーチ

ファーストエイド・
パウチ

M9MPBS

IIFSギア
ITLBV（略して装備ベスト）と
ベルトを組み合わせた物をいいます。

手榴弾ポーチ

ガスマスク

新型
コンバット
ブーツ

FPLIF（フレーム内蔵大型野戦パック）

これもIIFSギアで、行軍時
および戦闘時における
体力の消耗をおさえるために
開発された縦長のリュックサック

いくつかの収納部に
個人用テント、ポンチョ、
衣類、個人装備、食料等
あらゆる状況下で任務を
遂行できるスペースが
取ってある。外側に3個の
ポケットがあり、最上の
部分は分離でき、そこ
だけでも短期パトロール用
として使用できる。

一番下のところに寝袋を入れる

1990年代に向けて
アメリカ軍が採用した
個人装備が
IIFSギアで
1993年までに
全軍に支給
される予定で
ありました！

IIFS装備は90年代末まで使用されました。その後は
現用のMOLLEシステムが採用されたの

■コンバットユニフォームACU

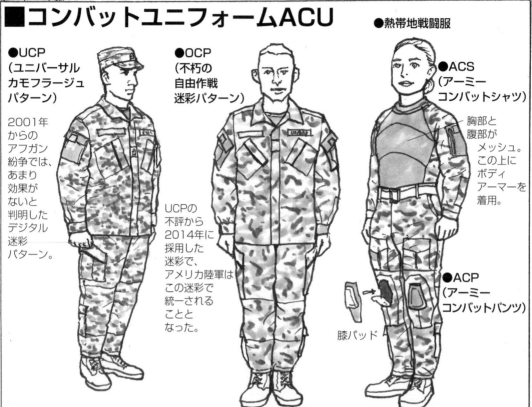

●UCP
（ユニバーサル
カモフラージュ
パターン）

2001年
からの
アフガン
紛争では、
あまり
効果が
ないと
判明した
デジタル
迷彩
パターン。

●OCP
（不朽の
自由作戦
迷彩パターン）

UCPの
不評から
2014年に
採用した
迷彩で、
アメリカ陸軍は
この迷彩で
統一される
ことと
なった。

●熱帯地戦闘服

●ACS
（アーミー
コンバットシャツ）

胸部と
腹部が
メッシュ。
この上に
ボディ
アーマーを
着用。

●ACP
（アーミー
コンバットパンツ）

膝パッド

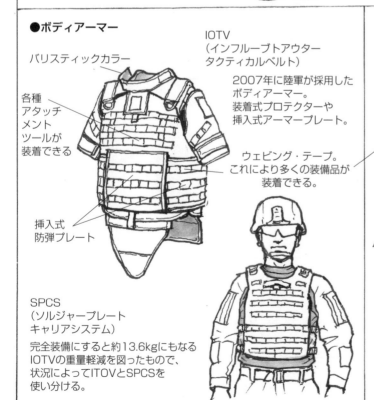

●ボディアーマー

バリスティックカラー

各種
アタッチ
メント
ツールが
装着できる

挿入式
防弾プレート

IOTV
（インフルーブトアウター
タクティカルベルト）

2007年に陸軍が採用した
ボディアーマー。
装着式プロテクターや
挿入式アーマープレート。

ウェビング・テープ。
これにより多くの装備品が
装着できる。

SPCS
（ソルジャープレート
キャリアシステム）

完全装備にすると約13.6kgにもなる
IOTVの重量軽減を図ったもので、
状況によってIOTVとSPCSを
使い分ける。

●FLC
（戦闘装備携行具）

背中の熱を
減らすため
H型ハーネスを
使用。

戦闘装備品の装着に
基本となるベルトだが、
最近ではボディアーマーに
直接装着するようになって
いる。

ACUとはArmy Combat Uniformの略で、アメリカ陸軍が2005年4月から配備を開始した、
新しいタイプの都市型デジタル迷彩服のことだ。初期のデジタル迷彩UCP、マルチカム迷彩
OEFCPを経て、現在はOCPに統一されている

■主要装備の装着位置

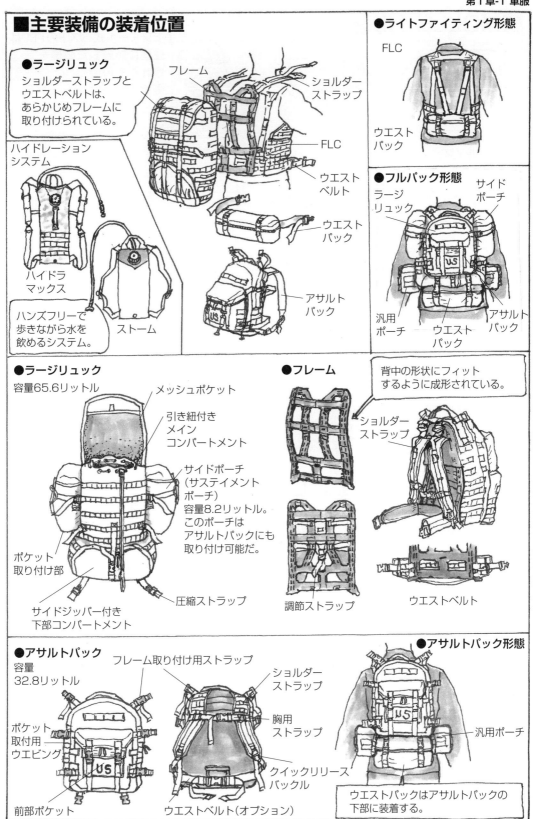

●ラージリュック
ショルダーストラップとウエストベルトは、あらかじめフレームに取り付けられている。

フレーム

ショルダーストラップ

FLC

ウエストベルト

ウエストパック

ハイドレーションシステム

ハイドラマックス

ストーム

ハンズフリーで歩きながら水を飲めるシステム。

アサルトパック

●ライトファイティング形態
FLC

ウエストパック

●フルパック形態
ラージリュック

サイドポーチ

汎用ポーチ

ウエストパック

アサルトパック

●ラージリュック
容量65.6リットル

メッシュポケット

引き紐付きメインコンパートメント

サイドポーチ（サステイメントポーチ）
容量8.2リットル。このポーチはアサルトパックにも取り付け可能だ。

ポケット取り付け部

圧縮ストラップ

サイドジッパー付き下部コンパートメント

●フレーム

背中の形状にフィットするように成形されている。

ショルダーストラップ

調節ストラップ

ウエストベルト

●アサルトパック
容量32.8リットル

フレーム取り付け用ストラップ

ショルダーストラップ

ポケット取付用ウエビング

胸用ストラップ

クイックリリースバックル

前部ポケット

ウエストベルト（オプション）

●アサルトパック形態

汎用ポーチ

ウエストパックはアサルトパックの下部に装着する。

機能的なラージリュックは市販もされているわね

■MOLLE Ⅱ形態

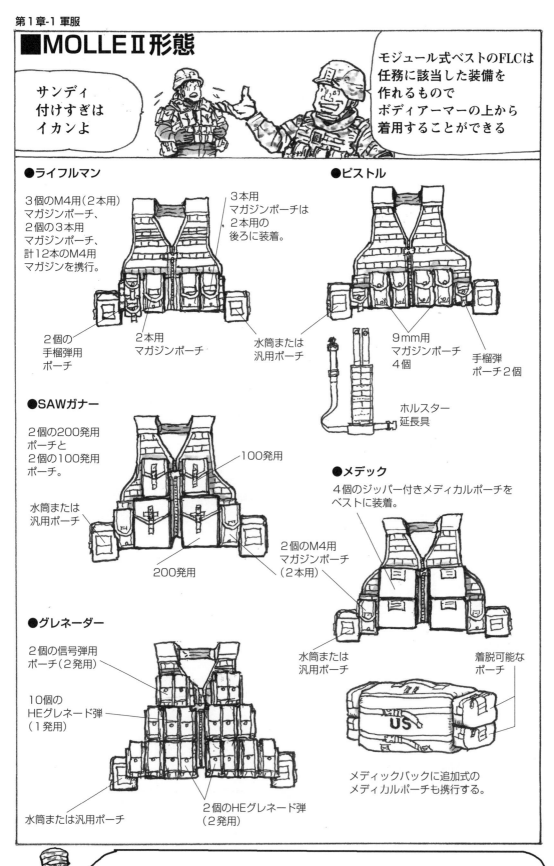

サンディ
付けすぎは
イカンよ

モジュール式ベストのFLCは
任務に該当した装備を
作れるもので
ボディアーマーの上から
着用することができる

●ライフルマン

3個のM4用（2本用）
マガジンポーチ、
2個の3本用
マガジンポーチ、
計12本のM4用
マガジンを携行。

3本用
マガジンポーチは
2本用の
後ろに装着。

2個の
手榴弾用
ポーチ

2本用
マガジンポーチ

水筒または
汎用ポーチ

●ピストル

9mm用
マガジンポーチ
4個

手榴弾
ポーチ2個

ホルスター
延長具

●SAWガナー

2個の200発用
ポーチと
2個の100発用
ポーチ。

水筒または
汎用ポーチ

100発用

200発用

●メデック

4個のジッパー付きメディカルポーチを
ベストに装着。

2個のM4用
マガジンポーチ
（2本用）

水筒または
汎用ポーチ

着脱可能な
ポーチ

US

メディックバックに追加式の
メディカルポーチも携行する。

●グレネーダー

2個の信号弾用
ポーチ（2発用）

10個の
HEグレネード弾
（1発用）

水筒または汎用ポーチ

2個のHEグレネード弾
（2発用）

MOLLE Ⅱは個人装備システムMOLLE（**MO**dular **L**ightweight **L**oad-carrying **E**quipment）
の改良型だ

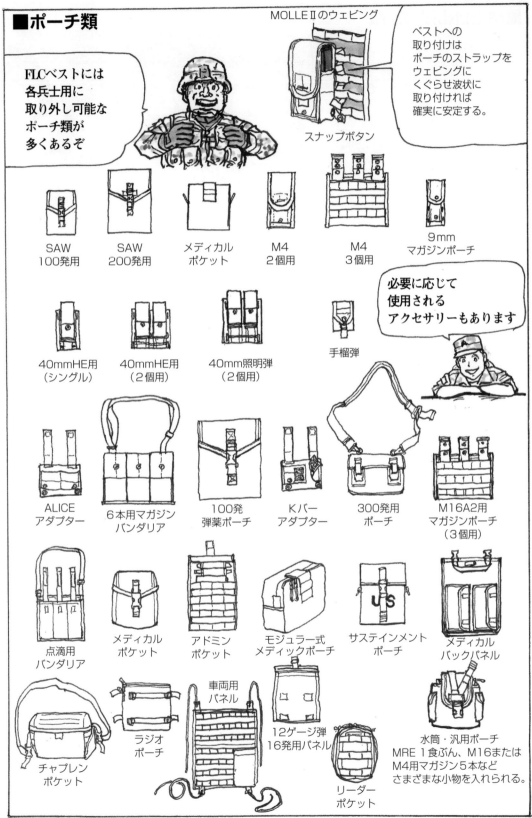

■陸上自衛隊の制服

常装（冬服）
色は茶灰色。
自衛官の
通常制服で
冬服と
夏服がある。
夏服は3種あり、
第1種夏服は
冬服と同型の
ジャケット。
第2種が
シャツスタイル。
第3種が
半袖シャツと
なっている。
夏服の色は
淡茶灰色。

1991年まで使用された
陸自の
制服は昭和45年
（1970年）に
制定された物で
当時の
増田防衛庁長官が
「自衛隊のユニフォームは
国民に好感の持たれる
魅力のある物にすべきだ」
との考えにより
民間の服飾専門家の
意見をまとめて
完成された物だった

婦人正帽

婦人略帽

正帽　　　作業帽

ベレー帽型略帽も採用

WAC
（陸上婦人
自衛官）
冬服
一等陸士

91年に20年ぶりに
デザインを更新した
新制服は色が
モスグリーン
になり
よりアメリカ軍に
似てきたネ

このセーター
は好評の
ようね

婦人冬服が
ダブルから
シングル形式と
なった

第2種
夏服
（長袖シャツ）

第3種
夏服
（半袖シャツ）
シャツの色は
アイボリー

協力／陸上自衛隊

■陸上自衛隊の戦闘服

普通科部隊の基本的戦闘装備（乙武装）

65式作業服とデザインは同じで、戦闘訓練は迷彩の戦闘服。基本訓練はOD色の作業服を着用する。ツーピース型だがジッパー式の前合わせで上着の裾をズボンの中へたくしこんで着用する。

65式作業服（戦闘服）は前身の警察予備隊が発足当時に供給されたアメリカ軍の作業服を基にした物で、昭和40年（1965年）に採用された戦闘服としては細身で余裕がなく着づらいと言われる

新型迷彩作業服2型を着用した空挺隊員。新型迷彩服として1992年より導入。

89式 5.56mm 新小銃 重量：約3.5kg

前合わせはボタン式で上着の裾はズボンの上に出したまま着用。赤外線に探知されにくい染料を使用、難燃性や活動性も向上。快適さもアップした。

防護マスク

迷彩作業服3型

2007年度より使用。詰襟にできる等、使い勝手が向上。

64式 7.62mm小銃 重量：約4.4kg

フリッツとはドイツ兵を指し、ヘルメットの形状が似ていることからきたニックネーム

66式鉄帽 アメリカ軍のMI型を原型にした国産型

吊帯（X型）

携帯円ぴ

水筒（アルミ製）

現在開発中の弾薬のう付のボディー・アーマー

吊帯（Y型）

64式用銃剣

弾薬のう 20発入弾倉1本（2本まで入る）

戦闘に使用すると予想した場合に装着、弾帯に付けるか背中にヒモで背負う。

88式鉄帽

名称は鉄帽だが、材質はケブラー製耐弾耐破片用フリッツタイプのヘルメット。

携帯円ぴ

（折りたたみ式）

水筒（プラ製）

弾薬のう 30発入弾倉が3本入る

89式用銃剣

■ドリル・マニュアル

■ライフル・ドリル（M16A1使用）

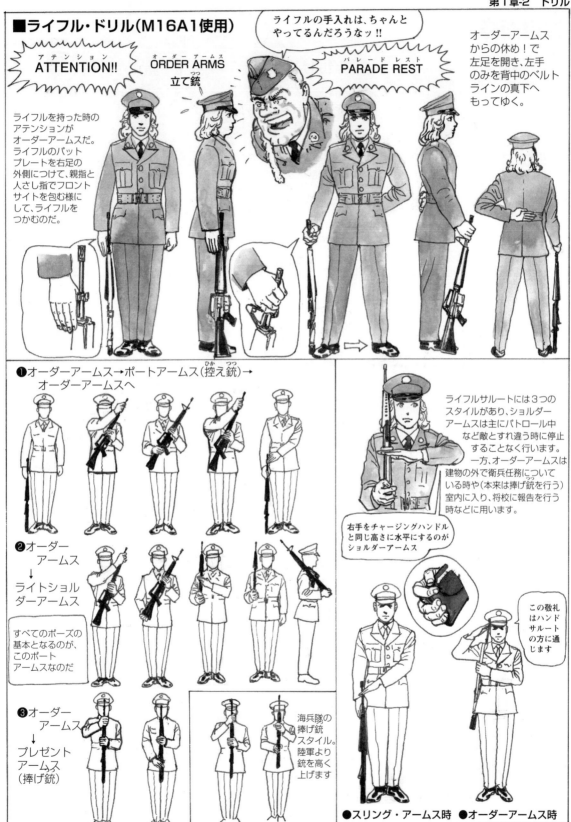

ライフルの手入れは、ちゃんとやってるんだろうなッ!!

ATTENTION!!（アテンション）

ライフルを持った時のアテンションがオーダーアームスだ。ライフルのバットプレートを右足の外側につけて、親指と人さし指でフロントサイトを包む様にして、ライフルをつかむのだ。

ORDER ARMS（オーダー アームス）立て銃

PARADE REST（パレード レスト）

オーダーアームスからの休め！で左足を開き、左手のみを背中のベルトラインの真下へもってゆく。

❶オーダーアームス→ポートアームス（控え銃・ひかえつつ）→オーダーアームスへ

すべてのポーズの基本となるのが、このポートアームスなのだ

❷オーダーアームス↓ライトショルダーアームス

❸オーダーアームス↓プレゼントアームス（捧げ銃）

海兵隊の捧げ銃スタイル。陸軍より銃を高く上げます

ライフルサルートには３つのスタイルがあり、ショルダーアームスは主にパトロール中など敵とすれ違う時に停止することなく行います。
　一方、オーダーアームスは建物の外で衛兵任務についている時や（本来は捧げ銃を行う）室内に入り、将校に報告を行う時などに用います。

右手をチャージングハンドルと同じ高さに水平にするのがショルダーアームス

この敬礼はハンドサルートの方に通じます

●スリング・アームス時　●オーダーアームス時

23

■自衛隊

頭を動かさず
口を閉じ
眼は正面を
直視して
動かさない

気を付け!!

不動の姿勢は隊員基本の
姿勢である。
号令でかかとをつけて
つま先を約60度に開く。
胸を張り、腕は垂直に
降ろし、手は軽く握る。

手の中を
外にして
親指を人
さし指と
中指の上
にする

ひざを固くしないで、まっすぐ伸ばし
体重は両足に平均的にかけて、上体を
腰の上に落ち着かせる

約60°

フ～～ン
同じWACだね
でもユニフォームは
イマイチね

婦人自衛隊(WAC)も同じですが
つま先の開きは約55度です。上図は
ショルダーバッグ携行時の着付けで、
バッグは体と平行に保持します。

●旧日本軍

気を付け!!

不動の姿勢
は文字通り
不動の
姿勢を
とる。

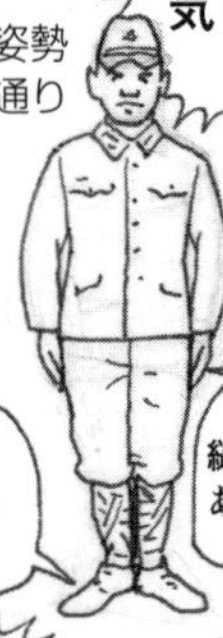

指は軽く
伸ばして
ズボンの
縫い目に
あてる

足は
60°に
開く

休め

左足を
約25cm
左へ開き
手を後ろ
に組む

手の平は後ろに向けて開き、左手で
右手を軽く握る。両手首はバンドの
下縁あたりにする

休め!!

右ないし
左の足を
前に出して
体重を
どちらか
一方に
かける
疲れたら
交互に
繰り返して
みても
よい

手は
伸ばさ
なくて
もよい

敬礼!!

人さし指と中指の間が、
右目の右下と帽子のひ
さしとの交差点付近に
来るようにする。腕は
水平に横に張り、手は
まっすぐ伸ばし揃える。
自衛隊が米軍スタイル
となったことがわかる。

直れ!! の号令
で不動の姿勢に
戻す。

■執銃時の動作

銃は右側面を上にして
体と平行に40度にして保つ

銃を
約10cm
上げる

不動の姿勢　　控え銃　　　つれ銃　　　になえ銃　　　　立て銃　下げ銃

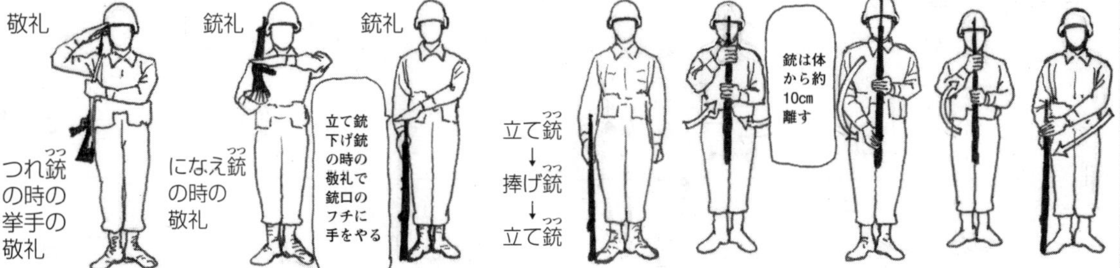

敬礼　　　　　銃礼　　　　銃礼

つれ銃
の時の
挙手の
敬礼

になえ銃
の時の
敬礼

立て銃
下げ銃
の時の
敬礼で
銃口の
フチに
手をやる

立て銃
↓
捧げ銃
↓
立て銃

銃は体
から約
10cm
離す

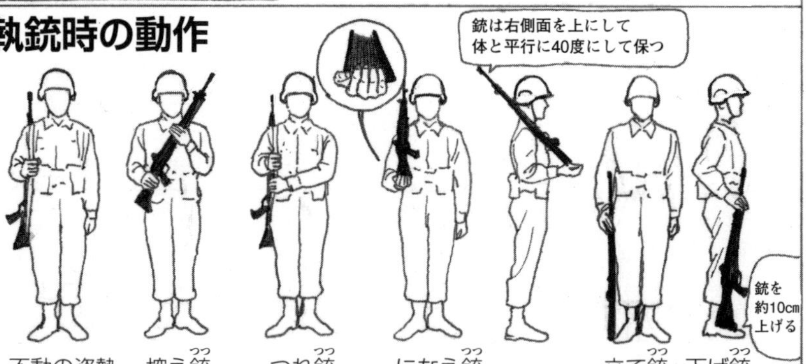

■ドイツ軍WWⅡ時　●ライフルドリル

Achtung!!
アハトゥンク
気を付け!!

Grund Stellung
グルント シュテルング
（基本姿勢）

ドイツ軍の気を付けは
指を伸ばします

立て銃から控え銃

Das. Gewehr-uber
ダス ゲヴェーア ユーバァ

控え銃からになえ銃

Gewehr-ab!!
ゲヴェーア・アップ
になえ銃から立て銃

Präsentiert das Gewehr
プレゼンティート ダス ゲヴェーア

〈捧げ銃〉

ドイツ軍は
体の中央
ではなく
左胸に銃を
持ってくる

親衛隊儀礼兵

スリングの
上から握る

銃は垂直に
指は伸ばす

親指は
立てる

銃床の持ち方

ドイツ軍は
銃を左肩に
置きます。

ウワ～
やっぱり親衛隊の
儀礼兵は
カッコいい
わネェ～

■ソ連軍（現在はロシア軍）　●ライフルドリル

手は
軽く
握る

パレード用ステップ

手を軽く
握り胸の
高さに
くる様に
打ち振る

15～20cm　　15～20cm

敬礼

対面の
敬礼の場合、
間隔は
2～3m。

控え銃

基本姿勢
控え銃

つれ銃

AKスタンダードモデル

AKフォールディングストックモデル

銃口が
下に
なる。

25

Chapter3　格闘術（ファイティング）　〜素手で身を守れ！〜

■格闘術
●ファイティング・ポーズ

相手から目を離さず
相手の目を通して
動きを知るようにする
ヒザを軽く曲げ
重心はすぐ動けるように
両ツマ先に置く

戦いは撃ち合いだけとは限らない
今日は格闘術である
どっからでもかかってらっしゃい！

両手は
軽く握り
自然に前へ
突き出す

アチョー！　アチョー！

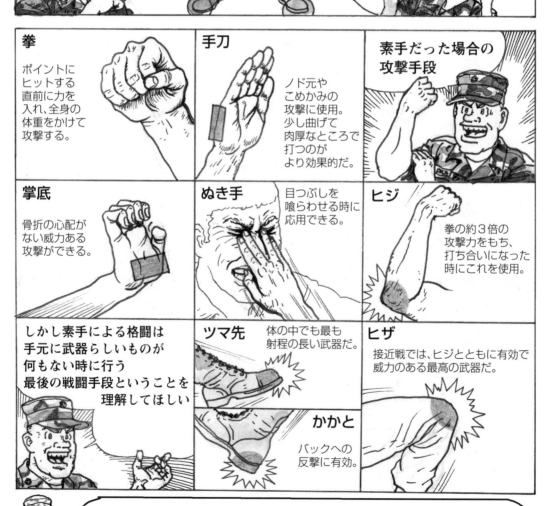

拳
ポイントに
ヒットする
直前に力を
入れ、全身の
体重をかけて
攻撃する。

手刀
ノド元や
こめかみの
攻撃に使用。
少し曲げて
肉厚なところで
打つのが
より効果的だ。

**素手だった場合の
攻撃手段**

掌底
骨折の心配が
ない威力ある
攻撃ができる。

ぬき手
目つぶしを
喰らわせる時に
応用できる。

ヒジ
拳の約3倍の
攻撃力をもち、
打ち合いになった
時にこれを使用。

しかし素手による格闘は
手元に武器らしいものが
何もない時に行う
最後の戦闘手段ということを
理解してほしい

ツマ先
体の中でも最も
射程の長い武器だ。

かかと
バックへの
反撃に有効。

ヒザ
接近戦では、ヒジとともに有効で
威力のある最高の武器だ。

現在アメリカ陸軍は2002年に採用された「Modern Army Combatives」を使用している。これ
は組技重視の格闘術で、ブラジリアン柔術を中心にレスリングと柔道を組み合わせ、打撃技は
ムエタイやボクシング、ナイフ格闘などはフィリピン武術などの技が採用されているのだ

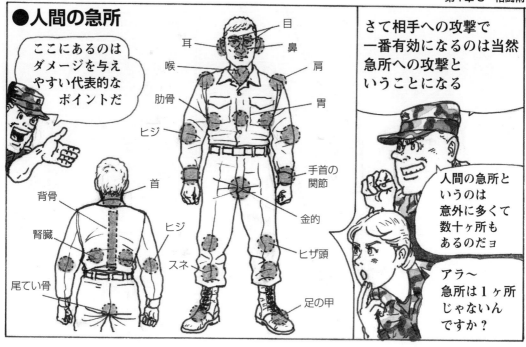

●人間の急所

ここにあるのはダメージを与えやすい代表的なポイントだ

目
耳
喉
鼻
肩
肋骨
胃
ヒジ
手首の関節
金的
ヒザ頭

背骨
腎臓
首
ヒジ
尾てい骨
スネ
足の甲

さて相手への攻撃で一番有効になるのは当然急所への攻撃ということになる

人間の急所というのは意外に多くて数十ヶ所もあるのだョ

アラ～急所は1ヶ所じゃないんですか？

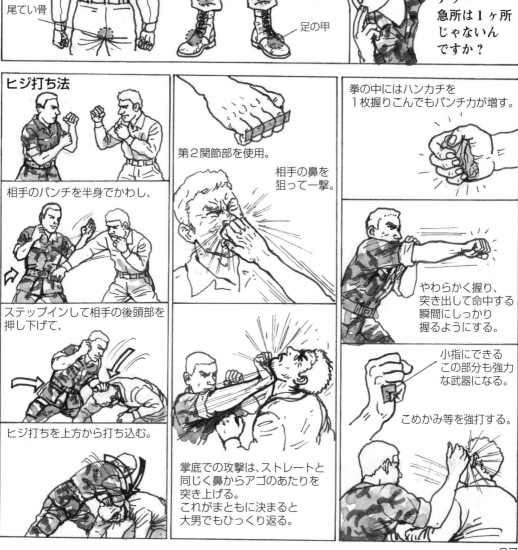

ヒジ打ち法

相手のパンチを半身でかわし、

ステップインして相手の後頭部を押し下げて、

ヒジ打ちを上方から打ち込む。

第2関節部を使用。

相手の鼻を狙って一撃。

掌底での攻撃は、ストレートと同じく鼻からアゴのあたりを突き上げる。
これがまともに決まると大男でもひっくり返る。

拳の中にはハンカチを1枚握りこんでもパンチ力が増す。

やわらかく握り、突き出して命中する瞬間にしっかり握るようにする。

小指にできるこの部分も強力な武器になる。

こめかみ等を強打する。

相手にパンチを繰り出す
フリをして、

頭を下げてきた相手には、

組み合ったら、

ツマ先蹴りを叩き込めば
勝負は決まりだ。

両手で首を押さえつけ
ヒザ蹴りを加える。

スキを見つけて
股間へ一撃。

スキを見て
男性の股間を
思い切り
蹴り上げれば
どんな男性でも
イチコロだぞ

フトでも
ムッチリでき
イチコロだよ

ヒザの威力は
女性の場合
特に強力な
一撃となるぞ

相手がいきなり胸ぐらをつかみにきたら、

自分の両手をねじり込み、

相手が前蹴りで
きたら側面に
下げて…

相手の足首をつかまえて、

相手の足をすくい上げて、

一気に上に
跳ね上げ、

相手の足を引きながら股間を強く
蹴る。

倒したらすばやく金的にとどめを
刺す。

同時にお留守に
なっている
下半身と金的に
前蹴り。

はがい締めからの脱出には頭突きが有効だ。

身体を沈めて頭に反動をつけて、

相手の顔面に後頭部を叩き付ける。

その力を利用して相手を跳ね飛ばして反撃だ。

女性が反撃をした場合には中途半端で止めないで必ずとどめの一撃を与えておいてから一目散に逃げることだ

徹底的にやっつけておかないと回復した相手から仕返しを受けることになるぞ

背後から首を絞められたら、

自由になっている方の腕を使用して、

大きく振り上げて相手の肋骨めがけてヒジ打ちを加える。

組み付かれたら頭突きや手足を使って相手のバランスを崩して、

相手の片足が自分の股下にきたらその足をつかみ、

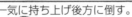

一気に持ち上げ後方に倒す。

とどめの一撃を金的にブチ込む。

後ろから組みつかれた場合、かかと蹴りは強力な反撃武器だ。

相手の下半身が離れていたら、かかとで金的を狙う。

スネを狙うのも有効だ。

相手の足の甲を思い切り踏みつける。

ここのスキ間に喉を置く。

★ワンポイント
首を絞められた時、喉仏は相手の手首と逆に向けて締め上げられるのを防ぐ。

29

頭突きも威力のある攻撃方法だ

髪をつかんで有利に戦う戦法は軍隊の格闘術の一つでもあるぞ

髪をつかんで引き倒す。

すばやく髪をつかんだら相手の片方の手首を取り横転させる。

相手の利き腕の反対側へ回る。

倒れた相手の顔面へとどめの一撃。

相手の後頭部へ両手を回し、逃げられなくしてから頭突きの連発をくらわす。

頭突きには頭突きで対抗する。相手より低い位置から反撃。

頭突きで狙うポイントは顔面だ。

もし髪をつかまれたら、足ワザが最も効果的だ。

すばやく両手で相手の手首をつかみツマ先蹴りをヒザへ打ち込む。手を離したら、とどめの一撃を金的へ。また両手を離さず伸びきった相手の腕の付け根を思い切り蹴り上げる方法も強烈だ。

● 連続ワザの一例

髪をつかんで一気に引きつけて、

首筋に手刀を叩き込み、

また瞬間的にヒジを使う手もある。タイミングしだいで、こめかみにヒジ打ちを見舞う。

女性がピタリと抱きつかれた場合、後ろへの頭突きは強力な反撃方法だ。

女性の場合も同じくヒザのあたりを蹴り相手の顔面が出てきたら手刀で目つぶしどんな場合でもとどめの一撃を忘れない事だ

ヒザで顔面を蹴り上げ、

さらに掌底のストレートでとどめ。

はがい締めにして対して両手で相手の片方の手をつかんで、

締めを外し、すばやく身体を回転させて、

そのまま逆手を取る。

さらに回り込んで完全にヒジを固める。

実戦ではカミツキも強力な武器となる
格闘戦で負けそうになったら相手の身体のどこでも思いきりカミツク事が最も効果的な反撃方法といえるだろうネ

体力のない女性には特に勧めるよ
カミやすい耳や指等をカミ切るつもりでやり
その後とどめの一撃を忘れないように

関節技は格闘術の基本といえるゾ！

マワワ！

正面から首を絞められたら、

自分の利き腕を相手の腕の上から被せ、

さらに相手に体重を乗せて、

身体をひねって相手の腕を外す。

それでも外れなかったら、ひねった身体を戻し、その力でヒジ打ちを相手の顔面へ打ち込む。

相手の肩と腕を固める。

相手の腕を取ったら、

肩をつかんだ方の手でヒジをひねり、

同時に手首をひねり上げる。

相手の肩の位置をさらに下方へ押さえつける。相手は抵抗し過ぎると脱臼する。

● 上図の対抗策

相手に取られたヒジを回転させないように、

すばやく相手から遠ざかりながらヒザや股間へ蹴りを入れて逃れる。

■バヨネット（銃剣）

軍用ライフルの基本的なアクセサリーで、昔は刀身が長かったが、現在では短いナイフ・タイプが多くなってきた。

●M 7 バヨネット

1964年にM16用に採用された物

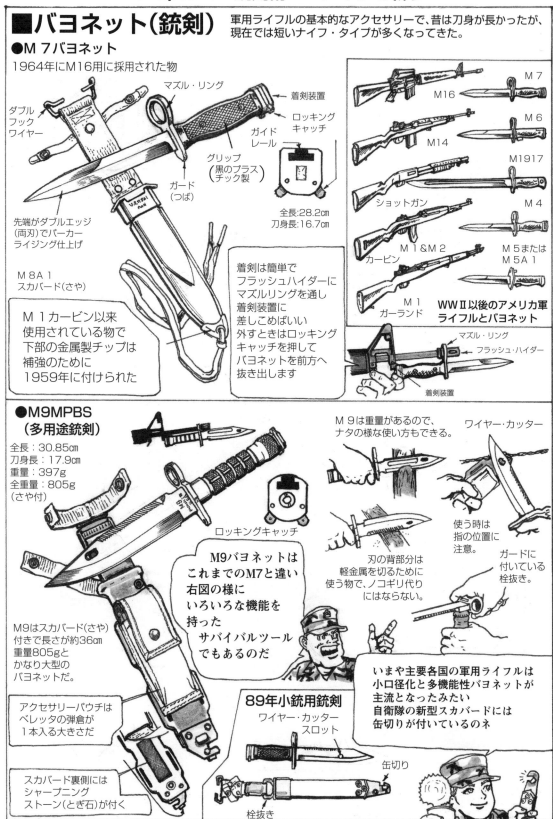

マズル・リング

着剣装置

ロッキングキャッチ

ダブルフックワイヤー

ガイドレール

グリップ（黒のプラスチック製）

ガード（つば）

先端がダブルエッジ（両刃）でパーカーライジング仕上げ

全長：28.2cm
刀身長：16.7cm

M 8 A 1
スカバード（さや）

M 1 カービン以来使用されている物で下部の金属製チップは補強のために1959年に付けられた

着剣は簡単でフラッシュハイダーにマズルリングを通し着剣装置に差しこめばいい外すときはロッキングキャッチを押してバヨネットを前方へ抜き出します

M 7
M 16

M 6
M 14

M 1917
ショットガン

M 4

M 1 ＆ M 2
カービン

M 5 または
M 5 A 1

M 1
ガーランド

WW Ⅱ以後のアメリカ軍ライフルとバヨネット

マズル・リング
フラッシュ・ハイダー
着剣装置

●M9MPBS（多用途銃剣）

全長：30.85cm
刀身長：17.9cm
重量：397g
全重量：805g
（さや付）

ロッキングキャッチ

M9はスカバード（さや）付きで長さが約36cm重量805gとかなり大型のバヨネットだ。

アクセサリーパウチはベレッタの弾倉が1本入る大きさだ

スカバード裏側にはシャープニングストーン（とぎ石）が付く

M9バヨネットはこれまでのM7と違い右図の様にいろいろな機能を持ったサバイバルツールでもあるのだ

M 9 は重量があるので、ナタの様な使い方もできる。

ワイヤー・カッター

刃の背部分は軽金属を切るために使う物で、ノコギリ代りにはならない。

使う時は指の位置に注意。

ガードに付いている栓抜き。

いまや主要各国の軍用ライフルは小口径化と多機能性バヨネットが主流となったみたい自衛隊の新型スカバードには缶切りが付いているのネ

89年小銃用銃剣

ワイヤー・カッタースロット

缶切り

栓抜き

■ナイフ・ファイティング

音を立てられないアンブッシュでは
ナイフは最も有効な武器で
まず最後尾の敵を狙い
できれば草や木の陰へ
引っ張りこむ

音を立てずに倒すには
敵の口を押さえて首を強く後ろに
引く事により
動きを封じて
急所を
一突きに
する

首・わき腹・みぞおち等

わき腹（腎臓）を
狙う時は
肋骨と肋骨の間を
刀を水平にして刺す
こうすれば骨に
当たらずにすむ

ハンマー・グリップ

アイス・ピック・グリップ

セーバー（サーベル）・グリップ
切り刺す等応用範囲が
広い理想的なグリップ。

ガードに人さし指と
親指を添えて
ガードを
軽く押す様に
持つ

相手にナイフを
隠して持つ。

カモフラージュ
グリップ

ナイフを持つ手は
ゆるやかなL字型に
もう片手も
それに
ならう
様に

●ガードポジション

ナイフを持った敵に対する時は
サーベルグリップが基本だ
相手のナイフではなく目を見る様にし
目を通して相手の動きを
つかむのだ

●アタック

攻撃は思い切りが大切だ
中途半端な攻撃は避けて
一度攻撃したら反撃されぬ様に
すぐ元の姿勢に戻る

腕はいっぱいに
伸ばしきり
相手のナイフからは
できるだけ
体を離す様に
心がける

外側からくる
敵の腕を
左のヒジで
受け

右手の
ナイフで
敵のノドを
切る

敵と戦う以上
利用できる物は
全て使う

砂や小石の
目つぶしは
一瞬のスキを
作るために
効果的だ

ナイフ・ファイティングの
基本はフェンシング。

実戦では
自分に一番
近い部分に
攻撃を行う
当然攻撃は
手や足が多くなる

33

■銃剣格闘

●構え銃

この章は肉弾戦に伝統のある日本軍つまり自衛隊の教本より紹介しよう

右足先を中心に半ば右向き
左足を半歩前に踏み出しながら銃を構える

右手は銃把（グリップ）を右上方から握りそのこぶしを右腰骨の前方（ほぼ一握り）に置き左腕をわずかに曲げ銃剣は相手のノドに向ける

左足は正面に右足はやや外側
両足の幅はほぼ肩幅と同じに
体重はやや等分に
やや足先の方にかけて
両ヒザはわずかに曲げて弾力性を持たせる

左手で上から被筒（ハンドガード）を握る

バヨネット戦では木製ストックのライフルが断然有利だ

ワ～～～
旧日本軍の三八式歩兵銃は着剣すると1.65mもあるのネ

構え銃の時の両足位置

●後転の仕方

後方から迫ってくる敵に素早く備える方法。

両足のかかとを軸に身体を右に90度回し、

同時に両手で銃を後ろに引き頭を回して後ろを見る。

それから左足先を軸に身体をさらに90度回し、左足を一歩引いて同時に銃をしごき構え銃をとる。

突く!!

斬る!!

直

横

下

殴る!!

●ガード・ポジション

ライフルのハンドガードを握った手は肩の高さへ。
もう片方の手は腰上部前方へと斜めに構えると、右図のポイントをガードする事になる。

銃剣格闘には刺突技と打撃技（刺すと殴る）がある

打撃技は相手と接近しすぎて刺突できない場合銃のあらゆる部分を用いて打撃し相手をやっつける方法だ

刺突ポイント

ノド
肩　胸　腹

（次ページでの「胸部」とは、この3ヶ所のことです）

顔面（アゴを含む）

ノド
肩
胸
腹

こうがん

打撃ポイント

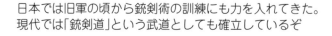

日本では旧軍の頃から銃剣術の訓練にも力を入れてきた。
現代では「銃剣道」という武道としても確立しているぞ

●刺突技

直突

左足から
踏み込み、
相手の銃の
左から
胸部を
刺突。

脱突

直突のうち右からの
刺突をこう呼ぶ。

下突

相手の左ヒジを
刺突するつもり
で実施。

直突は
銃剣格闘の
主力技。

長突
（突き出し）

右足を
踏み込んで
胸部を刺突。

◎応用刺突
体当たり刺突

相手の接近した
時に
スキを見て
ぶつかり、
体勢を崩して
刺突。

> 突きでは心臓、胃、
> ノド、腎臓等を狙う

斬撃（斬りつける）

剣またはガード近辺で
相手を斜め上方から斬撃する。

顔面、
ノド部、
首筋を
狙う。

足がらみ

体当たりの効果がない
場合はヒザ蹴りや
足がらみで
姿勢を
崩す。

●打撃技

> 主に
> こめかみ、
> 顔面、
> 胃等を狙う

最近のプラスチック製の
ストックは
意外にモロいので、
白兵戦における
打撃技の訓練は
主に直打撃が主力だ。

縦打撃

横打撃

直打撃

相手を直角に突く

●防刺

銃の振り方が大きいと、
敵のフェイント攻撃に
かかりやすいゾ。

左突きを
防ぐ。

相手の斬撃を弾倉を利用して
防ぎ、
首筋に
反撃。

敵の突き出した方向へ
銃を押し出し、
ガード付近で敵の銃を
打ち返してすぐ反撃に移る。

防左側撃

敵の左突きを防いだ時、
距離が近すぎて
刺突できない場合、
銃床を持って
横打撃。

防左弾倉攻撃

左突きを防いだ後、
銃の弾倉部で
ノドや顔面部を
正面打撃！

■コンバット・ナイフ

軍の個人装備には銃剣の他に
人類最初の武器（道具）と言われる
ナイフが必ず1本は
備えられている

**USMC
ファイティング・ナイフ**

第二次大戦より使用されている
海兵隊のナイフで、
海軍でもUSN Mk2として
採用している。
全長：30.4cm　刀身長：17.7cm

**USN
パイロット
サバイバル・ナイフ**

海軍航空隊が
1962年に採用した物だが、
今では陸軍・空軍の将校も
使用している。
全長：24cm　刀身長：12.5cm

ベトナム戦争中にSOG
（特殊戦グループ）が使ったナイフ。
刀身長：15.6cm

ランドール・ナイフ
兵士の個人装備でベトナム戦争で使用。
刀身長：18.9cm

USN Mk3
海軍がMk2の後継として使用。

●ナイフの構え方と急所

左手
左手は防御用で、
相手のナイフから
首から上を守る。

ノドと首筋
（最重要ポイントだ）

心臓

胃
（ここも
致命傷になる）

手首（動脈を切られたら
2分間で死ぬぞ！）

上腕内側

脚
（股関節のそばに動脈
がありここを切られ
たら動けなくなる）

背中にも
腎臓と
鎖骨の窪みに
急所がある。

銃剣は小銃に装着して
敵を刺突するのが
第一目的なので、
多用途性はあまりない。
そこで戦場では鋭利な刃を持ち
広い用途に使える
ナイフが必要とされ、
銃剣の他に
ポケット・ナイフや
ファイティング・ナイフが
装備された訳です。

ナイフはスリングの所へ
逆向きに装着すると
カチャカチャせず抜きやすい

一般の兵士は上の様な
ファイティング・ナイフではなく
この様なポケット・ナイフを
持っていました

**カミラス
ユーティリティ・ナイフ。**
4徳が付く多目的ナイフで
米軍が使用中。

先端が
マイナスドライバーに
なっているセン抜き

ナイフ

缶切り

リーマー（キリ）

トゲ抜き
ルーペ
栓抜き
ピンセット
etc.

ハサミにノコギリ
ドライバー
万能ヤスリ

スイス・アーミーナイフとして
有名なウエンガーナイフ
中でもチャンピオン・タイプは
19種類の便利ツールを収納しているワ

■野戦個人装備インスペクション
（点検は演習中必ず1回は行われる）

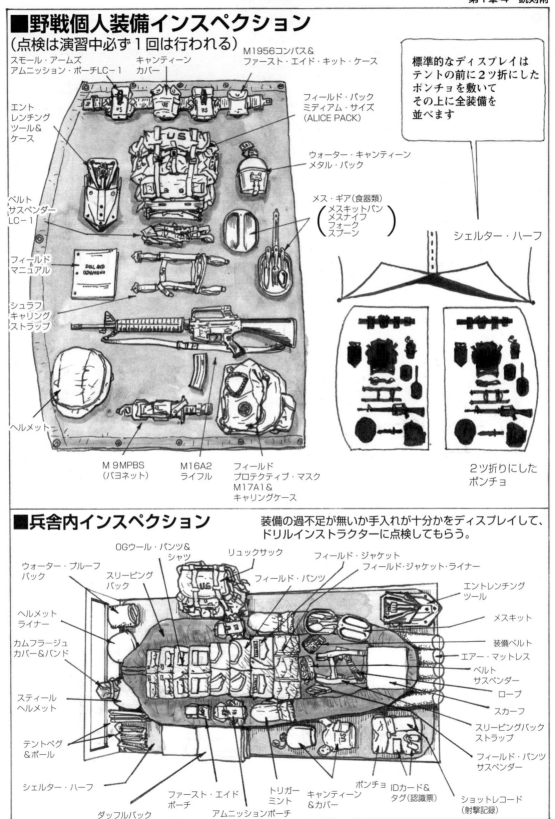

スモール・アームズ
アムニッション・ポーチLC-1

キャンティーン
カバー

M1956コンパス＆
ファースト・エイド・キット・ケース

フィールド・パック
ミディアム・サイズ
（ALICE PACK）

ウォーター・キャンティーン
メタル・パック

メス・ギア（食器類）
（メスキットパン
メスナイフ
フォーク
スプーン）

エント
レンチング
ツール＆
ケース

ベルト
サスペンダー
LC-1

フィールド
マニュアル

シュラフ
キャリング
ストラップ

ヘルメット

M 9MPBS
（バヨネット）

M16A2
ライフル

フィールド
プロテクティブ・マスク
M17A1＆
キャリングケース

> 標準的なディスプレイは
> テントの前に2ツ折りにした
> ポンチョを敷いて
> その上に全装備を
> 並べます

シェルター・ハーフ

2ツ折りにした
ポンチョ

■兵舎内インスペクション

装備の過不足が無いか手入れが十分かをディスプレイして、
ドリルインストラクターに点検してもらう。

ウォーター・プルーフ
バック

OGウール・パンツ＆
シャツ

スリーピング
バック

リュックサック

フィールド・ジャケット

フィールド・ジャケット・ライナー

フィールド・パンツ

エントレンチング
ツール

ヘルメット
ライナー

メスキット

カムフラージュ
カバー＆バンド

装備ベルト

エアー・マットレス

スティール
ヘルメット

ベルト
サスペンダー

ロープ

スカーフ

スリーピングバック
ストラップ

テントペグ
＆ポール

フィールド・パンツ
サスペンダー

シェルター・ハーフ

ダッフルバック

ファースト・エイド
ポーチ

アムニッションポーチ

トリガー
ミント

キャンティーン
＆カバー

ポンチョ

IDカード＆
タグ（認識票）

ショットレコード
（射撃記録）

イラスト中の装備品は1980～90年代の一例となっているわ

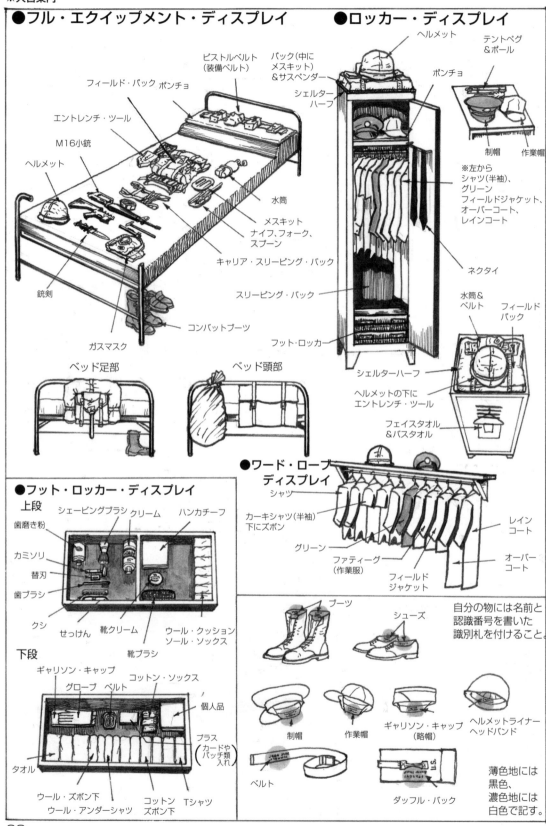

●フル・エクイップメント・ディスプレイ

ピストルベルト
（装備ベルト）

フィールド・パック　ポンチョ

パック(中に
メスキット)
&サスペンダー

エントレンチ・ツール

M16小銃

ヘルメット

水筒

メスキット
ナイフ、フォーク、
スプーン

キャリア・スリーピング・バック

スリーピング・バック

銃剣

コンバットブーツ

ガスマスク

ベッド足部

ベッド頭部

●ロッカー・ディスプレイ

ヘルメット

テントペグ
&ポール

ポンチョ

シェルター
ハーフ

制帽　　作業帽

※左から
シャツ（半袖）、
グリーン
フィールドジャケット、
オーバーコート、
レインコート

ネクタイ

水筒&
ベルト

フィールド
パック

フット・ロッカー

シェルターハーフ

ヘルメットの下に
エントレンチ・ツール

フェイスタオル
&バスタオル

●フット・ロッカー・ディスプレイ

上段

歯磨き粉

シェービングブラシ　クリーム　ハンカチーフ

カミソリ

替刃

歯ブラシ

クシ

せっけん　靴クリーム

靴ブラシ

ウール・クッション
ソール・ソックス

下段

ギャリソン・キャップ

グローブ　ベルト

コットン・ソックス

個人品

プラス
（カードや
パッチ類
入れ）

タオル

ウール・ズボン下
ウール・アンダーシャツ

コットン
ズボン下

Tシャツ

●ワード・ローブ・ディスプレイ

シャツ

カーキシャツ（半袖）
下にズボン

グリーン

ファティーグ
（作業服）

フィールド
ジャケット

レイン
コート

オーバー
コート

ブーツ

シューズ

自分の物には名前と
認識番号を書いた
識別札を付けること。

制帽　　作業帽

ギャリソン・キャップ
（略帽）

ヘルメットライナー
ヘッドバンド

ベルト

ダッフル・バック

薄色地には
黒色、
濃色地には
白色で記す。

38

第2章 射撃編

よしライフル射撃に入るぞ
最初は
プローン・ポジションだ

ワクワク
ドキドキ
!!

個人装備火器（銃・銃剣・手榴弾）

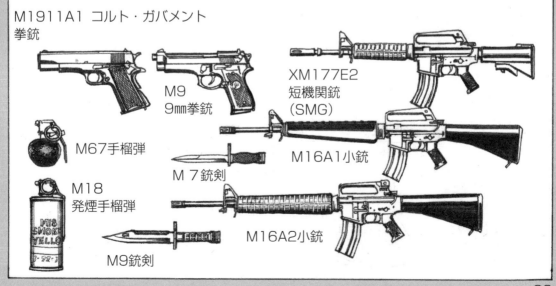

M1911A1 コルト・ガバメント
拳銃

M9
9㎜拳銃

XM177E2
短機関銃
（SMG）

M67手榴弾

M7銃剣

M16A1小銃

M18
発煙手榴弾

M9銃剣

M16A2小銃

■シューティングレンジ

○ライフルトレーニング

耳栓しとかなくっちゃ

アチャーひどいスコア

○ピストルトレーニング

BAN BAN DBAN

コルトは私には反動が大きすぎます

よしド真ん中にヒットだ

○スナイパートレーニング

■M16の射撃訓練

これがアメリカ陸軍の制式ライフルM16A1だ

え～～～とデータはこうですネ

口径：5.56mm
全長：990mm
銃身長：533mm
重量：2860g
装弾数：20／30発
ライフリング：6条右回り
初速：990m／秒
速射速度：750～850発／分
小口径高速弾を使用しており有効射程200mという近距離戦闘用自動小銃でベトナム戦争より制式化

■M16A1の操作

①セフティの扱い

マガジン・キャッチを押してマガジンを抜く。

チャージング・ハンドルを引きチャンバー（薬室）の安全点検をする。

セレクター・レバーをSAFE（安全）の位置にする。

②セレクター

セレクターはSAFE（安全）、SEMI（半自動）、AUTO（自動）に切り換えられ、コッキングは安全位置のままで行う。左側にあるボルト・キャッチはボルトを開いたままで止める物で、この下端を押すとボルトは止まり、上端を押すと開放復座する。チャージング・ハンドルはボルトとボルト・キャリアを引っ張る。

③ダスト・カバー

トリガーの上のマガジン・キャッチを押すとマガジンが外れる。エジェクション・ポート（排莢口）にかぶさるダスト・カバーは、ボルトの開閉に伴って自動的に開閉し、異物が入るのを防ぎます。

④フロント・サイト（照星）

これを調整するには止め金を押し下げて回す。各目盛は着弾点を100mで2.8cm、200mで5.6cm…といった具合に上げていく。照星上の"UP"印は線を上げるため、照星を上げる方向を示している。

⑤リア・サイト（照門）

２つの孔照門を持っており、印のない孔は0～300mまでの近距離用で、L印が下に付いている孔は300～500mの遠距離用のもの。左右調整は止め金を押し、求める方向に回す。弾着を右に調整したければ右に、修正量は照星に同じ。

⑥ 冬季作戦用にグローブを使用してもトリガーが引ける様にピンを押すとトリガー・ガードが外れる様になっている

⑦ ボルト・アシストノブ。ボルトの閉鎖が不完全な場合これを押してボルトを閉鎖させる

■プローン・ポジション（伏せ撃ち姿勢）

①

伏せ撃ちは他の姿勢に比べて射撃精度が安定しており、かつ姿勢が低く

敵に対する防御にも優れており戦闘において一番多くとられる射撃の基本的な姿勢であるゾ

②

両ヒザを地面に落とす

③

M16のバット・ストックを地面につけ右手、左ヒジの順で地面を突き上体を前方に倒す

④

右手で銃を持ち上げストックをしっかりと肩にあてる

⑤

両肩の線と銃を直角にする

銃と体との角度は約40度くらい

右の頬を自然にバット・ストックにあてる。両肩はほぼ水平にする

ワンポイントレッスン。広げた両足のうち右ヒザを軽く折り曲げておくと緊張がほぐれて安定するゾ

⑥

両足は楽に開く

両ヒジは肩の幅よりやや広くし上体の重みを両ヒジに等しくかける

■すばやい弾倉（マガジン）の入れ替え

右手人差指でマガジン・キャッチを押す

マガジン・ポーチよりマガジンを取り出す。この時、マガジンの長い方の側面に親指を、反対側に人差し指と中指をあててつかみ出し、腕を伸ばすと同時に手首を返し、そのまま装填する。

■ニーリング・ポジション（ひざ撃ち）

ひざ撃ちの姿勢は戦闘間における運動と射撃との連続が容易で、目標の高さの変化に対応できるので、戦場においては伏せ撃ちについで多用される姿勢だ。

① 号令で左足を半歩踏み出し、右足を左へ引きます。

②

そのまま右ヒザをつく 左足先は目標へ向けます

③

バット・ストックを右肩にあてます

右モモは照準線に約80〜90度開く

左足は地面に平らに置き前方から見て垂直になる様にし、足先は目標に向ける

左ヒジは左ヒザの前方に出す

モモと左足のふくらはぎはできるだけ密着させる

体重は左足に多くかける

▼右足の姿勢

●低ひざ撃ち

右ヒザから足先まで下足の全面を地面につける

●中間ひざ撃ち

●オリンピック・国際的姿勢

■リローディング（装填）

マガジン・キャッチを押して空になったマガジンを抜く。マガジンが空になったらボルト・キャリアは後方に下がっている

新しいマガジンを押し入れる

ボルト・キャッチを押すとボルト・キャリアが前進して第1弾をチャンバーへ送り込む。そして次の射撃開始だ

■シッティング・ポジション（座り撃ち姿勢）

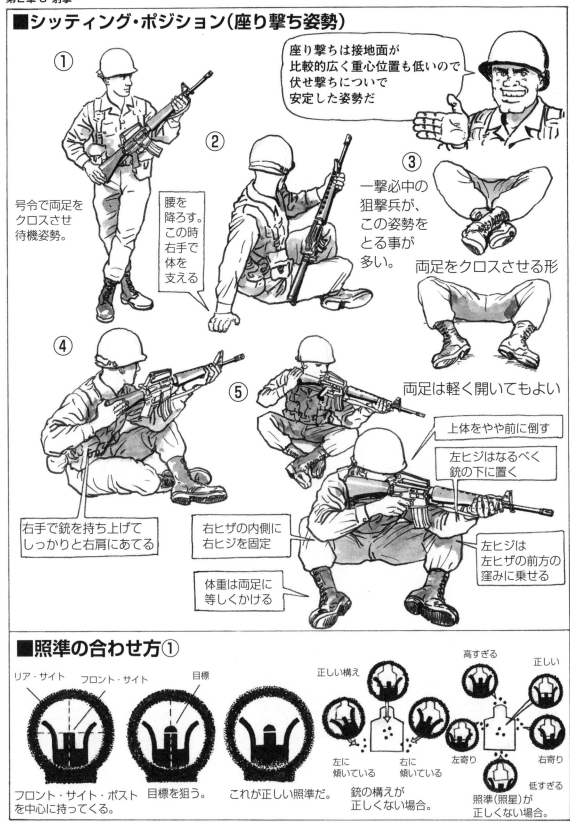

座り撃ちは接地面が
比較的広く重心位置も低いので
伏せ撃ちについで
安定した姿勢だ

① 号令で両足を
クロスさせ
待機姿勢。

② 腰を降ろす。
この時
右手で
体を
支える

③ 一撃必中の
狙撃兵が、
この姿勢を
とる事が
多い。

両足をクロスさせる形

両足は軽く開いてもよい

上体をやや前に倒す

左ヒジはなるべく
銃の下に置く

④ 右手で銃を持ち上げて
しっかりと右肩にあてる

右ヒザの内側に
右ヒジを固定

体重は両足に
等しくかける

⑤ 左ヒジは
左ヒザの前方の
窪みに乗せる

■照準の合わせ方①

リア・サイト　フロント・サイト　目標

フロント・サイト・ポスト
を中心に持ってくる。

目標を狙う。

これが正しい照準だ。

正しい構え

左に
傾いている
右に
傾いている

銃の構えが
正しくない場合。

高すぎる　正しい

左寄り　右寄り

低すぎる

照準（照星）が
正しくない場合。

■スタンディング・ポジション(立ち撃ち姿勢)

立ち撃ちは伏せ撃ちまたは
ひざ撃ち等ができない場合に用いる

① 号令で約85度右に向きながら、左足を前方へ約半歩踏み出す。

② M16を構える。

③

右ヒジは肩の高さに上げる

左手はできるだけ銃の真下近くに持っていく

体重は両足に等しくかけて両足は肩幅より広く開ける

PAN
PAN

両足のスタンスが大切で、体格に合った楽なスタンスをとる。

■照準の合わせ方②

●光線が照準に及ぼす影響

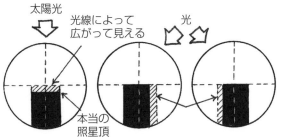

太陽光

光線によって広がって見える

光

本当の照星頂

これで照準すると弾着は下になる

光線によって広がって見える

こうなると弾着は左右に散ってしまう

他にも明け方や夕暮れ、かげろうが立っている時は目標の輪郭がボヤけて照準点を上方にとりやすく、弾着が上になる傾向があるので気をつける。

●風による射撃修正

風向き及び風速は、射程距離が長くなるにしたがって影響が大きくなっていく。200m以内で弱い風なら問題ない。

12時(無修正風)

11		1
10	半量	半量	2
9	全量	全量	3
8	半量	半量	4
7		5

6時(無修正風)

風力の大きさと距離により横風(全量修正量)と斜風(半量修正量)の計算方式があります。

■分解と手入れ

M16は当初、作動不良が多発し欠陥ライフルといわれた。

コラ～サンディ！
M16は射撃後の手入れが特に大切なんだぞ!!
ベトナムではこれを怠ってエライ目にあってるんだゾ！

マガジンを抜いてからチャージング・ハンドルを引いて、チャンバーの安全を点検する。

セレクターをSAFEにしてから、弾丸でテイクダウン・ピンを左側面から押す。

チャージング・ハンドルを引くと、ボルトとボルト・キャリアー・グループが引き出せる。掃除のためにエキストラクター・ピンとエキストラクターを取り外す。

■ボルトの分解

組み立ての時の場合は、ファイア・リング・ピンを前進した状態で行う。

ファイア・リング・ピン

ボルトをボルト・キャリアーから抜くには、ボルト・カム・ピンを90度回して上方に引き抜く。

ファイア・リング・ピンを使用し、エクストラクターピンを抜けばボルトからエキストラクターを分解できる。

ボルト・カムピン

ボルト

チャンバー・ブラシ

クリーニング・ロッド

中空のストックの中にはクリーニング・キットがある。M16はガスが直接ボルトを動かすシンプルなシステムだが、常に銃をクリーニングしておかなければ安定した作動は望めない。

ボルトを掃除して、ヒビ割れやファイアリング・ピンの近くに穴があったりしたらすぐ交換する。

さて通常分解はここまで
射撃後の手入れは
これで充分だが
このピボット・ピンを抜けば
アッパー・レシーバーと
ロー・レシーバーが分離できる
どうだサンディ
完全分離までやってみるか？

ヒエ～～～
軍曹どの～～～
今回はここまでにいたしとうございます～～～ッ

●クリーニングの方法

一滴ずつボルト・キャリアへの注油

銃身とチャンバー

ボルト・キャリアー・キイ

ガス・チューブのクリーニング

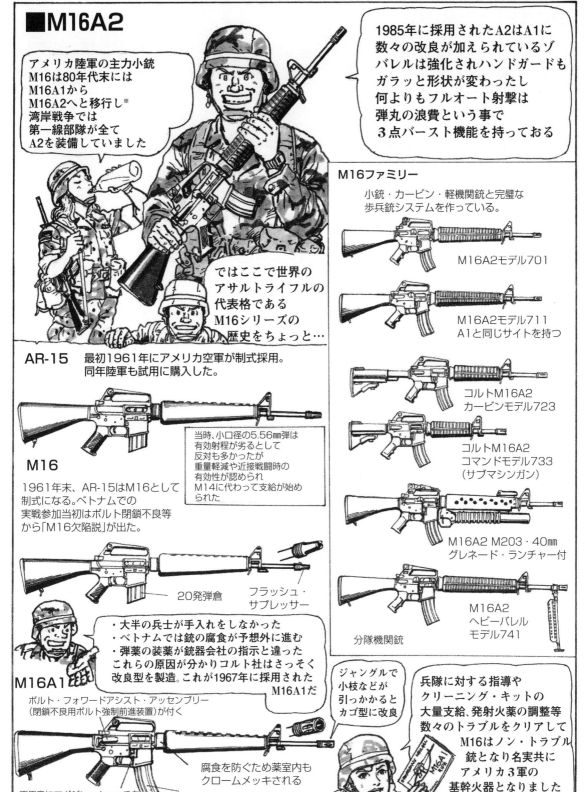

■M16A2

アメリカ陸軍の主力小銃
M16は80年代末には
M16A1から
M16A2へと移行し※
湾岸戦争では
第一線部隊が全て
A2を装備していました

1985年に採用されたA2はA1に
数々の改良が加えられているゾ
バレルは強化されハンドガードも
ガラッと形状が変わったし
何よりもフルオート射撃は
弾丸の浪費という事で
3点バースト機能を持っておる

ではここで世界の
アサルトライフルの
代表格である
M16シリーズの
歴史をちょっと…

AR-15

最初1961年にアメリカ空軍が制式採用。
同年陸軍も試用に購入した。

当時、小口径の5.56mm弾は
有効射程が劣るとして
反対も多かったが
重量軽減や近接戦闘時の
有効性が認められ
M14に代わって支給が始め
られた

M16

1961年末、AR-15はM16として
制式になる。ベトナムでの
実戦参加当初はボルト閉鎖不良等
から「M16欠陥説」が出た。

20発弾倉

フラッシュ・
サプレッサー

・大半の兵士が手入れをしなかった
・ベトナムでは銃の腐食が予想外に進む
・弾薬の装薬が銃器会社の指示と違った
これらの原因が分かりコルト社はさっそく
改良型を製造。これが1967年に採用された
M16A1だ

M16A1

ボルト・フォワードアシスト・アッセンブリー
(閉鎖不良用ボルト強制前進装置)が付く

腐食を防ぐため薬室内も
クロームメッキされる

30発入弾倉も造られる

不用意にマガジン・キャッチを
押さないように付く

M16ファミリー

小銃・カービン・軽機関銃と完璧な
歩兵銃システムを作っている。

M16A2モデル701

M16A2モデル711
A1と同じサイトを持つ

コルトM16A2
カービンモデル723

コルトM16A2
コマンドモデル733
(サブマシンガン)

M16A2 M203・40mm
グレネード・ランチャー付

M16A2
ヘビーバレル
モデル741

分隊機関銃

ジャングルで
小枝などが
引っかかると
カゴ型に改良

兵隊に対する指導や
クリーニング・キットの
大量支給、発射火薬の調整等
数々のトラブルをクリアして
M16はノン・トラブル
銃となり名実共に
アメリカ3軍の
基幹火器となりました

※現在はM16A2をさらに発展させたM4自動小銃に変更され、
さらにXM5が後継アサルトライフルになる予定です。
M4自動小銃についてはP228から見てネ

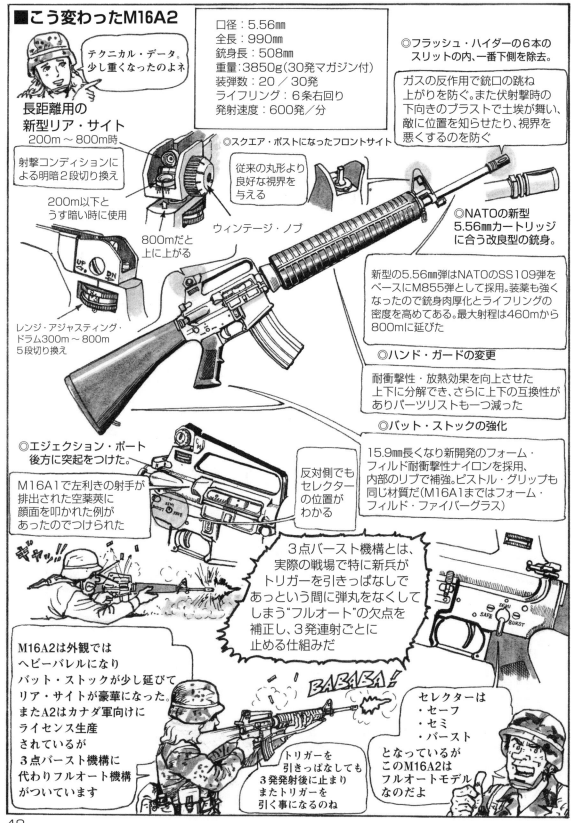

■M16の射撃訓練(Part2)

もぉ〜〜〜ヤダ〜
全然当たらない
みたい…
どうなってるの？

弾のムダ使い！
全然ダメで
あります!!

う〜〜〜む
ダメだこりゃ…
こうなったら
手取り足取り
教えてやるか

■照準

銃で狙いを定める
時には照門と照星と
標点を一致させる
この一致させた状態を
サイト・ピクチャー
という

サイト・ピクチャーは2つの基本
要素から成っている。つまり照門と
照星を結ぶサイト・アライトメント
(照準基線)とその延長上に標的を
置く"的の絞り"といったことが
狙いを定めることにつながって
いるのだ

これが正確な
サイト・ピクチャーだ
弾が命中するかどうかは
このサイト・ピクチャーの
正確さによるわけだ

照門　照準基線　照星

標的

250m

25m

正しいサイト・
ピクチャー　誤った
的の絞り方　誤ったサイト
・ピクチャー

いいか！銃はサイト・アライトメントが
確実でなければ当たらないということを
頭に叩き込んでおくんだ。わずかな
手元の狂いが先にいった大きな誤差と
なる。上の図の様に、たとえ的の絞り方
をミスってもサイト・アライトメントが
正確ならまだ敵に当たる可能性があるが、
サイト・アライトメントが狂っていると、
弾はそれてしまうのだ。

●正しいサイト・アライトメント
フロント・サイト・ポストが照門の
ど真ん中に来た時が、正確な
サイト・アライトメントだ。射手の
目の焦点は照星に注がれるので、
照門がぼやけるのは普通で、照門が
くっきり見えているようでは、
照星を正しく捕えられていないゾ。

正しいサイト・アライトメントこそ
名射手の条件だ。まず確実に
照星を照門のど真ん中に
捉えるということを
心がけるんだ

●的の絞り方
正確なサイト・アライトメント
を保持しながら、標的を照星の
頂点に置く。この時、標的の
左右中心線を、照星を貫く
照門の垂直線に重なり合わす
のが正しい間との絞り方だ。

■構えの８ポイント

さて次のチェックポイントは
構えなのだが、いくらサイト・ピクチャーを正確に
しても構えがおろそかだと何もならない
構えがしっかりしてこそ照準も定まるのだ

う〜む…サンディの
場合はどうもこの腰の
バランスが決まって
いないようだネ

●ストックの定着
射手の右頬をストックの一定の
個所に密着させる
このストックの定着性が高まれば
まず照準が一定するという利点が
あり、次に密着していれば銃の
反動につれて頭部が動くので
照準の修正がすぐできる

●バットは肩ポケットに
バット(床部)を右肩の
ポケット(窪み)に
正しく当てると
反動の影響を軽減
してくれるので
銃をしっかり保持できる

●左手のグリップ
このハンドガードを支える位置は
射手の体格や標的の位置によって
異なるが、グリップは指がハンド
ガード上部に自然に巻き付く感じで
手首ともども楽にして、左ヒジは
その時の構えに応じてできるだけ
レシーバーの下に持ってくる

●右ヒジ
右ヒジの位置は射手が
バランスを取るのに
重要な役を要求しており
同時にバットの当て具合
にも影響を与えるので
大切だ

●右手のグリップ
人差指をトリガーに
残る指でピストルグリップを
しっかり握り同時に銃を引きつけ
バットを肩のポケットに固定させる

●トリガー・コントロール

当たり前の様でなかなかうまく
できないのが、トリガーを
まっすぐ後ろへ引くということだ。
まず人差指の先と第２関節の
間の１点をトリガーに当て、
決してレシーバーの側面に
触れることなく真後ろへ引く。
この時、ちょっとでも側面に
力がかかると銃身がグラついて
狙いが不安定になる。

●呼吸法

照準や発射の最中に呼吸を続けると、
胸の動きがそのまま銃口に伝わってしまう。
そこで正しい呼吸法が重視されるわけだ。
まずサイト・アライメントを確保する間は
呼吸を続け、これを的に絞る時に息を止めて
発射に持ち込むのが呼吸パターンだ。

呼吸の止め方は普通の呼吸運動では吸気に
２秒、排気に２秒でだいたい４〜５秒周期と
なっていて、この周期と次の周期の間合いが
２〜３秒なので、これを12〜13秒に延長する。
この間合いを利用して発射するのは、
比較的容易な最善の方法である。

呼吸でわかる正しい姿勢

正しい構え
息を吸う時に
十字線はまっ
すぐ下にくる。

もしも十字線が左・
右下にそれる時は、
ヒジによって正しく
銃身を支えていない。

この場合は左ヒジを
軸にして体を右に
ずらして、
正しい姿勢に戻す。

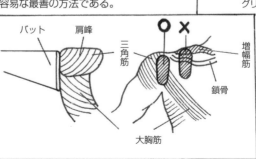
バット　肩峰　三角筋　増幅筋　鎖骨　大胸筋

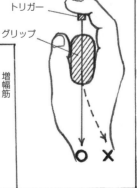
トリガー
グリップ

■射撃姿勢

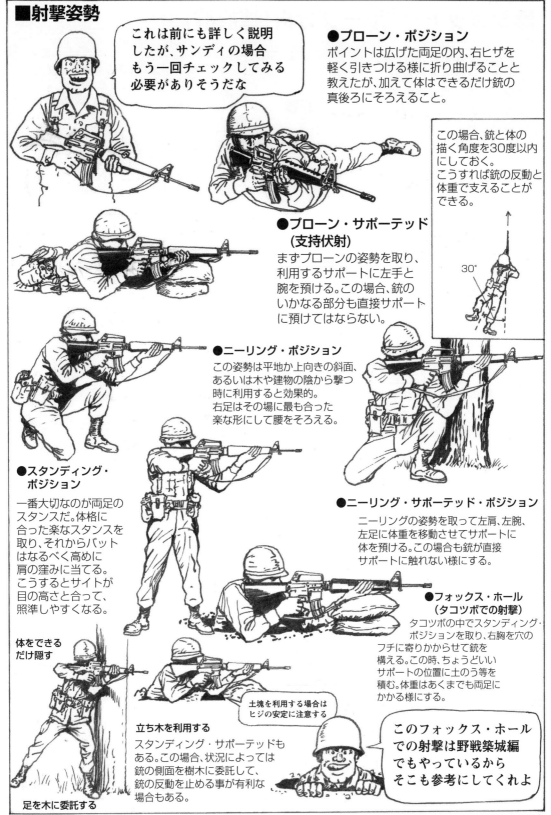

これは前にも詳しく説明したが、サンディの場合もう一回チェックしてみる必要がありそうだな

●プローン・ポジション

ポイントは広げた両足の内、右ヒザを軽く引きつける様に折り曲げることと教えたが、加えて体はできるだけ銃の真後ろにそろえること。

この場合、銃と体の描く角度を30度以内にしておく。こうすれば銃の反動と体重で支えることができる。

30°

●プローン・サポーテッド (支持伏射)

まずプローンの姿勢を取り、利用するサポートに左手と腕を預ける。この場合、銃のいかなる部分も直接サポートに預けてはならない。

●ニーリング・ポジション

この姿勢は平地か上向きの斜面、あるいは木や建物の陰から撃つ時に利用すると効果的。右足はその場に最も合った楽な形にして腰をそろえる。

●スタンディング・ポジション

一番大切なのが両足のスタンスだ。体格に合った楽なスタンスを取り、それからバットはなるべく高めに肩の窪みに当てる。こうするとサイトが目の高さと合って、照準しやすくなる。

●ニーリング・サポーテッド・ポジション

ニーリングの姿勢を取って左肩、左腕、左足に体重を移動させてサポートに体を預ける。この場合も銃が直接サポートに触れない様にする。

◆フォックス・ホール (タコツボでの射撃)

タコツボの中でスタンディング・ポジションを取り、右胸を穴のフチに寄りかからせて銃を構える。この時、ちょうどいいサポートの位置に土のう等を積む。体重はあくまでも両足にかかる様にする。

このフォックス・ホールでの射撃は野戦築城編でもやっているからそこも参考にしてくれよ

体をできるだけ隠す

立ち木を利用する
スタンディング・サポーテッドもある。この場合、状況によっては銃の側面を樹木に委託して、銃の反動を止める事が有利な場合もある。

足を木に委託する

土塊を利用する場合はヒジの安定に注意する

51

■ショット・グループ分析(弾痕群)

ショット・グループは1点に集中すれば完璧なのだが実際には風の影響や射手の実力や調子、わずかだが弾の違い等によってバラバラに散るのが普通だ

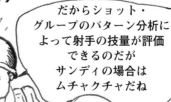

だからショット・グループのパターン分析によって射手の技量が評価できるのだがサンディの場合はムチャクチャだね

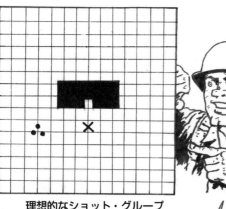

理想的なショット・グループ

集中度の高さに比例してパターンは小さくなり好ましいわけだが、反対にあまり歓迎できないパターンがタテ、またはヨコの延長線型だ。この場合はサイト・アライトメントと不正確な的の絞り方が指摘されるほかに、トリガーの引き方が強すぎたか呼吸法の誤り、筋肉の過度緊張等が原因となっている。

ショット・グループは集中すること自体が望ましく標的上の位置はその次に考えるべきで例えば2発目が中心に当たっていて1発目と3発目が上下等に開いているよりも的の中心から外れたところでも3発が小型正三角形を描いてまとまっている方が射手の狙いは確実と言える

■バトルサイト・ゼロ

発射された弾丸は弧状の弾道を描いて飛びますが、これに対し照準線は直線的です。すなわち実際の発射の瞬間には、弾丸は照準線の下から発射され、まず25m地点でライン上に上昇して頂点に達し、そこで引力に引き戻されて再び照準線に戻って下降する。この2度目にライン上に交差する地点で標的に命中する様に、サイトはあらかじめセットされている。アメリカ陸軍の標準では、これが250mの地点に指定されており、この250m地点をアメリカ陸軍のバトルサイト(戦闘照準)・ゼロと呼んでいる。

●ショット・グループの分析評価

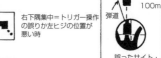

サイト・アライトメントの方が重要だということがわかる

◎セミ・オートマチック弾痕群分析

A円＝直径3cm
支持伏射、またはフォックス・ホール姿勢で25mから3連射弾痕群がA円内に集中、または触れればよい

B円＝直径5cm
ひざ撃ち、その他支持なしの射撃姿勢で25mから3連射弾痕群がB円内に集中、または触れればよい

採点型板

■索敵訓練 (距離の測定)

いかに優秀な射手であっても索敵能力がなければ戦場では役に立たない
実際に射撃するより索敵する方がずっと難しいものなのだ

●索敵の3大ポイント

索敵の基礎訓練においては次の3ポイントをよく理解する。
①いかに目標を見つけるか。
②発見した目標をどのようにマークするか。
③目標までの射程をいかにして決めるか。
この3ポイントをバッチリ修得して初めて索敵が可能となる。

■射程の目測のやり方

正確な射程の決定能力はコンバット・ライフルマンが任務を遂行するために必要な重要な技術である。さて射程を決めるにはいろいろあるが、地図や測遠機を持たない者が身につける方法は2つある

●100m単位目測法

まず100mの目測ができる様に練習し、次にこれを5倍、つまり500mまで延長できる様に練習する。この練習はいったん修得した後もいつも繰り返し練習して、カンが鈍らない様にしておくこと。
また上り斜面は同じ100m間隔でも長く見える。逆に下り斜面では短く見える事も頭に入れておく。

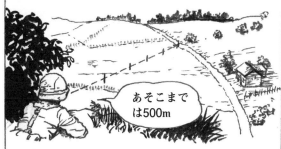

あそこまでは500m

●形状対比目測法

これは日常生活でも実行している方法で、車など大きさを知っている目標が距離に比例して小さくなるのを認知するものだ。例えば100mの距離で人間を見る練習をすれば効果がある。この時、必ずスタンディング、ニーリング、プローンの各ポジションで目測の練習を繰り返しておくとより有効だ。

300m

アメリカ陸軍ではこの索敵訓練を重視しており、訓練に際しては下のようなコンセプトを前提としています。

①突撃の場合以外はめったに敵兵の姿は見られる物ではない。
②敵兵を探り出せるのはせいぜい300m以内までで、これを超えることはない。
③敵の居場所を示す様々な兆候に注意せよ。例えば音、銃口発炎、その反射など瞬間的だが認められることがある。
④コンバット・ターゲットは必ずしも目視できるとは限らず、敵兵が急に姿を隠した直後等は、その周辺の地形その他目印になる標点を求めて射撃することもある。

※50mごとに探索の弧を拡大する

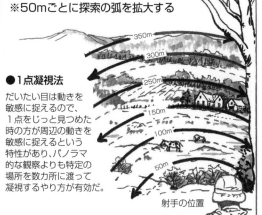

350m
300m
250m
150m
100m
50m
射手の位置

●1点凝視法

だいたい目は動きを敏感に捉えるので、1点をじっと見つめた時の方が周辺の動きを敏感に捉えるという特性があり、パノラマ的な観察よりも特定の場所を数カ所に渡って凝視するやり方が有効だ。

観察者の位置は自分の身を隠すことができて、しかも見通しのいい位置を探す。まず周辺の敵の活動状況を把握するため50mごとに180度の弧状に1点凝視法で見渡していく。こうして各段階での地形の特徴を捉えておくのだ。

■クラック・アンド・サムプ技法

これは横側を通過する弾丸の風を切る音(クラック)と銃の発射音(サムプ)から、敵の射手のいる方向を知り、ついでに距離までも予測する耳ならしの訓練だ。

この訓練は敵の攻撃に遭った時に最初に聞く音がクラックであり、その後にサムプが聞こえてくることになるので、まずクラックを聞いたらすぐに数を数えて、いくつでサムプになるかを確かめる。この時の予測の速度は1秒につき1から5を数える速さで、これを反復します。その数に100を掛ければ敵への距離がでるというわけです。クラック→1→2→3→4→5→サムプと聞こえたら、敵までの距離は500m先となるわけです。

■自動掃射の基礎(フル・オート)

キャッ!!

通常オートマチック・ファイアー(連射)というのはトリガーを離さずに2発以上の連続発射を行うことをいい3発の連射で最小限の射弾散布を確認することになっている

自動掃射の基本は①統一操作②射撃姿勢③弾倉の入れ替え④火力の分布の4点になる

●自動掃射の統一操作

①照準(セミオート射撃と同じ要領)　②構え(2脚架を使用して安定させる)

ライフルバットを右肩の付け根にしっかり当てる

右手のグリップスリングの止め金をゆるめて輪を作り、これに4本指を入れて親指で押さえるように握り締め引きつけるようにする

トリガー・コントロール
フル・オート射撃での狙いを安定させるためには、3発連射の繰り返しが一番効果的だ。したがってこの3発連射を練習すること。

筋肉の緊張

セミオートの場合と違ってオートでは両手で銃を引きつけるため腹筋を使うが、これは銃の安定のためにも必要だ。

右手のピストルグリップをしっかり握って手前に引きつける

2脚架

●射撃姿勢

アンダーアーム射撃姿勢

バットは脇の下近くへ抱える

銃口はやや下向きに構え発射したら跳弾を見て調節する

左手は伸ばしてハンドガードの先の方をしっかり握る

左足を半歩出しヒザを心もち折る

両足のスタンスは肩幅くらい

基本的には5タイプ(プローン・サポーテッド、フォックス・ホール・サポーテッド、ニーリング・サポーテッド、スタンディング、アンダーアーム)ある。この内、最も安定するのが2脚架支持のプローンとフォックス・ホール。ニーリングはセミオートの場合と同じで、スタンディングは目標が100m以内で他の姿勢がとれない時や突撃前が最適。アンダーアームは命中率は悪いが、接近戦や目標が広く展開している時に役に立つ。

●急射(クイック・ファイアー)

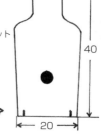

E型シルエット標的

40

20

やや高めにバット定着の構えをしてサイトから2〜3インチ上を銃身に平行にする目線で標的を捉える

だいたい以上が一人前のコンバット・ライフルマンになるための訓練過程といったところだ

イエッサー

目標発見と同時に照準動作なしに射撃する事をクイック・ファイアーという。この訓練はサイトにテープを貼って行う。それはサイトよりも標的を直視して射撃することが重要だからであり、標的を15mの距離から10回中8回倒したら、30mに距離を離す。これでうまくなれば、サイトのテープを外して続ける。

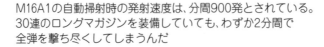

M16A1の自動掃射時の発射速度は、分間900発とされている。30連のロングマガジンを装備していても、わずか2分間で全弾を撃ち尽くしてしまうんだ

■コルトM1911A1オートマチック・ピストル

これが長年アメリカ陸軍の制式ピストルとして採用されてきたコルト・オートマチック・ピストルM1911A1だ
第1次世界大戦からベトナム戦争までと息の長いピストルでポケット砲兵ともいわれた強力なヤツだ

アラ～重たい上に早射ちができないって悪口も聞きましたよ

●歴史

アメリカ陸軍最初のオートマチック軍用ピストルとして1911年に採用され、ヨーロッパ各国の軍用ピストルが口径9㎜(約38口径)だったのに対し、アメリカが45口径としたのは、1902年にフィリピンのモロ族と戦った時、狂信的なモロ族の戦士たちは当時装備していた38口径のリボルバー・ピストルの弾丸を数発喰らっても、そのまま平気で突撃してきたから。なかには全弾6発を命中させながらも米軍兵士を刺し殺したという事件がありアメリカ軍はさすがにビックリして、対インディアン戦でストッピング・パワー(打撃力)の威力証明済みの45口径ピストルを採用したのでした。以後アメリカ軍ではこの45口径マンストッピング・パワーは絶対のものとされ、ベトナム戦争まで戦い抜いてきたが、ついに9㎜ベレッタに更新されることになった。

弾薬：45ACP
初速：253m／秒
全長：217㎜
重量：1130g
ライフリング：6条左回り
装弾数：7発
最大射程：1500m　有効射程：50m

反動式のセミ・オートマチック(トリガーを引くたびに1発ずつ発射する機構)でマガジン交換式だ。
マガジンの装弾数は7発でスライドが前進すると、マガジン最上部のカートリッジがチャンバーに入る仕組みで、最後の1発を発射するとスライドは後部に残ったままとなる(スライド・ストップ)。

M1911

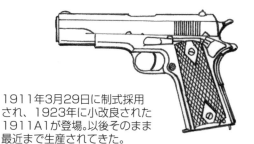

1911年3月29日に制式採用され、1923年に小改良された1911A1が登場。以後そのまま最近まで生産されてきた。

M1911A1

フロントサイトが厚くなる

スパーの部分が長くなった

トリガーの位置が後退

リリーフ・カット

グリップ全体にチェッカーが入る

アーチ型となった

M1911A1を開発したコルト社はアメリカを代表する銃器メーカーでしたが、2015年に長年の経営悪化がたたって破産してしまったわ

■作動機能(サイクル・オブ・オペレーション)

ピストルを１発ずつ発射する度に、順序に従って
各部分が作動する機能サイクルを、サイクル・
オブ・オペレーションといいます。
①装弾(フィーディング)②装填(チャンバリング)
③固定(ロッキング)④発射(ファイアリング)⑤解除
(アンロッキング)⑥抽出(インストラクティング)
⑦蹴子(イジェクティング)⑧発火準備(コッキング)

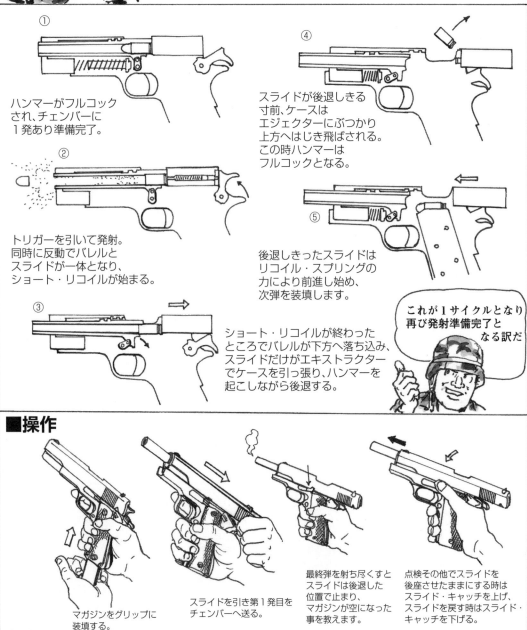

①

ハンマーがフルコック
され、チェンバーに
１発あり準備完了。

②

トリガーを引いて発射。
同時に反動でバレルと
スライドが一体となり、
ショート・リコイルが始まる。

③

ショート・リコイルが終わった
ところでバレルが下方へ落ち込み、
スライドだけがエキストラクター
でケースを引っ張り、ハンマーを
起こしながら後退する。

④

スライドが後退しきる
寸前、ケースは
エジェクターにぶつかり
上方へはじき飛ばされる。
この時ハンマーは
フルコックとなる。

⑤

後退しきったスライドは
リコイル・スプリングの
力により前進し始め、
次弾を装填します。

これが１サイクルとなり
再び発射準備完了と
なる訳だ

■操作

マガジンをグリップに
装填する。

スライドを引き第１発目を
チェンバーへ送る。

最終弾を射ち尽くすと
スライドは後退した
位置で止まり、
マガジンが空になった
事を教えます。

点検その他でスライドを
後座させたままにする時は
スライド・キャッチを上げ、
スライドを戻す時はスライド・
キャッチを下げる。

■装填

大事なことは
装填後には
必ずセフティを
かけることだ

① ② ③

④

たとえすぐ発射訓練に
移る場合でも一度は
セフティ・ロック
することを習慣づけたい

◎3つの安全装置がある

ハーフ・コック・ノッチ
セフティ・ロック
グリップ・セフティ

これら安全装置は
絶えず発射前にテスト
することを心掛けよう。

①セフティ・ロック・テスト

②グリップ・セフティ・
テスト

③ハーフ・コック・
テスト

④ディスコネクター・
テスト

フルコックで
離す

ディスコネクターも
一応安全装置の働きも
する。ハンマーを
いっぱいに押し下げて、
フルコック位置で止める。

■弾抜き

マガジンキャッチを
押してマガジンを
抜く。

抜いた後、チャンバーを
点検。

腕を上半角に支えたままでトリガーを
引いて、スライドを元の位置に戻す。

この場合、
間違っても銃を
水平に構えて
トリガーを
引いてはならない。

■分解

いざという時のため
またピストルの構造を覚えるため
普段からの分解・手入れは
欠かせないものだ

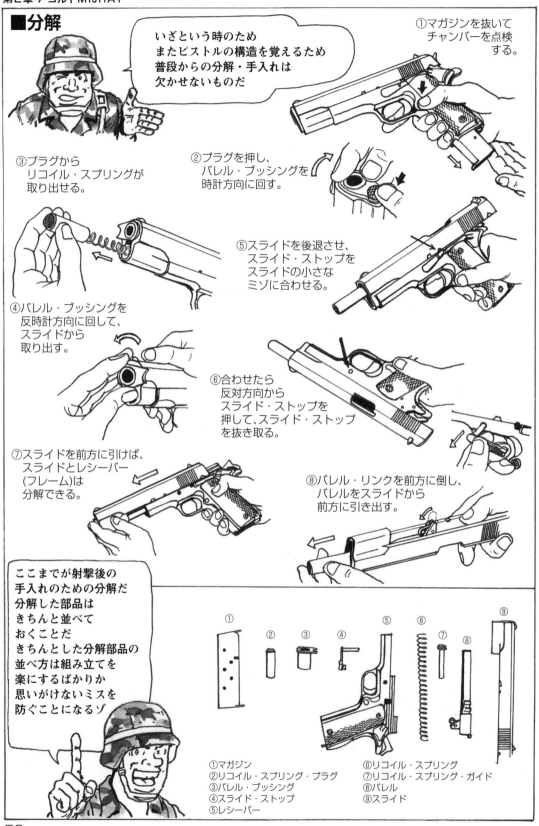

①マガジンを抜いて
チャンバーを点検
する。

③プラグから
リコイル・スプリングが
取り出せる。

②プラグを押し、
バレル・ブッシングを
時計方向に回す。

⑤スライドを後退させ、
スライド・ストップを
スライドの小さな
ミゾに合わせる。

④バレル・ブッシングを
反時計方向に回して、
スライドから
取り出す。

⑥合わせたら
反対方向から
スライド・ストップを
押して、スライド・ストップ
を抜き取る。

⑦スライドを前方に引けば、
スライドとレシーバー
(フレーム)は
分解できる。

⑧バレル・リンクを前方に倒し、
バレルをスライドから
前方に引き出す。

ここまでが射撃後の
手入れのための分解だ
分解した部品は
きちんと並べて
おくことだ
きちんとした分解部品の
並べ方は組み立てを
楽にするばかりか
思いがけないミスを
防ぐことになるゾ

①マガジン
②リコイル・スプリング・プラグ
③バレル・ブッシング
④スライド・ストップ
⑤レシーバー
⑥リコイル・スプリング
⑦リコイル・スプリング・ガイド
⑧バレル
⑨スライド

■ピストルの手入れ

ピストルに限らずだが
普段から手入れをしっかりやっておかなければならない
また定期的に準備点検を行う必要性もある
さらに発射前の手入れは射撃の安全性を高め
銃の保護にもつながる
もちろん発射後の手入れは特に念入りにやっておくことだ

●発射前の手入れ

銃腔、チャンバー、尾筒外部を洗浄
して乾かす。尾筒のガイドレールや
スライドの腔線の谷には注油する。
内部各部品は弾薬に接触する部分の
ほか、薄い油膜を残しておく。
グリップのオイルはよく拭き取る
ように注意すること。

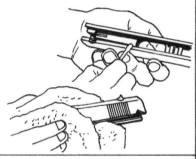

●発射後の手入れ

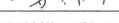

発射後はできるだけ早く、下記の
手入れを行うこと。
①分解。
②各部品を少量のオイルを含んだ
　布で拭き、乾布で拭き取った後、
　薄くオイルを塗る。
③銃腔とチャンバーの洗浄。
●CRを含んだスワップで銃腔を
　数回往復させる。
●銃腔ブラシを洗浄棒につけ、
　銃腔とチャンバーを洗浄。
●乾いたスワップで銃腔と
　チャンバーをキレイに拭く。
●銃腔を点検。
●キレイになった銃腔と
　チャンバーに潤滑油を薄く塗る。

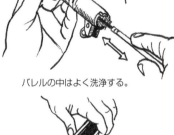

バレルの中はよく洗浄する。

フレームや
スライドの内側を
ブラッシング。

■組み立て

組み立て後は作動の
テストをして外部表面に
オイルを薄く塗る
必要に応じて点検
手入れを反復すること

■洗浄用資材

●発射後、銃腔やスライド
　表面の洗浄にはCR洗剤を
　使う(これで腐食の原因と
　なる塩分が溶け、火薬カス
　やカーボンを取り除く)。
●CRがない時は石けん水で
　代用することもできる
　(約113gの石けんを、
　約4.5ℓの水に溶かした
　ものが効果的)。
●揮発性アルコール溶液、
　シンナーなどで、オイル、
　グリース、錆び止め剤を
　拭き取る
●スワップ(フランネル・
　コットン製の綿布)は、
　小火器の銃腔の洗浄に
　使用。
●綿布はゴミ、アルカリ、
　腐食剤の付着していない
　ものを使用。

■潤滑油

●一般用潤滑油PLスペシャル
　が、一般的な
　錆止めとして使用される。
●エンジンオイルSAE10で
　代用できるが、厳寒地では
　作動に潤滑さを欠くこと
　があり、防錆能力がない
　ので、これを使用した
　場合は点検をよくやる
　ことだ。
●LAW武器用潤滑油は
　華氏零度(マイナス18度)
　以下で使用。厳寒地では
　たびたび試射を行う。

■機能不良と故障

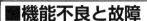

部品の摩滅・破損・汚れなどで使用中のピストルが故障を起こした場合
ただちに緊急措置がとれないようでは一人前のガンマンといえない

機能不良（マルファンクション）は兵器の場合では欠陥とみなされ使用中に機能が停止する故障（ストッページ）とは区別されこの場合は部品交換が必要となるグリップ・セフティが効かなくなったりスライド・ストップがかからないというのが機能不良だ

スライドが前方に移動し、撃鉄が堕ちても発砲しない場合。

これに対し作動の機能サイクルを妨げるのが故障でその原因と措置は下の表に載ってるゾ

スライドが完全に前方へ移動しない場合。

マガジンを抜いて、

チャンバー（薬室）を点検。

不良弾薬の場合、スライドを引いて弾丸を出してしまう。

緊急措置は戦闘中など原因を探る前にとりあえずとる措置だ

原因と対策を講じてからマガジンを装填。

発射！

故障の状態	送弾不能	装填不能	ロック不能	発射不能	ロック解除不能	抽筒不能	排出不能	コック不能
原因	・マガジンの汚れ ・マガジンバネのゆるみ又は破損 ・弾倉止め摩滅又は破損 ・マガジンバネの組み込みが逆になっている ・マガジン押上板の歪み	・薬室の汚れ ・薬莢の歪み ・複座バネのゆるみ ・薬室内に障害物 ・作動部品の塗油不足 ・銃身止材の汚れ ・複座バネのゆるみ ・銃身リンクの破損 ・抽筒子が薬莢の右側に必要以上の圧力を加えている	・注意不足 ・抽筒子が薬莢の右側に必要以上の圧力を加えている	・不良弾薬 ・撃芯破損 ・撃鉄悍の歪み又は破損	・銃身リンク破損 ・銃身リンク・ピンの破損	・抽筒子の摩滅又は破損 ・薬室のへこみ又は汚れ	・不良筒子 ・蹴子の破損	・撃鉄のコック・ノッチの摩滅 ・逆鈎の破損 ・逆鈎バネ不良 ・逆鈎レバーの摩滅又は破損
対策	・マガジンを洗浄するか交換する ・マガジンを交換する ・部品交換 ・組み立てをやり直す ・マガジンを交換するか押上板を直す	・薬室を洗浄する ・不良弾薬を取り除く ・複座バネ交換 ・障害物を取り除く	・過度に注意 ・銅製薬莢の弾薬と交換	・弾薬交換 ・破損部品の交換	・破損部品の交換	・破損部品の交換・洗浄	・破損部品の交換	・破損部品の交換

いよいよピストルの
射撃訓練といくぞ

ピストルの基本用途は
接近戦で早く正確に射撃することだ
そのためには射撃術の基本を
しっかりと身に付けることが
大切なのである

射撃術は英語で
マークスマンシップといい、
このマークスマンは射手と
いう意味で、厳密には
射撃技量のこと。
マークスマンは2級以下の
射手のことを指しており、
1級射手はシャープシューター、
特級射手はエクスパートと
呼ばれています。

ヤッター！
ピストルは
ちょっとは
自信あるんだ

●射撃術の基本●
①目と手の運動
②グリップ
③姿勢
④トリガー・
　コントロール

上記の各要因が、
迅速で正確な
射撃の基礎となる。

マークス訓練は
次の2段階に分かれる
①準備訓練
②発射訓練

さ〜てワシは
サンディを
厳しくコーチ
してやるゾイ

■コーチング

初歩訓練ではコーチが付き添い
その場で過ちを矯正する
その他、
右のような諸点をチェック

安全予防策を怠らない

コーチしだいで
訓練生の
上達は決まる
ゾ

汚損のない弾薬を適量配布する

射手のグリップに注意

射手の姿勢を確認

射手は命令に応じて
装填する

ターゲットを狙う射手の腕の
固定を確かめる

発射の間、手首をまっすぐにする

銃の受け渡し時
発射後に残弾を
チェックする

射っても
よろしい
ですかぁ〜〜〜

■弾薬の基礎知識

●弾薬の構成

おっと射撃訓練の前に
ピストルを携行するとなると
当然ながら弾薬の種類、
取り扱い、使用等を
心得ておかなければ
ならない

| 弾薬 (カートリッジ) |
| 弾丸(ブレット) | 発射薬(パウダー) | 薬莢(ケース) | 雷管(プライマー) |

●遅発(ハングファイアー)
普通は数秒以内なので、不発(ミスファイアー)
と早合点しないこと。10秒以上たったら不発と
みてスライドを引いてもよい。この間、銃口を
的から外さぬように注意する

45口径用弾薬として
これだけの
種類があります

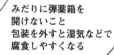

↑赤色塗装

M1911ボール 鉛合金を芯にして、メタルジャケットを被せたもので、人員及び軽量目標に対して使用する標準弾。

M9ブランク 模擬演習や礼砲に使う空砲。ケース内の中間ぐらいにフタがしいてある。

M1931ダミー 装備訓練に使用する。薬莢に2つの穴が開いているのですぐ判別できる。

M26トレーサー 焼夷効果があり射撃観察に使う他、信号としても活用されたりする。

M15ショット サバイバル用で、不時着したパイロットが、ジャングルで鳥等を撃つ目的で開発。

※対人殺傷用のXM261ショット弾も開発されている。

■取り扱い

木製弾薬箱は
再使用を考えて
丁寧にあけること

みだりに弾薬箱を
開けないこと
包装を外すと湿気などで
腐食しやすくなる

小火器の弾薬は一般に
取り扱いも安全だが
弾薬箱や容器の破損は
放置しないで修理するか
新しい箱に中身を
移すこと

弾薬を泥、砂、ほこり、水から守り直射日光に長時間さらさないこと

もし濡れたり汚れたりしたら乾いた布で拭く腐食を発見した場合も拭き取るがひどいものは使用しないことだ

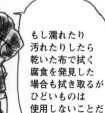

薬莢に傷やへこみがあったり腐食のあるものは使用しない

オイルを塗ったり磨いたりしないこと

薬莢の雷管に打撃を与えないこと

■貯蔵

爆発の危険はないが、保管状況が悪いと火事の恐れがある。

できる限り建造物内に貯蔵し、熱源の近くには置かないことだ。

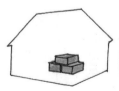

やむを得ず戸外に置く時は、地上6インチ以上のパレットを敷き、カバーをかけること。周囲に下水溝を掘ったり風通しをよくしておく。

■マークスマン準備訓練

レンジ(射撃場)に出る前に
この準備訓練で徹底的に早射ちの基本を
修得してもらうゾ
ただし早射ちといっても早いだけではなく
正確さが大事なのだが…

●目と手の運動

この目と手の連動が
早射ちのテクニックの
基本となるものだ

誰でも物体を指さすことは
できる。同じようにピストルで
目標を狙うこともできる。

物体を指さすとき、本能的に指先は視線上に
置かれます。その視線が移動すれば、指先も
またこれに応じて移動します。この本能的な
動きが目と手の連動であります。

●グリップ

正しい
グリップこそ
早射ちの
最大の
ポイントだ

銃口を上にして左手で
スライドを握る。右手の
親指と人差し指で、
V字型を作る。

Vにグリップセフティを
あてがう。この時、照準
と照門をつないだ線が、
前腕と平行になるように
する。

3本の指は等分に力を
加えて後ろへ絞り、指先は
力を加えず銃床に触れる
だけ。親指はセフティに
置くか被せるようにする。
この場合、力は加えず
添えておくだけにする。
人差し指は第1関節の
部分でトリガーを押さえる。

グリップの強さは最初に手が震えるぐらい
強く絞り、次に力を少しずつ抜いて
震えが止まった時の状態が理想的だ
この感じが分かったところで
初めからその強さで握れるように練習する

下3本の指の
どれかが緩んだり
銃が手の中でズレたり
した時は改めて
握り直すようにする

こうして練習を重ねて
グリップがしっかり
してくると手首も固定
するようになり
狙いも正確に定め
られるようになります

このようにグリップと
手首がしっかりしてくると
人が銃口を持って
上下左右に動かした場合
銃と腕が一体になって
動くようになる

ここで紹介するのは
自宅で強盗に襲われたり
街中で暴漢に襲われた時
どう反撃するかといった
実践的なシューティングを
目的とした民間での
射撃術で
アメリカでは年次大会が
盛大に開催されています
なかなか参考になりますよ

■構え方（シューティング・スタイル）

両手保持は
射ち易さ、照準の
し易さで実戦的
です。右手は前方に
突き出し、左手で
引きつける感じで
ギュッと絞るように…。

両腕はまっすぐに
伸ばすのが
基本だが、各自の
好みによって
引きつけても
構わない。

両足の開きは肩幅よりも少し大きく、
左足は少し前に出します。

■照準（サイティング）

サイティングにおいては
フロントサイトにピントを
合わせます。リアサイトや
ターゲットではいけない。

同じ
幅に
する。

コンバット・
サイティングマン・
ターゲットを狙う場合、
上図のようにすると素早く
ターゲットを捉えられる。

サイティングの基本は
両目で狙うということだ
そして正確にターゲットを
狙うまではトリガーを
引かないことだ

■握り方（グリッピング）

トリガーには指の
先がしっかり当たる
ようにする。

グリップを
力いっぱい握り、
親指はセフティ・
レバーの上に
置きます。

左手の人差し指を
トリガーガードにかける、
ISI流グリッピング。
反動を抑え安定感がある。

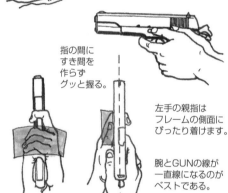

指の間に
すき間を
作らず
グッと握る。

左手の親指は
フレームの側面に
ぴったり着けます。

腕とGUNの線が
一直線になるのが
ベストである。

■バリケード・テクニック

体重は前方へかける
ようにして、かかとは
わずかに浮く感じ。
足は肩幅と同じ
くらい開く。

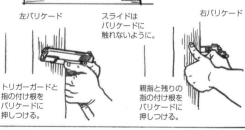

左バリケード　　　スライドは
　　　　　　　　バリケードに
　　　　　　　　触れないように。　　　右バリケード

トリガーガードと
指の付け根を
バリケードに
押しつける。

親指と残りの
指の付け根を
バリケードに
押しつける。

コンバット・シューティング（実戦射撃）の大会は現在世界中で
開催されている。その中で拳銃の構え方は、'80年代から現在に至る
まで、さまざまなフォームが考案されてきたんだ

■早射ち訓練

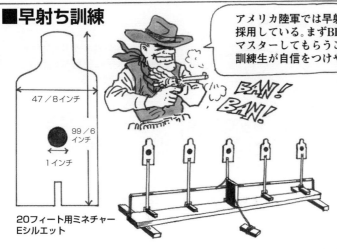

アメリカ陸軍では早射ち訓練にBBガン (空気銃) を
採用している。まずBBガンで射撃術の基本を忠実に
マスターしてもらうことと、BBガンだと命中率もよいので
訓練生が自信をつけやすいのだ

47／8インチ

99／6
インチ

1インチ

20フィート用ミネチャー
Eシルエット

- ●第1段階
  10フィート離れて5発射つ。
- ●第2段階
  15フィート離れて5発射つ。
- ●第3段階
  20フィートから5発射つ。
- ●第4段階
  ミネチャー Eシルエットを2つ
  使い15フィートから6発射つ
  （最右翼と最左翼に交互に
  　3発ずつ）。

■レンジ射程過程

このレンジ・ファイアリング・
コースには、3つの
コースがある。

BBガンによる準備訓練が終わると
いよいよレンジ (射撃場) に出て
実弾射撃訓練となります

①教育訓練過程／教官の
　直接指導を伴う初級コース。
②実戦訓練過程／コンバット・
　ピストル・クオリフィケーション
　＝CPQCというのが略称で、最終テストコースで
　射手の等級が決められる。
③慣熟訓練が必要と認められたものに対する
　訓練コース。

■実戦訓練過程

このコースではシングル及びマルチ標的に対して、
様々な距離から早射ちの訓練が行われ、次に標的の
露出回数30に対して40発で射撃。この場合、
1発で命中させても2発目で命中させても、
標的の露出時間内であれば評価は同じだ。
（もちろん残弾が少ない方が腕前がいいことにはなる）

●テーブル（射撃訓練目録）
①支給マガジン1個（7発）火線上で立ち射ち。
　標的の内、表示された1個に射撃。
②マガジン2個（内1個は1発のみ装填）立ち射ち。
　標的6個でシングルで4回、マルチ1回の表示。
　初め1個のマガジンで撃ち、すぐにマガジン交換、
　3秒以内に終えないと失格。
③マガジン1個で立ち射ち。標的はシングル2回、
　マルチ1回。
④マガジン1個（5発装填）で立ち射ち。
　標的はシングル2回、マルチ1回。
⑤マガジン3個（1発、7発、5発の順）標的10個。
　スタートラインより前進火線に達するとシングル
　標的が2秒間露出、射手は発射後マガジン交換、
　8秒後に再びシングルが出現。
　これまでにマガジン交換を終えていないと、
　ミス・ファイアー「ムーブアウト」の後、2セットの
　マルチを射撃。
　ここでまたマガジン交換し、「ムーブアウト」で
　前進表示される標的を撃つ。

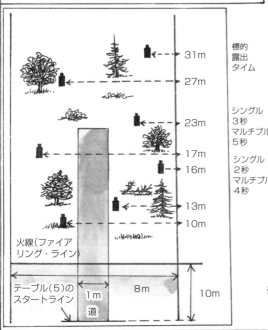

標的
露出
タイム

シングル
3秒
マルチプル
5秒

シングル
2秒
マルチプル
4秒

31m
27m
23m
17m
16m
13m
10m

火線（ファイア
リング・ライン）

テーブル(5)の
スタートライン

1m
道

8m

10m

※射撃後は銃を上向きにレンズ・ポジションで
　スライドを下げたまま、スタートラインへ戻って
　銃を置きます。

■レディ・ポジション(射撃準備姿勢)

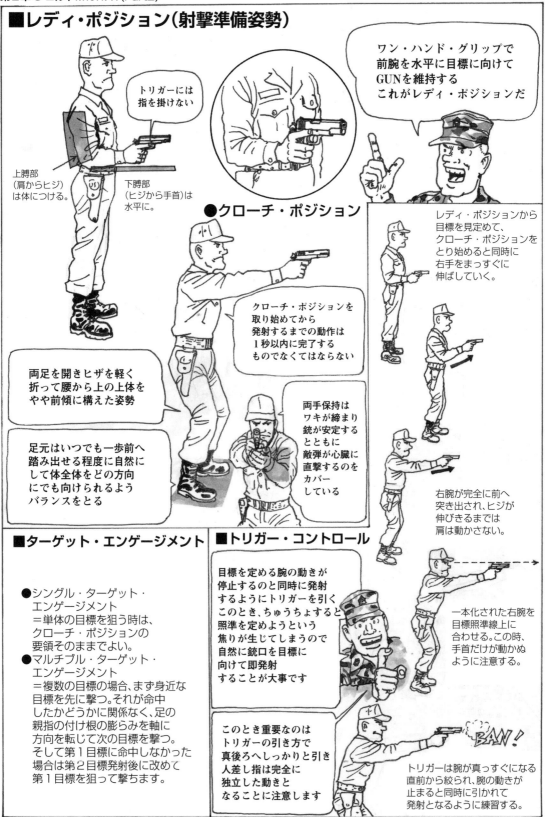

トリガーには
指を掛けない

ワン・ハンド・グリップで
前腕を水平に目標に向けて
GUNを維持する
これがレディ・ポジションだ

上膊部
(肩からヒジ)
は体につける。

下膊部
(ヒジから手首)は
水平に。

●クローチ・ポジション

クローチ・ポジションを
取り始めてから
発射するまでの動作は
1秒以内に完了する
ものでなくてはならない

両足を開きヒザを軽く
折って腰から上の上体を
やや前傾に構えた姿勢

足元はいつでも一歩前へ
踏み出せる程度に自然に
して体全体をどの方向
にでも向けられるよう
バランスをとる

両手保持は
ワキが締まり
銃が安定する
とともに
敵弾が心臓に
直撃するのを
カバー
している

レディ・ポジションから
目標を見定めて、
クローチ・ポジションを
とり始めると同時に
右手をまっすぐに
伸ばしていく。

右腕が完全に前へ
突き出され、ヒジが
伸びきるまでは
肩は動かさない。

一本化された右腕を
目標照準線上に
合わせる。この時、
手首だけが動かぬ
ように注意する。

■ターゲット・エンゲージメント

- ●シングル・ターゲット・
エンゲージメント
=単体の目標を狙う時は、
クローチ・ポジションの
要領そのままでよい。
- ●マルチブル・ターゲット・
エンゲージメント
=複数の目標の場合、まず身近な
目標を先に撃つ。それが命中
したかどうかに関係なく、足の
親指の付け根の膨らみを軸に
方向を転じて次の目標を撃つ。
そして第1目標に命中しなかった
場合は第2目標発射後に改めて
第1目標を狙って撃ちます。

■トリガー・コントロール

目標を定める腕の動きが
停止するのと同時に発射
するようにトリガーを引く
このとき、ちゅうちょすると
照準を定めようという
焦りが生じてしまうので
自然に銃口を目標に
向けて即発射
することが大事です

このとき重要なのは
トリガーの引き方で
真後ろへしっかりと引き
人差し指は完全に
独立した動きと
なることに注意します

BAN!

トリガーは腕が真っすぐになる
直前から絞られ、腕の動きが
止まると同時に引かれて
発射となるように練習する。

■M9（9㎜オートマチック・ピストル）

大きさや重量はほとんど変わっていないけどガバメントよりはるかに使いやすくなっているワ それに装弾数が多いってことが絶対いいわよ

1985年1月14日。1911年以来、75年間も愛用されてきたコルト・ガバメント拳銃の後継モデルとしてイタリア製ベレッタM92SB－FがM9㎜拳銃として制式採用されたのであります!!

ヘタな鉄砲も数撃ちゃ当たるが45口径の重量感とストッピングパワーが何と言っても最高なんだがネ

いかなる名銃といえども耐用年数には限界があるよな！ こいつも1945年が最後の調達で最低3回はオーバーホールしているしよく使ったもんだヨ

必要以上の大威力でも大型で重い！現代の兵器水準には合わなくなってきたんですね…

■M9の特色

拳銃を使うのは後方勤務の将兵とMPや戦車兵が多く、拳銃を官庁用語で「個人防衛兵器」と呼んでいる かつてパットン将軍が銃の暴発事故で負傷した例もあり、アメリカ陸軍では新型拳銃（ダブルアクション機構）の採用にあたり必要以上に安全機構の信頼性を重視しました

ダブルアクションで、小口径化と大型マガジンの採用によって、装弾数が15発と大きく増加し、さらにアルミ合金フレーム導入によって軽量化されている。

薬室に弾丸が入っているとエキストラクターの赤色が出ている

前後のサイトが高くなり移動する目標が捉えやすくなった

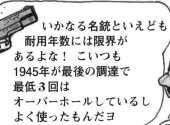

単純構造で作動の確実なドロップ・ロック方式の安全機構を持ちしかも右利きでも左利きでも操作できるアンビデクストラス（両手利き）タイプとなっており左利きの割合が多いアメリカ人のことを考えた特性を持っている

トップ・スライドにインディケーターがあって薬室に弾丸が装填されているかが一目で分かるようになっているゾ

握りにすべり止めの溝が刻んである

4つのパーツに分解することによって、掃除やメンテナンスが野外でも簡単にできる。

マガジン・キャッチは左利き用にも入れ替えがきく

M9拳銃は、イタリアのベレッタ社が開発にあたりましたが、スライド上部が大きく開き、銃身が露出したデザインが特徴的です。採用直後はこの部分の強度が十分でなく、スライドが割れる等のトラブルも発生しました。現在は対策され信頼性も向上しています

■分解操作

M9独特の安全機構は撃針が2分割されており、セフティを下げると、ハンマーと撃針の連結が完全に切れてしまうようになっている。

撃針が見えている　　セフティON

①マガジンキャッチを押しマガジンを抜く

②テイク・ダウン。リリース・ボタンを押しながらテイク・ダウン・レバーを時計方向に90度回す

③スライド＆バレルグループを前方に引き出す

④マガジンもワンタッチで分解できる

⑤リコイル・スプリングをマズル方向に押しながら持ち上げる

⑥バレルを外す

極めて簡単！10秒以内でできるはずだ

スライド・グループ

バレル・グループ

リコイル・スプリング＆ガイド

フレーム（レシーバー）・グループ

マガジンには残弾表示の穴と数字が打ってある。

■データ比較

ダブル・アクションはトリガーを引くだけで撃発する機構で、薬室に装填してある場合すぐに撃てるが、暴発を防ぐ安全機構に信頼性がないとその利点もなくなる。

	M9	M1911A1
口径	9mmパラベラム	45ACP
作動方式	ショート・リコイル	ショート・リコイル
閉鎖機構	閉鎖リグ	閉鎖ブロック
装弾数	15+1発	7+1発
重量	964g	1130g
全長	217mm	217mm
銃身長	125mm	127mm
グリップ厚	36mm	32mm

Chapter9 手榴弾 ～手榴弾は至近戦に有効だ～

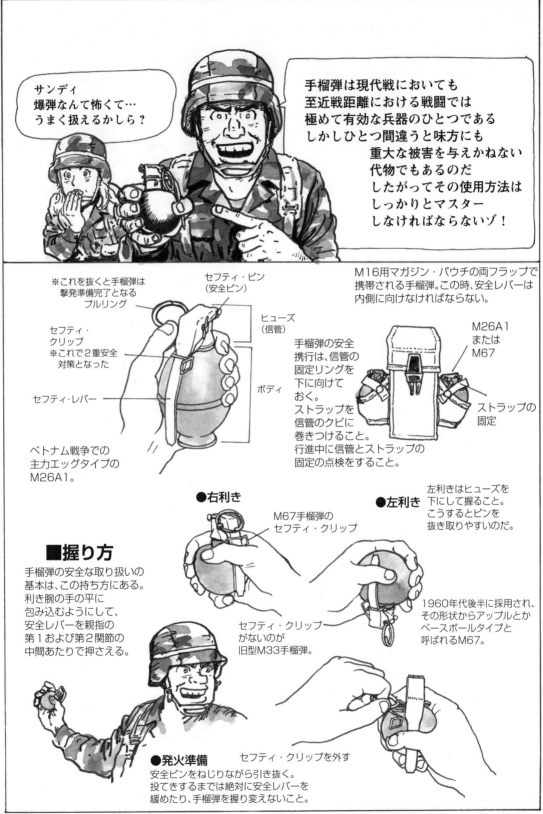

サンディ
爆弾なんて怖くて…
うまく扱えるかしら？

手榴弾は現代戦においても
至近戦距離における戦闘では
極めて有効な兵器のひとつである
しかしひとつ間違うと味方にも
重大な被害を与えかねない
代物でもあるのだ
したがってその使用方法は
しっかりとマスター
しなければならないゾ！

※これを抜くと手榴弾は
撃発準備完了となる
プルリング

セフティ・ピン
（安全ピン）

セフティ・
クリップ
※これで2重安全
対策となった

ヒューズ
（信管）

セフティ・レバー

ボディ

ベトナム戦争での
主力エッグタイプの
M26A1。

M16用マガジン・パウチの両フラップで
携帯される手榴弾。この時、安全レバーは
内側に向けなければならない。

M26A1
または
M67

手榴弾の安全
携行は、信管の
固定リングを
下に向けて
おく。
ストラップを
信管のクビに
巻きつけること。
行進中に信管とストラップの
固定の点検をすること。

ストラップの
固定

●右利き

M67手榴弾の
セフティ・クリップ

セフティ・クリップ
がないのが
旧型M33手榴弾。

●左利き

左利きはヒューズを
下にして握ること。
こうするとピンを
抜き取りやすいのだ。

1960年代後半に採用され、
その形状からアップルとか
ベースボールタイプと
呼ばれるM67。

■握り方

手榴弾の安全な取り扱いの
基本は、この持ち方にある。
利き腕の手の平に
包み込むようにして、
安全レバーを親指の
第1および第2関節の
中間あたりで押さえる。

●発火準備　セフティ・クリップを外す

安全ピンをねじりながら引き抜く。
投てきするまでは絶対に安全レバーを
緩めたり、手榴弾を握り変えないこと。

現在はベトナム戦争時代から使用されていたM67破片手榴弾
「アップル・グレネード」に代わり、新しい手榴弾の開発が進められているわ

■構造

M26A1破片手榴弾

手榴弾の構造は
割と単純で、
弾体の内部に
炸薬が詰められ、
上部に時限信管
が結合されて
います。

延期信管：
約4秒
重量：435g
TNT爆薬：156g

雷管
T型ラグ
破片塊
ボディ
（弾体）

ストライカー・
スプリング
安全ピン
ストライカー
（撃鉄）
延期薬
セフティ・レバー
（安全桿）
起爆薬
信管
炸薬
（TNT火薬や
B配合薬等）

金属製で破片効果を
高めるため、表面が
刻まれたものもある。

①安全ピンを抜くと安全
レバーが開放される。

②安全レバーが外れると、
撃鉄がバネの力で
跳ね上がる。

③撃鉄が雷管を
叩き延期薬に
点火される。

④数秒後に
信管に点火。

⑤信管は装薬に
点火して
爆発する。

飛び散る破片

■種類及び用途

ひと口に手榴弾と言っても、その用途によって
サイズや形状、種類はいろいろとあるゾ

アメリカ軍が
使用している
主な手榴弾

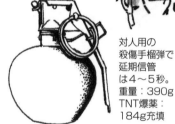

対人用の
殺傷手榴弾で
延期信管
は4〜5秒。
重量：390g
TNT爆薬：
184g充填

M67破片手榴弾
（M68は電気衝撃信管付き）

M67型の
訓練用で
炸薬は入って
いない。

青色
塗装

M69訓練用手榴弾

AN・M8
SMOKE
HC
1022・52・7035

延期信管3〜5秒。
主として信号用に
用いられ、煙の
色は赤、緑、黄、
紫の4種類があり、
50〜90秒間
燃焼する。
重量：539g

M18発煙手榴弾

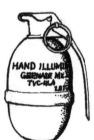

HAND ILLUMINATING
GRENADE MK.
TVC-SLA

照明用または
信号用に使用。
直径約200mの
範囲を約25秒間
照明する。近くに
可燃物があったら
焼夷効果もある。
延期信管：7秒

Mk 1照明弾

M7A3
RIOT
CS
B-55・7022

暴動鎮圧用のガス
手榴弾で15〜35秒間
催涙ガスが出る。
延期信管：1.4〜3秒

M25A2

CS-1　M2

M7A3
ライアット手榴弾
（CSガス）

M14焼夷手榴弾

INCEN
TH
36-38　10-53

3000度の高熱で
金属類も溶かし、
水中でも燃える
ので途中で消火
するのは困難だ。
30〜45秒間、
激しく燃焼する。
延期信管は
2秒と短い。
サーマイト
（TH-3）：751g充填

■外面塗装

・高性能爆薬＝オリーブドラブに黄字表示。
・化学剤系＝グリーン（旧型はグレー）に黒字表示。

・訓練弾＝ブルーに白字標識に茶帯（旧型は帯なし）
・模擬弾＝ブラックに白字標識。

手榴弾は至近距離の戦闘において主として目標の殺傷、制圧、炎覆または武器、施設等の破壊に使用され、特に掩体、建物の内部や遮蔽物の後方にある目標に対して大変有効である

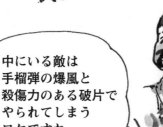

ほとんどの手榴弾はてき弾発射器を取り付けた小銃で発射することができるが現在ではその距離への攻撃はM203てき弾発射器で行う

中にいる敵は手榴弾の爆風と殺傷力のある破片でやられてしまうワケですね

投てき距離は個人差はあるが平均して50〜60mぐらいが普通で、M67手榴弾に着発ヒューズを取り付けたM68手榴弾も使用される。

着発信管

時限信管

●対人手榴弾の種類

危険区域が限られ遮蔽物のない場所でも、攻撃側が安全に使用できる。

爆裂手榴弾（攻撃用）

地面にぶつかった瞬間に手榴弾を爆発させるもので敵が逃げたり投げ返されない利点はあるが安全性に問題がある

現在の手榴弾はほとんどこの方式であらかじめセットされた時間に手榴弾を爆発させる

破片手榴弾の有効殺傷範囲は約15mではあるが伏せている場合自分の半径3m以内の爆発でない限りほとんど被害は受けないのであわてないことだ

破片手榴弾（防御用）

破片が周囲に飛び散り、使用者は掩護物が必要とされる。

30°

3m

■投てき法

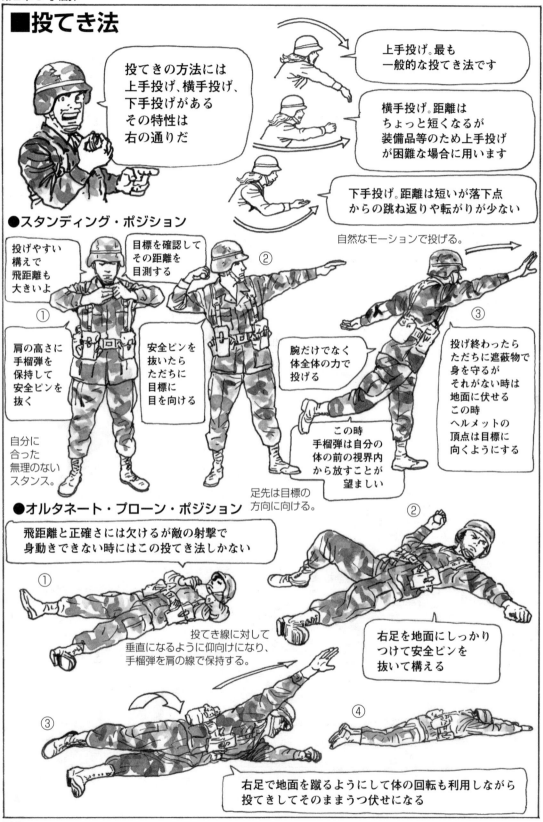

投てきの方法には上手投げ、横手投げ、下手投げがあるその特性は右の通りだ

上手投げ。最も一般的な投てき法です

横手投げ。距離はちょっと短くなるが装備品等のため上手投げが困難な場合に用います

下手投げ。距離は短いが落下点からの跳ね返りや転がりが少ない

●スタンディング・ポジション

投げやすい構えで飛距離も大きいよ

① 肩の高さに手榴弾を保持して安全ピンを抜く

自分に合った無理のないスタンス。

目標を確認してその距離を目測する

② 安全ピンを抜いたらただちに目標に目を向ける

自然なモーションで投げる。

腕だけでなく体全体の力で投げる

この時手榴弾は自分の体の前の視界内から放すことが望ましい

足先は目標の方向に向ける。

③ 投げ終わったらただちに遮蔽物で身を守るがそれがない時は地面に伏せるこの時ヘルメットの頂点は目標に向くようにする

●オルタネート・プローン・ポジション

飛距離と正確さには欠けるが敵の射撃で身動きできない時にはこの投てき法しかない

① 投てき線に対して垂直になるように仰向けになり、手榴弾を肩の線で保持する。

② 右足を地面にしっかりつけて安全ピンを抜いて構える

③ 右足で地面を蹴るようにして体の回転も利用しながら投てきしてそのままうつ伏せになる

④

●ニーリング(ひざ投げ)

ひざ投げは
プローンからと
スタンディング
から行う場合が
あるゾ

視線は絶対に
目標から外さずに
見据えること

腕は45°斜め上方に
向けてシャンと伸ばし
バランスを取る

手榴弾は必ず
自分の視界内で
放す。投げた後の
フォロースローが
ちゃんとして
いれば飛距離も
伸びるゾ!

腕の力だけでなく後ろ足で
体を押し出すように投てきする

よしっ!
サンディ
やってみろ

●プローンからの基本的な投てき動作

① プローンから軍曹の指示により
まずプッシュアップ

目標を確認して
その距離を
目測する。

② 片ヒザを着いて
手榴弾を取る

肩の高さで手榴弾を
保持する。

安全ピンを抜いたら
視線は目標に向け
投てきフォームを取る
安全レバーは放しちゃ
ダメよ!

③ 立てひざになったら
安全ピンに指をかける

④

⑤ 投てき!

投げ終えたらすぐに
地面に伏せて両手で顔面及び
頭部を保護します

⑥

■柄付き手榴弾

ドイツ軍の物が有名ですネ

ベトナムでは中国製の67式がワシらめがけて飛んできたもんだ…

こぶし型

67式木柄手榴弾

延期信管が3〜3.7秒。棒状のため遠心力を利用して、より遠くへ投げられる。

握り方

下部のキャップを取り油紙を破って発火リングを引き出す
遠距離ならリングに小指をはめてそのまま投げる
近距離ではリングを引いて発火させてから投げつける

小指は木柄のハシの所で曲げる手が小さかったり握力がないアジアの同士向きだ

親指を上に向けるのが一般的。

●壕内での投てき

左手を斜面におき支柱とする。

銃を持っている時の立ち投げ

右足を一歩後ろへ引いて軽く曲げ上体をやや横後ろにそらして手榴弾を右肩後方から後ろへ引く（下から後ろに引くと落としやすい）

体を右にして左手の銃は胸の前に斜めに上げておき腕を振り上げる時には銃は左ワキに回し銃剣が右手に触れるのを防ぐ

■近接投てき

塹壕やタコツボ内の敵に対してその上空で空中爆発させたり斜面にある目標を狙って転がり落ちる前に爆発させる時に用いる方法だ

おっと忘れていたがベテランになるとこんな投てき法もできるようになるゾ

手榴弾を発火させ「ワンサウザンド・ワン！」「ワンサウザンド・ツー！」と数えて投げると延期薬の4〜5秒の燃焼時間を2秒に短縮できる

手榴弾の種類により延期時間が違うので充分に注意すること

第3章　支援火器編

ワァーさすが
フィフティ・キャリバー
ド迫力ですね

BAM

小隊・分隊装備支援火器

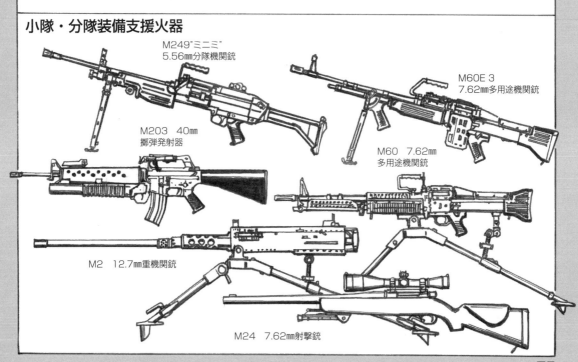

M249"ミニミ"
5.56㎜分隊機関銃

M60E 3
7.62㎜多用途機関銃

M203　40㎜
擲弾発射器

M60　7.62㎜
多用途機関銃

M2　12.7㎜重機関銃

M24　7.62㎜射撃銃

■M60GPMG（ジェネラル・パーパス・マシンガン＝多用途型機関銃）

M60機関銃はアメリカ陸軍と海兵隊の主力SAW（スクォード・オートマチック・ウェポン＝分隊支援火器）として制式採用されているGPMG。制式採用されたのは1957年1月で弾は同年5月採用のM14ライフルと共用の口径7.62mm NATO弾を使用しているのだ。以来M60は陸上のみならず車両やヘリコプター等にも搭載され、幅広い領域で使用され続けてきた

第2次大戦時の同等の機関銃より約5kgほど軽くなったのネ

キャリング・ハンドル（射撃時は向こう側＝右側へ倒しておく）

ヒンジド　ショルダー・レスト

フラッシュサプレッサー

バット・ストック

フォア・アーム（フォア・グリップ）

バイポッド（冷却フィン付）

フィールド・トレー（リンク・ベルトをスムーズにガイドする）

セレクター（M60はフルオートのみなのでF（ファイア）とS（セーフ）だけ）

フィールド・カバー

フィールド・カバー・ラッチ

リア・サイト

フロント・サイト

バレル・ロッキング・レバー

コッキング・レバーハンドル

折りたたまれて銃身に密着されたバイポッドは冷却フィンの代用ともなっている

M60は第2次大戦中のドイツが実用化したFG42とMG42のメカニズムを参考に作られた機関銃でアメリカ製として初めての銃身交換式のタイプとなった

M60はバイポッドが標準装備だがトライ・ポッドに装着してHMG（重機関銃）のように撃つこともでき、車両やヘリコプターにも搭載されている

M60の発射速度は1分間に約550発と低くおさえられており、訓練を積んだ射手ならば単発射撃やバースト（短連射）射撃が充分に可能だ

持続：10分間（毎分）100発
急速：2分間（毎分）200発
最大射撃速度で毎分550発ということだ

テクニカル・データ
口径：7.62mm×51（NATO弾）
全長：1105mm
銃身長：560mm
重量：10.5kg
装弾数：100発金属リンク
ライフリング：4条右回り
初速：855m/分
連射速度：1,100m（有効）
　　　　　3,750m（最大）

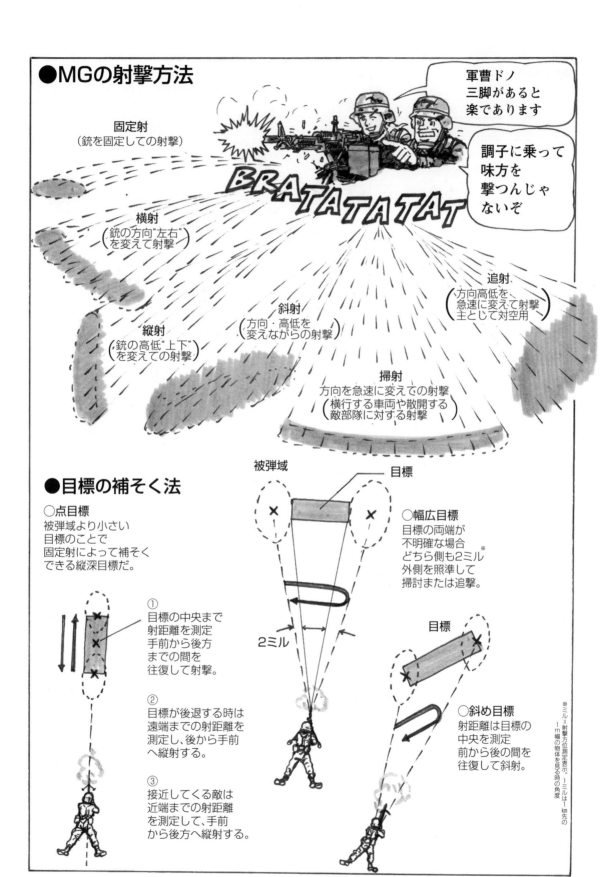

●MGの射撃方法

固定射
(銃を固定しての射撃)

軍曹ドノ
三脚があると
楽であります

調子に乗って
味方を
撃つんじゃ
ないぞ

BRATATATAT

横射
(銃の方向"左右"
を変えて射撃)

追射
(方向高低を、
急速に変えて射撃
主として対空用)

縦射
(銃の高低"上下"
を変えての射撃)

斜射
(方向・高低を
変えながらの射撃)

掃射
方向を急速に変えての射撃
(横行する車両や散開する
敵部隊に対する射撃)

●目標の補そく法

被弾域

目標

○点目標
被弾域より小さい
目標のことで
固定射によって補そく
できる縦深目標だ。

○幅広目標
目標の両端が
不明確な場合
どちら側も2ミル※
外側を照準して
掃討または追撃。

① 目標の中央まで
射距離を測定
手前から後方
までの間を
往復して射撃。

2ミル

目標

② 目標が後退する時は
遠端までの射距離を
測定し、後から手前
へ縦射する。

○斜め目標
射距離は目標の
中央を測定
前から後の間を
往復して斜射。

③ 接近してくる敵は
近端までの射距離
を測定して、手前
から後方へ縦射する。

※ミル＝射撃方位測定表示。1ミルは1km先の
1m幅の物体を見る時の角度

■作動メカニズム

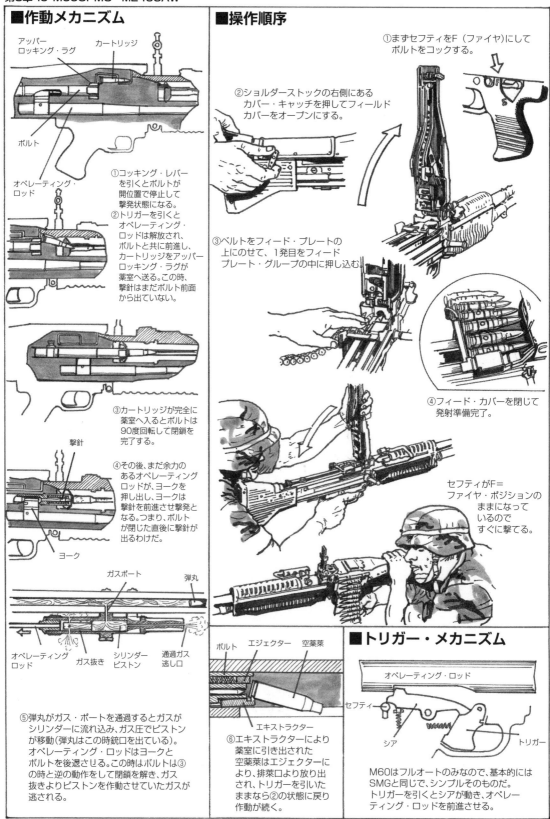

アッパー
ロッキング・ラグ　　カートリッジ

ボルト

オペレーティング・
ロッド

①コッキング・レバー
を引くとボルトが
開位置で停止して
撃発状態になる。
②トリガーを引くと
オペレーティング・
ロッドは解放され、
ボルトと共に前進し、
カートリッジをアッパー
ロッキング・ラグが
薬室へ送る。この時、
撃針はまだボルト前面
から出ていない。

③カートリッジが完全に
薬室へ入るとボルトは
90度回転して閉鎖を
完了する。

④その後、まだ余力の
あるオペレーティング
ロッドが、ヨークを
押し出し、ヨークは
撃針を前進させ撃発と
なる。つまり、ボルト
が閉じた直後に撃針が
出るわけだ。

撃針

ヨーク

ガスポート　　弾丸

オペレーティング　ガス抜き　シリンダー　通過ガス
ロッド　　　　　　　　　　　ピストン　　逃し口

⑤弾丸がガス・ポートを通過するとガスが
シリンダーに流れ込み、ガス圧でピストン
が移動（弾丸はこの時銃口を出ている）。
オペレーティング・ロッドはヨークと
ボルトを後退させる。この時はボルトは③
の時と逆の動作をして閉鎖を解き、ガス
抜きよりピストンを作動させていたガスが
逃げる。

■操作順序

①まずセフティをF（ファイヤ）にして
ボルトをコックする。

②ショルダーストックの右側にある
カバー・キャッチを押してフィールド
カバーをオープンにする。

③ベルトをフィード・プレートの
上にのせて、1発目をフィード
プレート・グループの中に押し込む。

④フィード・カバーを閉じて
発射準備完了。

セフティがF＝
ファイヤ・ポジションの
ままになって
いるので
すぐに撃てる。

ボルト　エジェクター　空薬莢

エキストラクター

⑥エキストラクターにより
薬室に引き出された
空薬莢はエジェクターに
より、排莢口より放り出
され、トリガーを引いた
ままなら②の状態に戻り
作動が続く。

■トリガー・メカニズム

オペレーティング・ロッド

セフティ

シア　　　　　　トリガー

M60はフルオートのみなので、基本的には
SMGと同じで、シンプルそのものだ。
トリガーを引くとシアが動き、オペレー
ティング・ロッドを前進させる。

■送弾機構

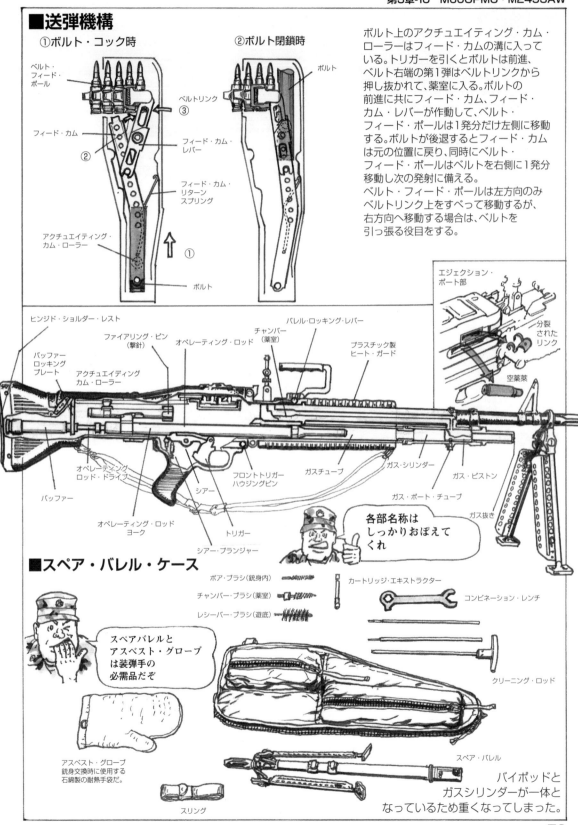

①ボルト・コック時

②ボルト閉鎖時

ベルト・フィード・ポール

フィード・カム

アクチュエイティング・カム・ローラー

ボルト

ベルトリンク③

フィード・カム・レバー

フィード・カム・リターンスプリング

ボルト

ボルト上のアクチュエイティング・カム・ローラーはフィード・カムの溝に入っている。トリガーを引くとボルトは前進、ベルト右端の第1弾はベルトリンクから押し抜かれて、薬室に入る。ボルトの前進に共にフィード・カム、フィード・カム・レバーが作動して、ベルト・フィード・ポールは1発分だけ左側に移動する。ボルトが後退するとフィード・カムは元の位置に戻り、同時にベルト・フィード・ポールはベルトを右側に1発分移動し次の発射に備える。
ベルト・フィード・ポールは左方向のみベルトリンク上をすべって移動するが、右方向へ移動する場合は、ベルトを引っ張る役目をする。

エジェクション・ポート部

分裂されたリンク

空薬莢

ヒンジド・ショルダー・レスト

バッファーロッキングプレート

ファイアリング・ピン（撃針）

アクチュエイティングカム・ローラー

オペレーティング・ロッド

チャンバー（薬室）

バレル・ロッキング・レバー

プラスチック製ヒート・ガード

バッファー

オペレーティングロッド・ドライブ

フロントトリガーハウジングピン

シアー

トリガー

シアー・プランジャー

ガスチューブ

ガス・シリンダー

ガス・ピストン

ガス・ポート・チューブ

ガス抜き

オペレーティング・ロッドヨーク

各部名称はしっかりおぼえてくれ

■スペア・バレル・ケース

ボア・ブラシ（銃身内）

チャンバー・ブラシ（薬室）

レシーバー・ブラシ（遊底）

カートリッジ・エキストラクター

コンビネーション・レンチ

クリーニング・ロッド

スペアバレルとアスベスト・グローブは装弾手の必需品だぞ

アスベスト・グローブ
銃身交換時に使用する石綿製の耐熱手袋だ。

スリング

スペア・バレル

バイポッドとガスシリンダーが一体となっているため重くなってしまった。

■分解操作

特別な工具を必要とせず、
1発のカートリッジで
暗闇でもすぐに
分解・結合ができるゾ
故障の際には精密分解
して修理することなく
各部のアッセンブリー
交換で素早く修理できる

バッファー・グループ

レシーバー・グループ

バット・ストック・
グループ

トリガー・
ハウジング・グループ

バレル・
グループ

① フィードカバーをオープンにする。

フィードカバー
ラッチ

② ヒンジド・ショルダー・
レスト
を持ち上げ
カートリッジを
ラッチホールへ
差し込みます。

③ カートリッジで
ラッチを押した
ままで、バット
ストックを後方へ
引き出す。

④ バッファー
ロッキング
プレートを
引き抜く。

バッファー

⑤ バッファーとオペレーティング・ロッド・ドライブ・スプリングを取り出す。

バッファー・プランジャー

オペレーティング・ロッド・ドライブ・スプリング・ガイド

⑥ トリガーを引きながら
コッキング・レバーを後方へ引く。

⑦ アクチュエイティング
カム・ローラー
でオペレーティング部
を後方へ持ってくる。

ボルトとオペレーティング・ロッド
が抜ける。

⑧ トリガー・ハウジング・ピン
フロント

リア

フロント

フロント・
トリガー・
ハウジング・ピン
を抜けば
トリガー・グループは
レシーバーから外れる。

フロント
ノッチ

リア
ノッチ

リーフ・スプリング

トリガー・グループの左側のプレートを
外してトリガー・グループを分離する。

⑨ バレル・ロッキング・レバー

バレルの取り外し
バレル・ロッキング・レバーを上げて
バレルを引っぱればバレル・グループ
は抜けてくれる。

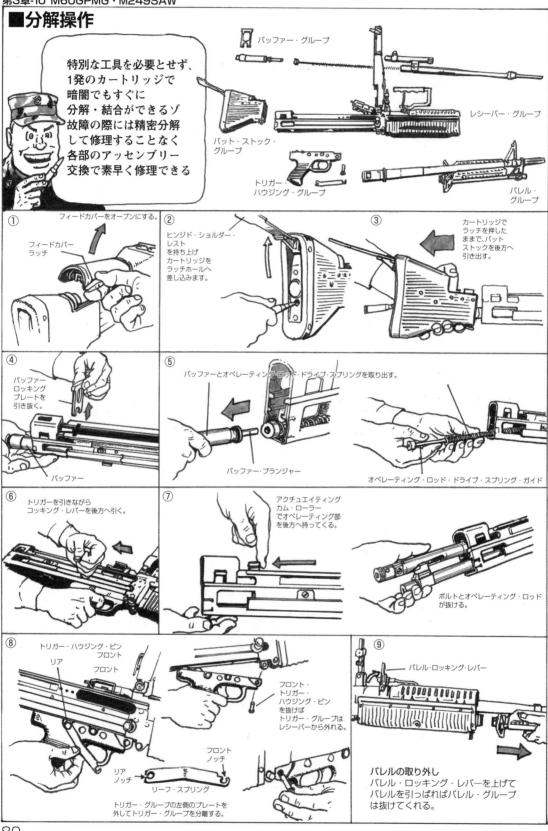

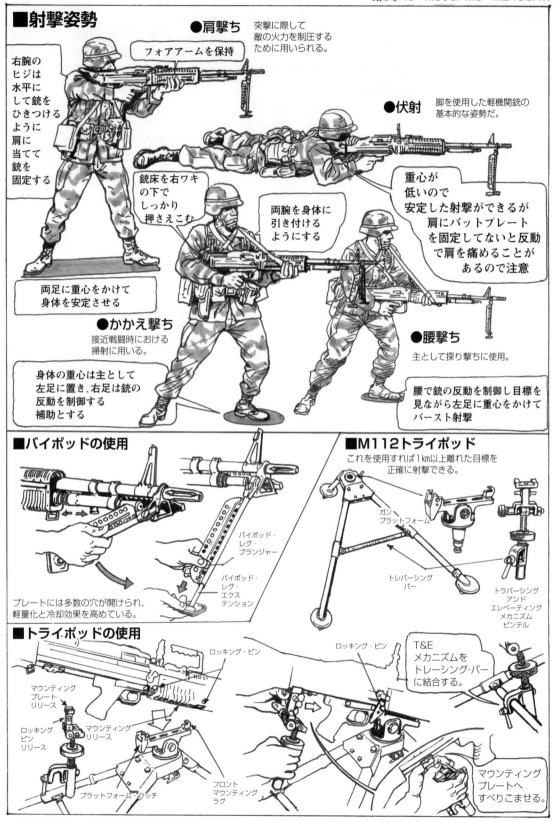

■射撃姿勢

●肩撃ち

突撃に際して敵の火力を制圧するために用いられる。

フォアアームを保持

右腕のヒジは水平にして銃をひきつけるように肩に当てて銃を固定する

●伏射

脚を使用した軽機関銃の基本的な姿勢だ。

銃床を右ワキの下でしっかり押さえこむ

両腕を身体に引き付けるようにする

重心が低いので安定した射撃ができるが肩にバットプレートを固定してないと反動で肩を痛めることがあるので注意

両足に重心をかけて身体を安定させる

●かかえ撃ち

接近戦闘時における掃射に用いる。

身体の重心は主として左足に置き、右足は銃の反動を制御する補助とする

●腰撃ち

主として探り撃ちに使用。

腰で銃の反動を制御し目標を見ながら左足に重心をかけてバースト射撃

■バイポッドの使用

バイポッド・レグ・プランジャー

バイポッド・レグ・エクステンション

プレートには多数の穴が開けられ、軽量化と冷却効果を高めている。

■M112トライポッド

これを使用すれば1km以上離れた目標を正確に射撃できる。

ガンプラットフォーム

トレバーシングバー

トラバーシングアンドエレベーティングメカニズムピンテル

■トライポッドの使用

ロッキング・ピン

マウンティングプレートリリース

ロッキングピンリリース

マウンティングリリース

プラットフォーム・ラッチ

フロントマウンティングラグ

ロッキング・ピン

T&Eメカニズムをトレーシング・バーに結合する。

マウンティングプレートへすべりこませる。

81

■銃身交換

M60はじん速な銃身交換が可能なアメリカ初の機関銃であり、500発毎に銃身を交換すれば毎分125発の発射速度で60分間の連続射撃が可能なのだ

BURARATAT

リアサイトの下にあるバレル・ロッキング・レバーをあげれば銃身は簡単に抜ける。

バイポッドをつかみ銃身を引き出す

右手の親指でレバーの反射側を押し人差し指でレバーを時計方向に90度回す

■M60の欠点

実戦ではこの銃身交換方式がM60の最大の欠点となってしまった

銃身交換時に射手は銃本体を空中に支えていなければならない伏せ撃ちでの交換は不可能ではないにしても大変めんどうだ

とにかく銃身交換は時間がかかりやっかいだぞ

また主要部品の寿命が短いのも問題とされた

銃身交換用のハンドルがないのでグローブを忘れるとヤケドを覚悟

銃身にはバイポッドのガスシリンダーが付属したままなので重くてかさばる消耗品としても高価である

M60はSAWとしては重たいぜ、戦場では「ブタ野郎」と呼んでやった

Cレーションの空カンを給弾口の下に付けると給弾停止が減って調子いいぜ

■M60E3

キャリングハンドル。バレル交換時に使用できバレル交換は10秒で可能、もはやアスベスト・グローブは不要なのだ。

M60を改良して海兵隊が採用したM60E3だ陸軍も改良型のM60E1を開発したのに結局採用されなかったな

調節可能なサイト

命中精度や携行性に効果的なグリップ

トリガー・ガードはM16同様にさげられる

全長：1,067mm
銃身長：560mm
重量：8.5kg
連射速度：500～700発/分
射程―有効 1,100m
最大 3,735m

アメリカ陸軍がM60を採用していたのは1990年代初頭まで。1991年からはNATO加盟国軍で使用され、高い信頼性を得ている「FN MAG」がベースとなった「M240B」を汎用機関銃として採用しているぞ

■M249SAW 5.56㎜分隊機関銃

SAW（スクゥード・オートマチック・ウェポン）は分隊支援火器であり、これまでM60GPMGが担当していましたが、その重量や使用弾薬が異なる等の欠点があげられここで"ミニミ"の登場となった訳です

ベルギーのFN社製のミニミ軽機関銃をアメリカで制式化したのがM249です1980年に4種の銃の間で10ヶ月におよび競合テストの結果1982年2月に陸軍および海兵隊が採用を決定したものです

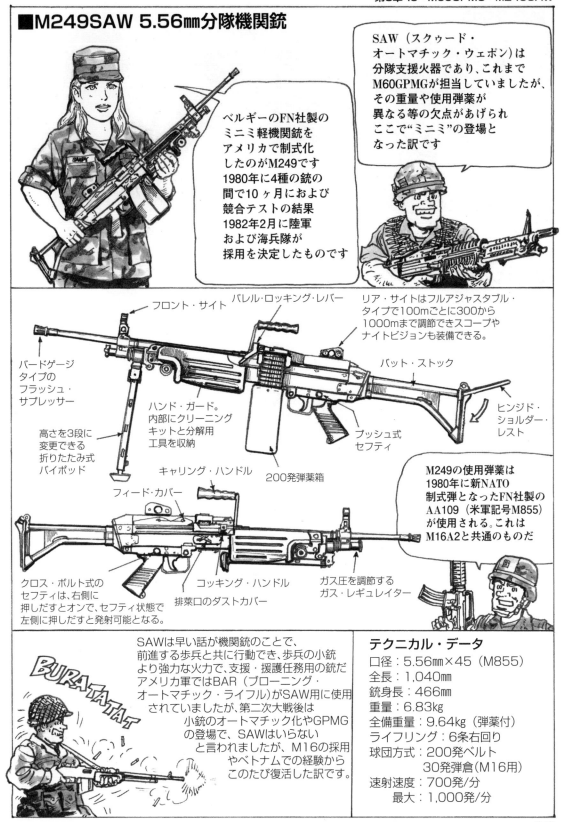

フロント・サイト

バレル・ロッキング・レバー

リア・サイトはフルアジャスタブル・タイプで100mごとに300から1000mまで調節できスコープやナイトビジョンも装備できる。

バードゲージタイプのフラッシュ・サプレッサー

バット・ストック

ハンド・ガード。内部にクリーニングキットと分解用工具を収納

ヒンジド・ショルダー・レスト

高さを3段に変更できる折りたたみ式バイポッド

プッシュ式セフティ

キャリング・ハンドル

200発弾薬箱

M249の使用弾薬は1980年に新NATO制式弾となったFN社製のAA109（米軍記号M855）が使用される。これはM16A2と共通のものだ

フィード・カバー

クロス・ボルト式のセフティは、右側に押しだすとオンで、セフティ状態で左側に押しだすと発射可能となる。

コッキング・ハンドル
排莢口のダストカバー

ガス圧を調節するガス・レギュレイター

SAWは早い話が機関銃のことで、前進する歩兵と共に行動でき、歩兵の小銃より強力な火力で、支援・援護任務用の銃だアメリカ軍ではBAR（ブローニング・オートマチック・ライフル）がSAW用に使用されていましたが、第二次大戦後は小銃のオートマチック化やGPMGの登場で、SAWはいらないと言われましたが、M16の採用やベトナムでの経験からこのたび復活した訳です。

BURA TATAT

テクニカル・データ
口径：5.56㎜×45（M855）
全長：1,040㎜
銃身長：466㎜
重量：6.83kg
全備重量：9.64kg（弾薬付）
ライフリング：6条右回り
球団方式：200発ベルト
　　　　　30発弾倉(M16用)
速射速度：700発/分
　　最大：1,000発/分

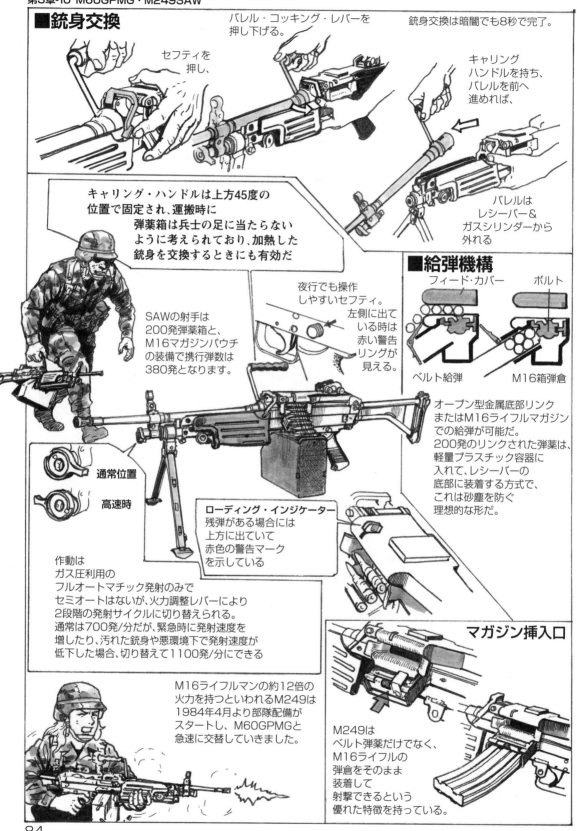

■銃身交換

バレル・コッキング・レバーを押し下げる。

銃身交換は暗闇でも8秒で完了。

セフティを押し、

キャリングハンドルを持ち、バレルを前へ進めれば、

バレルはレシーバー＆ガスシリンダーから外れる

キャリング・ハンドルは上方45度の位置で固定され、運搬時に弾薬箱は兵士の足に当たらないように考えられており、加熱した銃身を交換するときにも有効だ

SAWの射手は200発弾薬箱と、M16マガジンパウチの装備で携行弾数は380発となります。

夜行でも操作しやすいセフティ。左側に出ている時は赤い警告リングが見える。

■給弾機構

フィード・カバー　　ボルト

ベルト給弾　　M16箱弾倉

オープン型金属底部リンクまたはM16ライフルマガジンでの給弾が可能だ。200発のリンクされた弾薬は、軽量プラスチック容器に入れて、レシーバーの底部に装着する方式で、これは砂塵を防ぐ理想的な形だ。

通常位置

高速時

ローディング・インジケーター
残弾がある場合には上方に出ていて赤色の警告マークを示している

作動はガス圧利用のフルオートマチック発射のみでセミオートはないが、火力調整レバーにより2段階の発射サイクルに切り替えられる。通常は700発/分だが、緊急時に発射速度を増したり、汚れた銃身や悪環境下で発射速度が低下した場合、切り替えて1100発/分にできる

M16ライフルマンの約12倍の火力を持つといわれるM249は1984年4月より部隊配備がスタートし、M60GPMGと急速に交替していきました。

マガジン挿入口

M249はベルト弾薬だけでなく、M16ライフルの弾倉をそのまま装着して射撃できるという優れた特徴を持っている。

■M249SAW

キャリングハンドル（折りたたみ式）

熱くなった銃身に
触れることなく取り外し、
新しい銃身に交換できる。

ハンドガード（火傷防止）

バイポッド

三脚架着用金具

固定式バットストック

M249は1989年の
パナマ侵攻において
実戦投入され、高い
評価を受けましたが、
改良されるべき点も
多々あり、1994年に
改修キットが完成し、
軽機関銃に近い
能力を持つ支援火器
として使用されています

フラッシュハイダー

ガスレギュレーターは廃止

ハンド
ガード

ピカティニーレール

メタルリンクベルト
給弾口

●M249SAW（近代化改良）

スコープ（COMP M2）

ショートバレル

三脚に
付けて
軽機関銃

伸縮式
銃床

一人で機関銃を運用できるのが
分隊支援火器のすごいところだ。

200発用ソフトケース弾薬袋。
通常射手は200発弾帯5本（1000発）。
予備として最大500発を携行する。

100発用
ソフトケース弾薬袋

●MK46 MOD.0

特殊作戦軍（US SOCOM）の
要求により開発された小型軽量モデル。
全長908mm、重量5.7kg。

■M240B（FN-MAG）

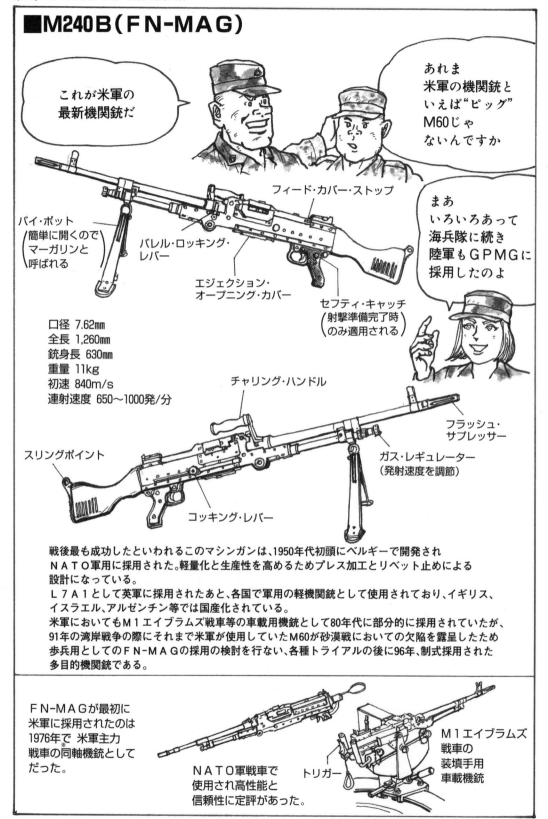

これが米軍の
最新機関銃だ

あれま
米軍の機関銃と
いえば"ピッグ"
M60じゃ
ないんですか

まあ
いろいろあって
海兵隊に続き
陸軍もGPMGに
採用したのよ

バイ・ポット
（簡単に開くので
マーガリンと
呼ばれる）

バレル・ロッキング・
レバー

フィード・カバー・ストップ

エジェクション・
オープニング・カバー

セフティ・キャッチ
（射撃準備完了時
のみ適用される）

口径 7.62mm
全長 1,260mm
銃身長 630mm
重量 11kg
初速 840m/s
連射速度 650～1000発/分

チャリング・ハンドル

フラッシュ・
サプレッサー

スリングポイント

ガス・レギュレーター
（発射速度を調節）

コッキング・レバー

戦後最も成功したといわれるこのマシンガンは、1950年代初頭にベルギーで開発され
ＮＡＴＯ軍用に採用された。軽量化と生産性を高めるためプレス加工とリベット止めによる
設計になっている。
Ｌ７Ａ１として英軍に採用されたあと、各国で軍用の軽機関銃として使用されており、イギリス、
イスラエル、アルゼンチン等では国産化されている。
米軍においてもＭ１エイブラムズ戦車等の車載用機銃として80年代に部分的に採用されていたが、
91年の湾岸戦争の際にそれまで米軍が使用していたM60が砂漠戦においての欠陥を露呈したため
歩兵用としてのＦＮ-ＭＡＧの採用の検討を行ない、各種トライアルの後に96年、制式採用された
多目的機関銃である。

ＦＮ-ＭＡＧが最初に
米軍に採用されたのは
1976年で 米軍主力
戦車の同軸機銃として
だった。

ＮＡＴＯ軍戦車で
使用され高性能と
信頼性に定評が
あった。

トリガー

Ｍ１エイブラムズ
戦車の
装填手用
車載機銃

※同軸機銃＝戦車砲の横に装備され砲身と一緒に動く機関銃

■M240B汎用マシンガン

ワイルド・オプティカル・コンバットサイト
アメリカ陸軍がライフル用とマシンガン用に
制式採用した

基本的にはFN.MAG
そのものだが、米軍向けに
改良されて、M240B
マシンガンと呼ばれる

最大の改良は
バレルとガスシリンダー、
それにハンドガードが
装着され、火傷の危険を
減少させたことだ。
レシーバー上面に
光学サイト等の
取り付けができるよう、
ピカティニーレールも
設けられた。

イラクやアフガン等で
実戦使用され、
高い信頼性を
得ている。

7.62mm弾薬

●オリジナルFN.MAGとの比較

全長1,232mm
銃身長627mm
重量12.2kg
発射速度650-950発／分
フルオート連射のみ

マズル・コンペンセイターの
改良

ハンドガード

ガスレギュレーターは
強化・単純化
されている

ピカティニー
レール

ショルダーストックは
木製からプラスチック製に

専用ブラケットを使用して
M122三脚に装着できる

●通常分解

バレル

リコイルスプリング

レシーバー

ストック

M60と違い
二脚は本体に付いている

●M240L

M240Bの軽量化・
短銃身モデル

全長1,054mm
重量9.9kg

87

●装填および射撃準備

使用する弾薬は
7.62㎜NATO弾で
弾薬およびリンクはM60と
同じものを使用する

①フィード・カバーを開き

②右手でベルトを持ち上げながら
弾をセットする

③カバーをしっかりと
締める

④ストックをしっかり肩付けし
コッキング・レバーを引く

⑤射撃準備完了

○バレル交換

バレル交換はロッキング・レバーを
左手親指で押し右手でキャリング・
ハンドルを握り垂直に立てると
前方へ外せる。
M60と違って
アスペクト・グローブは
いらない。

今まで使用していた
M60よりも
実用射撃速度が
毎分200発から250発と
速くなっているので
弾薬の消費量にも
注意すること

○ガス・レギュレーター

弾丸の推進力に
なっている
ガスの一部が
下方に流れ
ピストンを押し戻し
MGを作動させ続ける。
このガスを調節して
発射率を変化させるわけだ。

ガス・レギュレーター

ピストン

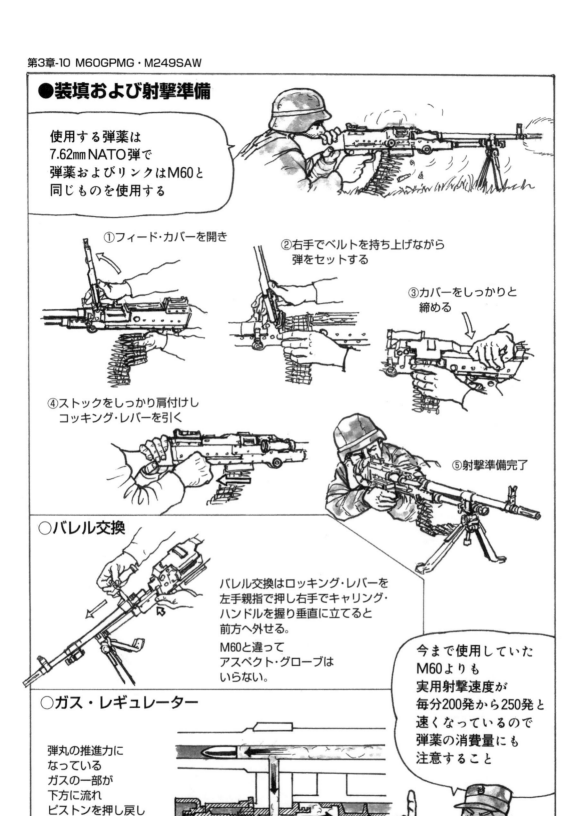

■対戦車兵器

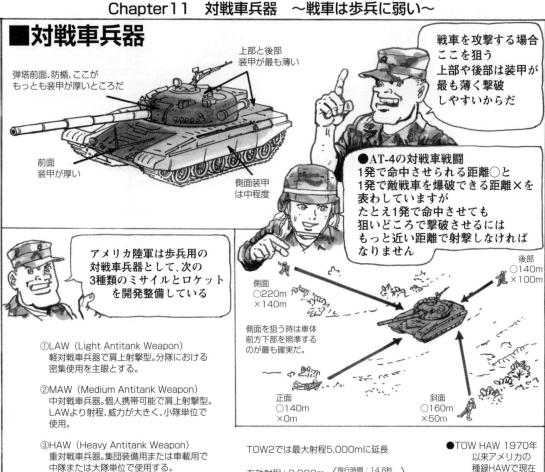

上部と後部装甲が最も薄い

弾塔前面、防楯、ここがもっとも装甲が厚いところだ

前面装甲が厚い

側面装甲は中程度

戦車を攻撃する場合ここを狙う上部や後部は装甲が最も薄く撃破しやすいからだ

●AT-4の対戦車戦闘
1発で命中させられる距離○と1発で敵戦車を爆破できる距離×を表わしていますがたとえ1発で命中させても狙いどころで撃破させるにはもっと近い距離で射撃しなければなりません

側面
○220m
×140m

後部
○140m
×100m

正面
○140m
×0m

斜面
○160m
×50m

側面を狙う時は車体前方下部を照準するのが最も確実だ。

アメリカ陸軍は歩兵用の対戦車兵器として、次の3種類のミサイルとロケットを開発整備している

①LAW（Light Antitank Weapon）
軽対戦車兵器で肩上射撃型。分隊における密集使用を主眼とする。

②MAW（Medium Antitank Weapon）
中対戦車兵器。個人携帯可能で肩上射撃型。LAWより射程、威力が大きく、小隊単位で使用。

③HAW（Heavy Antitank Weapon）
重対戦車兵器。集団装備用または車載用で中隊または大隊単位で使用する。

TOW2では最大射程5,000mに延長

有効射程：3,000m　（飛行時間：14.8秒）（巡航速度：190m/秒）

有効射程：1,000m　（走行時間：11秒巡）（航速度：100m/秒）

有効射程：300m

●M72A2 LAW　有効射程：300m
小銃分隊用の対戦車兵器で、攻撃にも防護にも重宝された。AT-4は対戦車能力強化のため採用された。

●ドラゴン MAW
90mm無反動砲の代替用に開発され、その軽便さから対戦車用はもちろん、強化バンカーやコンクリート機銃座等の強固なターゲットに対しても有効とされ、改良型ドラゴンⅡの採用も決定した。

●TOW HAW 1970年以来アメリカの種録HAWで現在走行貫徹力を強化した改良型の配備が進んでいる。

	M72A2	AT-4	M47 ドラゴン	M47 ドラゴンⅡ	BGM71A TOW	BGM71W TOW2A
発射機全長(mm)	655〜893	1,000	——	——	——	——
発射機口径	66	84	——	——	——	——
全長	——	——	774	846	1,174	1,174
胴体直径	——	——	123	123	152	152
全備重量(kg)	2.36	6.7	6.2	6.97	22.5	29.5
弾薬重量	1	3	——	——	——	——
弾頭重量	——	——	2.4	——	3.9	3.9
射程(最小/最大m)	50/300	/300	60/1,000	60/1,000	65/3,750	65/3,750
走行貫徹力(mm)	305	450	600	——	500	——

■M72A2 LAW

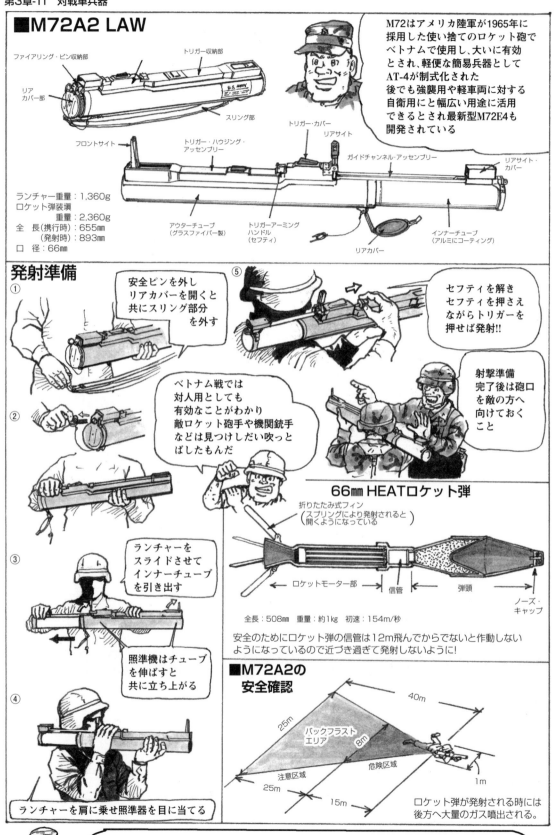

M72はアメリカ陸軍が1965年に採用した使い捨てのロケット砲でベトナムで使用し、大いに有効とされ、軽便な簡易兵器としてAT-4が制式化された後でも強襲用や軽車両に対する自衛用にと幅広い用途に活用できるとされ最新型M72E4も開発されている

ファイアリング・ピン収納部
トリガー収納部
リアカバー部
スリング部
トリガー・カバー
リアサイト
フロントサイト
トリガー・ハウジング・アッセンブリー
ガイドチャンネル・アッセンブリー
リアサイト・カバー

ランチャー重量：1,360g
ロケット弾装填
　　　重量：2,360g
全　長(携行時)：655mm
　　　(発射時)：893mm
口　径：66mm

アウターチューブ（グラスファイバー製）
トリガーアーミングハンドル（セフティ）
リアカバー
インナーチューブ（アルミにコーティング）

発射準備

① 安全ピンを外しリアカバーを開くと共にスリング部分を外す

⑤ セフティを解きセフティを押さえながらトリガーを押せば発射!!

射撃準備完了後は砲口を敵の方へ向けておくこと

②

ベトナム戦では対人用としても有効なことがわかり敵ロケット砲手や機関銃手などは見つけしだい吹っとばしたもんだ

③ ランチャーをスライドさせてインナーチューブを引き出す

照準機はチューブを伸ばすと共に立ち上がる

④ ランチャーを肩に乗せ照準器を目に当てる

66mm HEATロケット弾

折りたたみ式フィン（スプリングにより発射されると開くようになっている）

ロケットモーター部
信管
弾頭
ノーズ・キャップ

全長：508mm　重量：約1kg　初速：154m/秒

安全のためにロケット弾の信管は12m飛んでからでないと作動しないようになっているので近づき過ぎて発射しないように!

■M72A2の安全確認

40m
25m
8m
バックフラストエリア
危険区域
注意区域
25m
15m
1m

ロケット弾が発射される時には後方へ大量のガス噴出される。

M72シリーズのほとんどはM136（AT4)やSMAW ロケットランチャー（海兵隊が使用）に更新されたが、小型軽量さのために一部はいまだ現用となっているゾ

■LAW発射姿勢

立射

後方に障害物がないことを確認する

バズーカ砲の後続兵器として採用されたが軽量で使い捨て方式なので1人で2〜3本は携行でき、手榴弾感覚で使用する敵の拠点つぶし等にも有効だった

ひざ射

45度

伏射

このポジションでは身体とM72の角度を45度以上空けておかないと自分の足を焼いてしまうぞ!

壕からの発射は特にバックブラストを考慮すること

■照準

フロントサイト

垂直照準器
見越し照準用十字線
照準目盛
200mライン静止目標

距離200mにおける目標照準

緩移動目標

静止目標　緩移動目標

正面　側面

右へななめ目標　側面左から右へ

急移動目標

左から右へ　左へななめ目標

LAW最大の射程は1,000m
有効射程は
静止目標:300m
移動目標:150m
走行貫徹力:305m

発射時　命中時

移動目標に対して行う見越し照準

■AT-4（アメリカ軍正式名称M136）

M72に代わるLAW兵器としてアメリカ陸軍はスウェーデンで開発されたFFV/AT-4を1985年に制式採用。AT-4は使い捨て式のカールグスタフといえる小型軽量の対戦車火器で、実用性とコストダウンを第1に考えて造られた兵器だ

HEAT弾
フロントサイト
リアサイト

左手でフロント・グリップを右手で発射スイッチのついた本体中央部を支える

目標300m用見越し射撃照準

停止〜低速　中速　高速

①セフティ・ピンを取る
②レバーを引いてコッキング
③照準
④セフティを押して解除、そのままでトリガーを押して発射

全長:1m
口径:84mm
全備重量:6.7kg

HEAT弾
重量:3kg
初速:290m/秒
有効射程:300m
走行貫徹力:450mm

発射ガスの噴出する発泡部はアルミニウムで、それ以外はグラスファイバー製だ。

折りたたみ式サイトのカバー
フロントサイト
仕様書
リアサイト
セフティ・キャッチ
折りたたみ式コッキング・レバー
セフティ・ピン
③　④　②　①
折りたたみ式フロント・グリップ
⑤トリガー
フェース&ショルダーパッド
肩当て
HEAT弾
スリング

②④⑤セフティ　トリガー

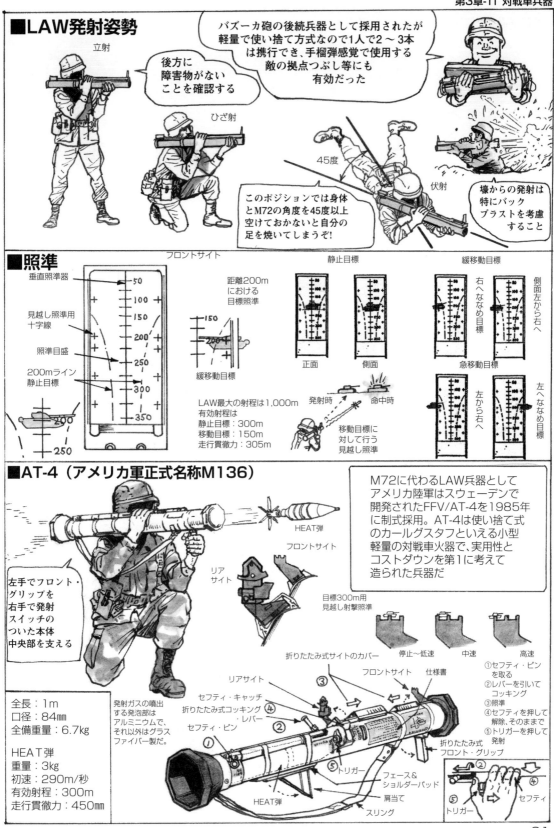

■M74ドラゴン対戦車ミサイル

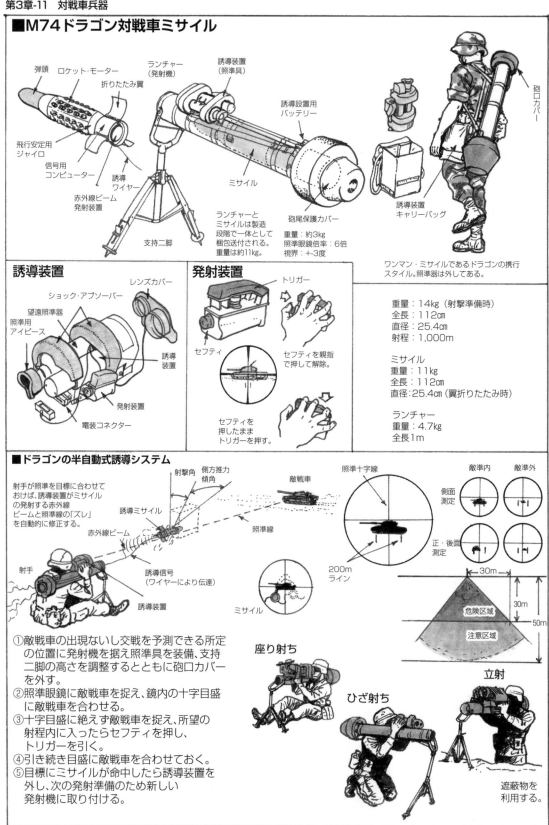

弾頭

ロケット・モーター

折りたたみ翼

ランチャー
（発射機）

誘導装置
（照準具）

誘導設置用
バッテリー

砲口カバー

飛行安定用
ジャイロ

信号用
コンピューター

誘導
ワイヤー

赤外線ビーム
発射装置

ミサイル

支持二脚

砲尾保護カバー

ランチャーと
ミサイルは製造
段階で一体として
梱包送付される。
重量は約11kg。

重量：約3kg
照準眼鏡倍率：6倍
視界：＋-3度

誘導装置
キャリーバッグ

ワンマン・ミサイルであるドラゴンの携行
スタイル。照準器は外してある。

誘導装置

レンズカバー

ショック・アブソーバー

望遠照準器

照準用
アイピース

誘導
装置

発射装置

電装コネクター

発射装置

トリガー

セフティ

セフティを親指
で押して解除。

セフティを
押したまま
トリガーを押す。

重量：14kg（射撃準備時）
全長：112㎝
直径：25.4㎝
射程：1,000m

ミサイル
重量：11kg
全長：112㎝
直径：25.4㎝（翼折りたたみ時）

ランチャー
重量：4.7kg
全長：1m

■ドラゴンの半自動式誘導システム

射手が照準を目標に合わせて
おけば、誘導装置がミサイル
の発射する赤外線
ビームと照準線の「ズレ」
を自動的に修正する。

射撃角

側方推力
傾角

誘導ミサイル

赤外線ビーム

射手

誘導信号
（ワイヤーにより伝達）

誘導装置

敵戦車

照準線

照準十字線

ミサイル

200m
ライン

敵準内

敵準外

側面
測定

正・後面
測定

30m

危険区域

30m

50m

注意区域

①敵戦車の出現ないし交戦を予測できる所定
　の位置に発射機を据え照準具を装備、支持
　二脚の高さを調整するとともに砲口カバー
　を外す。
②照準眼鏡に敵戦車を捉え、鏡内の十字目盛
　に敵戦車を合わせる。
③十字目盛に絶えず敵戦車を捉え、所望の
　射程内に入ったらセフティを押し、
　トリガーを引く。
④引き続き目盛に敵戦車を合わせておく。
⑤目標にミサイルが命中したら誘導装置を
　外し、次の発射準備のため新しい
　発射機に取り付ける。

座り射ち

ひざ射ち

立射

遮蔽物を
利用する。

■ジャベリン対戦車ミサイル

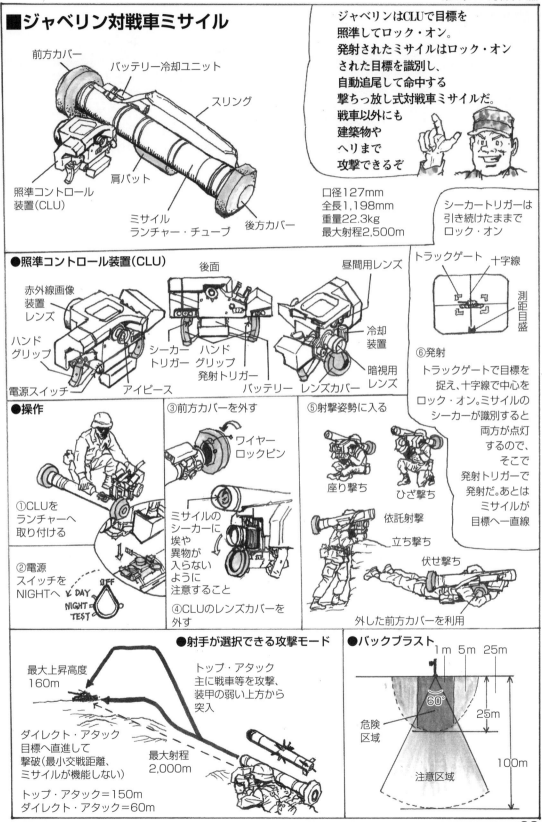

前方カバー
バッテリー冷却ユニット
スリング
照準コントロール装置(CLU)
肩パット
ミサイルランチャー・チューブ
後方カバー

ジャベリンはCLUで目標を照準してロック・オン。
発射されたミサイルはロック・オンされた目標を識別し、自動追尾して命中する撃ちっ放し式対戦車ミサイルだ。戦車以外にも建築物やヘリまで攻撃できるぞ

口径127mm
全長1,198mm
重量22.3kg
最大射程2,500m

シーカートリガーは引き続けたままでロック・オン

トラックゲート　十字線
測距目盛

⑥発射
トラックゲートで目標を捉え、十字線で中心をロック・オン。ミサイルのシーカーが識別すると両方が点灯するので、そこで発射トリガーで発射だ。あとはミサイルが目標へ一直線

●照準コントロール装置(CLU)

後面
昼間用レンズ

赤外線画像装置レンズ
ハンドグリップ
電源スイッチ
シーカートリガー
アイピース
ハンドグリップ
発射トリガー
バッテリー
冷却装置
暗視用レンズ
レンズカバー

●操作

①CLUをランチャーへ取り付ける

②電源スイッチをNIGHTへ
OFF
DAY
NIGHT
TEST

③前方カバーを外す

ワイヤーロックピン

ミサイルのシーカーに埃や異物が入らないように注意すること

④CLUのレンズカバーを外す

⑤射撃姿勢に入る

座り撃ち
ひざ撃ち
依託射撃
立ち撃ち
伏せ撃ち
外した前方カバーを利用

●射手が選択できる攻撃モード

最大上昇高度160m

トップ・アタック主に戦車等を攻撃、装甲の弱い上方から突入

ダイレクト・アタック目標へ直進して撃破(最小交戦距離、ミサイルが機能しない)

最大射程2,000m

トップ・アタック＝150m
ダイレクト・アタック＝60m

●バックブラスト

1m 5m 25m
60°
25m
危険区域
注意区域
100m

■狙撃銃(スナイパー・ライフル)

カッコいいワ
スコープ付の
ライフルだと
命中精度は
バツグン
だろうし
私でも
スナイパーに
なれるかも

サンディ
バカいってるんじゃない
スナイパーは戦場の
殺しのスペシャリスト
だぞ、スコープ付
ライフルを持った
だけでなれる
もんじゃない

レッドフィールド望遠照準器
3〜9倍　可変倍率型
全長：324㎜
重量：455g

M21スナイパー
口径：7.62㎜ NATO
全長：1,125㎜
銃身長：4.59kg
(スコープ無し)
発射速度：750発/分

選び抜かれた精度の良い
ライフルにこれまた
高性能の照準鏡を
付けた物が狙撃銃で
最大有効射程は
1,000mといった
ところだ

装弾数20発で
狙撃銃でも連射性が
要求される時もあり
セミオートで20発射てるM21は
M24採用後も
使われたそうだ

レッドフィールド
スコープ

M40スナイパー
口径：7.62㎜ NATO
全長：1,105㎜
銃身長：609㎜
重量：4.3kg
(スコープ付き)
装弾数5発

ベトナム戦争で海兵隊は
M14はスナイパーとしては
不向きと判断し、市販の
レミントンM700ボルト
アクションライフルを
回収し1966年にM40
スナイパーとして
制式採用して
戦果を挙げている

BAN! BAN! BAN!

ワンショット
ワンキル!
ベトナムでは狙撃兵と
観測手、二人一組の
チームで行動

1988年陸軍も
レミントンM700を
ベースとしたM24
スナイパーを制式
採用
したぞ

折りたたみ式
二脚

M24スナイパー
口径：7.62㎜ NATO
全長：1,118㎜
銃身長：610㎜　装弾数5発
重量：6.35kg (スコープ付き)
レオポルト社製10倍率スコープとパイポッド
の組み合わせで高い命中精度を誇る。

狙撃兵の目的は敵の
指揮官や機関銃手等の
需要目標を狙撃して
敵を混乱させる
ことにあり時には
作戦の運命や戦闘の
結果さえも
変えてしまう事も
あるのだ

BAN!

こいつは海兵隊が制式採用した、マクミランM87ELR。
口径12.7㎜で射程2,000mのロングレンジスナイパーだ
ボルトアクションは単発だ

■M40A1スナイパー・ライフル

現在、海兵隊が使用しているのは
M40を改良したM40A1だ
ではこれでスナイパーライフル
の特徴を見てみようか

スコープは製造工場で装着され
製造番号は銃と一致されている

ユナーテル望遠照準器
10倍固定倍率／全長305m／重量1,021g

ミディアム・ヘビー
バレル発射時のブレを
一定にし弾着を安定
させる

トリガー・プルは1.3kg
から2.2kgだ

バイポッド(二脚架)。
標準装備ではないが
スナイパーには
あった方が良い物だ

ストックの迷彩
塗装は製造段階
で施されます

■テレスコープ(望遠照準器)

レッドフィールド3×-9×・ライフル・テレスコープ

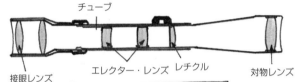

チューブ

接眼レンズ

エレクター・レンズ　レチクル

対物レンズ

装着図と各部名称

ロッキング・
リング

パワーリング

エレベーション
ターレット(上下)

アイピース

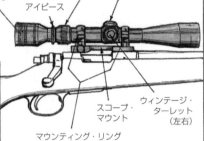

スコープ・
マウント

ウィンテージ・
ターレット
(左右)

マウンティング・リング

目で見える ように像を拡大	対物レンズの像を一部 拡大。この時、像は正常 な向きに直されます	標的の像は さかさまに入る

テレスコープ、正しくはオプチカル(光学)サイトは
メーカーによって多少異なりますが、構造はほぼ同じです。

●使用法

この2本線がレッドフィールド
スコープの特徴で
600ヤード(549m)
以内の射程距離
ではこの2本線の
間隔は18インチ
に相当します
これは標的の
(標準男子)の肩
から腰までの寸法。

①

調節
ノブ

クオドランド
(距離表示)

最大の視界を得ら
れる様に倍率3倍
で敵を探します。

②

照準器を調節して
スコープの倍率を
距離に合せて
発見!!

③

敵を発見したら距離を
測定、倍率をアップし
2本線に標的を合せて
クオドランドの目盛
で射程距離を読む。

18インチ
(45.7cm)

調整ノブ

スコープの倍率調整

射程距離	倍率
600yd(549m)	8～9
500yd(457m)	7
400yd(366m)	5～6
300yd(274m)	4
200yd(183m)	3

なるほどよく考えられてるワ
でも実践では、めんどうくさいとされ
倍率は常に7か9倍に固定され
200-300ydでは18インチ
600yd先では最大26インチ(66cm)
標的の上を狙うようにしていたそうです
やっぱり名手じゃないと
スナイパーは無理ね

■ゼローイングと弾道

ゼローイングとは発射された弾丸が標的の中心に当たるように照準を定める事をいいます

戦闘中に照準器セット時間がない場合とりあえず500ydにセットして狙う方法がある

照準を500ydにセットした時の弾道

yd(m)　100(91)　200(183)　300(274)　400(366)　500(457)　600(549)

✚　狙点
✖　弾着

セットされた距離より遠い場合は上方を狙う

ドンピシャ500yd

100から400ydわずかに低く狙う

200と300yd弾丸の特徴上低く狙う

標的までの距離が500yd以内の場合は、狙いを低くする。

■動く標的を狙う

●距離におけるリードの狙点

照準を500ydにセットした場合の各射程

「歩行」　　「走行」

遠いと高く、中間は低く狙う。目安として300ydは約4インチ(10cm)、500ydで8インチ(20cm)先がリード狙点です。

600　100　500　400　200　300

600　100　500　400　200　300

動く標的を狙い撃つことは難しく標的の前方を狙うことをリードといいますつまり予測射撃のことです

リード射撃時ワンポイント！射手が右利きの場合右から左への標的追跡はどうしても遅くなるのでリードを倍にするように

リードなし。まっすぐこちらへ向かっている

ハーフ・リード。標的は約45度の角度で移動しているのでリードは半分。

フル・リード。標的が前方を直角に移動中(上図)。

また射撃後のフォロースルーも忘れてはならない標的が突然止まったり向きを変えたりするともう一発必要になるからだ

スナイパーは射撃の腕前もさることながらカモフラージュのテクニックと感覚を身につけることも大事だ

ギリースーツは隊員がキャンバスの切れ端を使って製作します

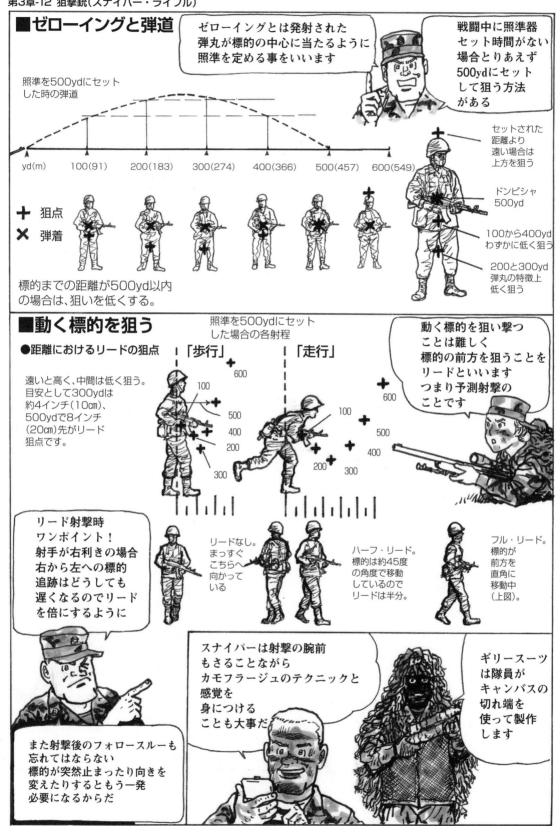

■狙撃技術

伏射はシルエットが低く隠蔽に適し
射撃姿勢として最も安定しており
狙撃姿勢としては最高だ

ホホは
スポットウェルド。
左手は肩に当て
親指と人差し指
の間にストック
を乗せる。

目とレンズの
間は
5～7.6㎝

右手でしっかりと床尾
を握り、親指を床尾の
背においてスポットウェルド
(瞬間溶接)した様に
ホホへくっつける

銃床尾をガッチリ
と肩に当て右腕、
右ヒジは肩に対し
直角、ショルダー
ポケットをつくる

バイポッド(二脚架)
は大切でガタがあると
グルーピングはメチャ
クチャになるぞ

バイポッドのない場合
右前腕とヒジは、銃身の
真下にくるようにする

十分な射撃空間と良好なカバー(隠蔽)
ができるポジションを選ぶ事が、確実
な射撃へとつながる。

○陰の影響

照準器を真っすぐ見ないと
陰が視界に現れ、
そのまま撃てば下の
様な結果になるゾ。

陰

弾着

バイポッドの付いたライフルで伏射から
撃てば簡単に当たると思うでしょうが
ところがドッコイ! 呼吸するたびに銃口
は上下に揺れ、心臓がドキッとする度に
振動し、十字線の中心はアッチに
行ったりコッチに来たりするのだ

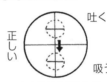

まず200m先の
タマゴに当てら
れる様になるまで
時間がかかるワ
いかに心臓の鼓動を
ライフルに伝え
ないかがポイント
となるそうね

○呼吸の影響

正しい

吐く
吸う

十字線は12時から
6時へとまっすぐ
下にくる。

吐く
吸う

ヒジによって
正しく銃身が
支えられていない。

吐く
吸う

左ヒジを軸に
体を右にずらし
姿勢を直す。

○キャンティング(銃の傾斜)

狙点

水平時の
正しい
着弾点

傾斜時の
着弾点

縦軸

スナイパーは歩兵の中の
スペシャリストで射撃が
上手なマークスマン
(優等射手)になっただけ
ではなれない
各種のキビシイ訓練を
受けて初めてスナイパー
となれるのだ

銃口が照準の縦軸からはずれ
ている状態をキャンティング
といい、引力の法則で垂直に
落下する銃弾はキャンティング
の結果、標的から外れてしまう。

高度でハード
な訓練内容で
私ヤメタ!

アメリカ海兵隊のスナイパー訓練スケジュール	
科　目	時間
M40-A1のゼロイン	4
未知射程での射撃	20
固定標的射撃	46
動標的射撃	31
人工照明下での夜間射撃	8
射撃テスト(固定および動標的)	15
狙撃、射撃技術に関する講座	30
支援射撃の計画立案と実施	23
作戦計画立案	26
作戦布陣	7
近接戦闘	16
地図、知識写真判読と5回の実施演習	42
筆記試験	10
隠密接敵演習	44
射程目測	11
隠蔽演習	6
監視偵察演習	14
遮蔽工作	10
作戦行動(24時間単位)	48
隊組織によらない戦術行動(4～5時間単位)	20
キムのゲーム	8
以上合計8週間の教程	**439**

■バレットM107セミオートスナイパーライフル

M2重機関銃と同じ弾薬を
使用する大口径狙撃銃だ

口径が12.7mm（50口径）という
強力な弾丸（WWⅡの米軍戦闘
機が搭載した機銃と同口径）を
撃ち出すセミオート狙撃銃。
通常のライフル弾では考えられない
遠距離狙撃を行い、その威力は
対戦車ライフル並みで
軽戦車やヘリコプター等
にも対処できる
アンチマテリアル
ライフルとも
呼ばれる

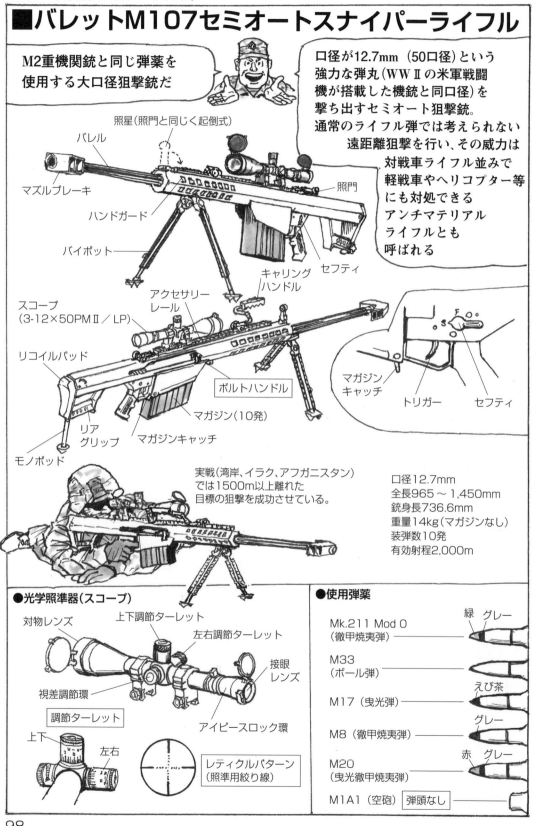

実戦（湾岸、イラク、アフガニスタン）
では1500m以上離れた
目標の狙撃を成功させている。

口径12.7mm
全長965〜1,450mm
銃身長736.6mm
重量14kg（マガジンなし）
装弾数10発
有効射程2,000m

●光学照準器（スコープ）

●使用弾薬

	緑　グレー
Mk.211 Mod 0（徹甲焼夷弾）	
M33（ボール弾）	
M17（曳光弾）	えび茶
M8（徹甲焼夷弾）	グレー
M20（曳光徹甲焼夷弾）	赤　グレー
M1A1（空砲）　弾頭なし	

■M203　40㎜グレネード・ランチャー（擲弾発射機）

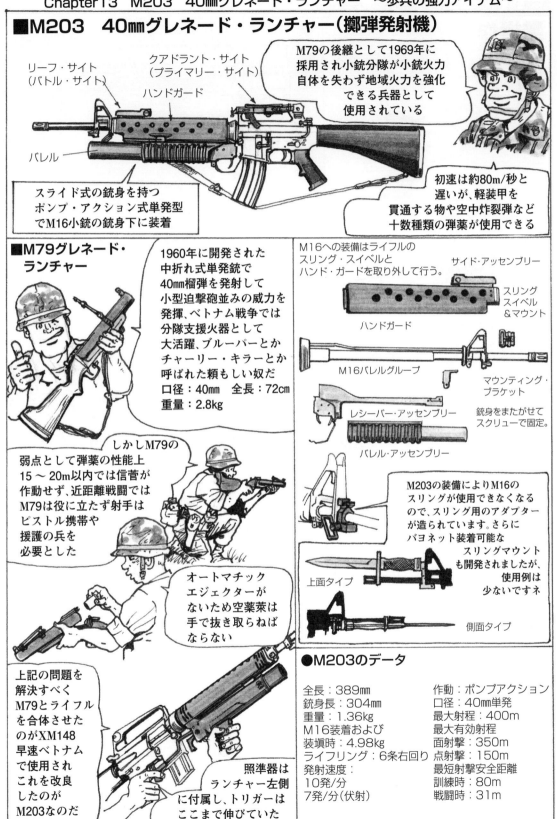

リーフ・サイト
（バトル・サイト）

クアドラント・サイト
（プライマリー・サイト）

ハンドガード

バレル

M79の後継として1969年に採用され小銃分隊が小銃火力自体を失わず地域火力を強化できる兵器として使用されている

スライド式の銃身を持つポンプ・アクション式単発型でM16小銃の銃身下に装着

初速は約80m/秒と遅いが、軽装甲を貫通する物や空中炸裂弾など十数種類の弾薬が使用できる

■M79グレネード・ランチャー

1960年に開発された中折れ式単発銃で40㎜榴弾を発射して小型迫撃砲並みの威力を発揮、ベトナム戦争では分隊支援火器として大活躍、ブルーパーとかチャーリー・キラーとか呼ばれた頼もしい奴だ
口径：40㎜　全長：72cm
重量：2.8kg

しかしM79の弱点として弾薬の性能上15～20m以内では信管が作動せず、近距離戦闘ではM79は役に立たず射手はピストル携帯や援護の兵を必要とした

オートマチックエジェクターがないため空薬莢は手で抜き取らねばならない

上記の問題を解決すべくM79とライフルを合体させたのがXM148早速ベトナムで使用されこれを改良したのがM203なのだ

照準器はランチャー左側に付属し、トリガーはここまで伸びていた

M16への装備はライフルのスリング・スイベルとハンド・ガードを取り外して行う。

サイド・アッセンブリー

スリングスイベル&マウント

ハンドガード

M16バレルグループ

マウンティング・ブラケット

レシーバー・アッセンブリー

銃身をまたがせてスクリューで固定。

バレル・アッセンブリー

M203の装備によりM16のスリングが使用できなくなるので、スリング用のアダプターが造られています。さらにバヨネット装着可能なスリングマウントも開発されましたが、使用例は少ないですネ

上面タイプ

側面タイプ

●M203のデータ

全長：389㎜
銃身長：304㎜
重量：1.36kg
M16装着および装塡時：4.98kg
ライフリング：6条右回り
発射速度：
10発/分
7発/分（伏射）

作動：ポンプアクション
口径：40㎜単発
最大射程：400m
最大有効射程：
面射撃：350m
点射撃：150m
最短射撃安全距離
訓練時：80m
戦闘時：31m

■操作

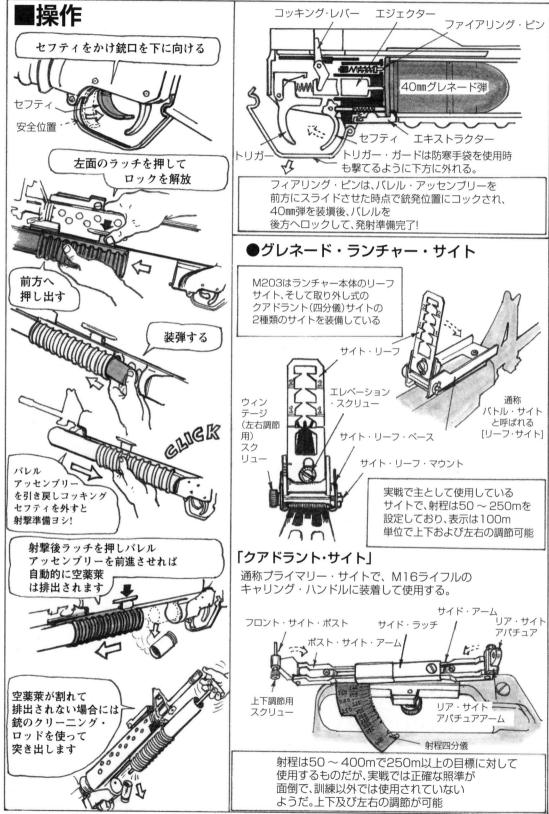

セフティをかけ銃口を下に向ける

セフティ
安全位置

左面のラッチを押して
ロックを解放

前方へ
押し出す

装弾する

CLICK

バレル
アッセンブリー
を引き戻しコッキング
セフティを外すと
射撃準備ヨシ!

射撃後ラッチを押しバレル
アッセンブリーを前進させれば
自動的に空薬莢
は排出されます

空薬莢が割れて
排出されない場合には
銃のクリーニング・
ロッドを使って
突き出します

コッキング・レバー　エジェクター
ファイアリング・ピン
40㎜グレネード弾
セフティ　エキストラクター
トリガー
トリガー・ガードは防寒手袋を使用時
も撃てるように下方に外れる。

フィアリング・ピンは、バレル・アッセンブリーを
前方にスライドさせた時点で銃発位置にコックされ、
40㎜弾を装填後、バレルを
後方へロックして、発射準備完了!

●グレネード・ランチャー・サイト

M203はランチャー本体のリーフ
サイト、そして取り外し式の
クアドラント(四分儀)サイトの
2種類のサイトを装備している

サイト・リーフ

ウィン
テージ
(左右調節
用)ス
クリュー

エレベーション
・スクリュー

サイト・リーフ・ベース

サイト・リーフ・マウント

通称
バトル・サイト
と呼ばれる
[リーフ・サイト]

実戦で主として使用している
サイトで、射程は50～250mを
設定しており、表示は100m
単位で上下および左右の調節可能

「クアドラント・サイト」

通称プライマリー・サイトで、M16ライフルの
キャリング・ハンドルに装着して使用する。

フロント・サイト・ポスト
ポスト・サイト・アーム
サイド・ラッチ
サイド・アーム
リア・サイト
アパチュア
上下調節用
スクリュー
リア・サイト
アパチュアアーム
射程四分儀

射程は50～400mで250m以上の目標に対して
使用するものだが、実戦では正確な照準が
面倒で、訓練以外では使用されていない
ようだ。上下及び左右の調節が可能

■射撃姿勢

射撃時にはスリングが
ランチャーの銃口に
引っかかっていないか
注意すること

立ち撃ち

アンダーアーム

伏せ撃ち

立ち撃ち
曲射用

座り撃ち

開脚座り撃ち

基本的にはM16と
同じだヨ
違いといえば
射撃時には頬付け
（スポット・
ウェルド）
をしない
コトかな

しゃがみ撃ち

ひざ撃ち

M203は
M16の弾倉を
グリップとして
使用します。

リーフ・サイト照準法

ライフルのフロント
サイトポストを利用
する方法で、リーフ
サイトの調節量は
射程200m、上下
10m、左右1.5m。

クアドラント・サイト照準法

長距離用で
調節量は射程200mに
おいて上下5m、左右1.5m。

よおし
塹壕内の敵へ
一発喰らわして
やる

戦闘　訓練　点攻撃　面攻撃　最大射程

15~20m　　31m　80m　150m　350m　400m

信管の安全
解除装置

最短安全　最大効果

半径
5m

最大殺傷範囲

101

■40mmグレネード弾

このスタンダード5種類以外に催涙弾やMP弾（多弾子発射弾）等があり、これらはよく似ているので、弾頭部のカラーリングで区別します

| ゴールド | シルバー | クリームまたはライトオリーブ | ブラック | オレンジ |

ケース本体はグリーンで、マーキングカラーはイエローだ

M381(M406)HE
(高性能炸裂榴弾)

最大射程：400m
殺傷範囲直径：10m
信管作動距離：
M381　2～3m
M406　14～28m

M382(M407)
TP(訓練弾)

最大射程：400m
黄色発煙式
信管作動距離：
M382　2～3m
M407　14～28m

M397
エアバースト
(空中炸裂弾)

最大射程：400m
炸裂高度：2m
殺傷高度：10m
落下後1度
バウンドして
空中で炸裂する

M463
スモークレス
フラッシュレス
(信号・照明弾)

最大射程：400m
殺傷範囲直径：10m
信管作動距離：
14～28m

M433デュアル
パーパス
(対人・対装甲弾)

最大射程：400m
信管作動距離：
14～28m
貫通力：直角(0°)
で約5cm

断面図

圧力板	アルミカバー
弾帯	安全装置付信管
榴弾	炸裂RDX（プラスチック爆弾）
起爆剤	
カートリッジ・ケース	爆発時には榴弾が300以上の破片となり飛び散る
低圧チェンバー	
高圧チェンバー	
点火薬	ガス噴射口

信管はM397を除いて、全て着発式で信管と起爆剤は金属板で遮断してありそれにピンで固定してある安全装置がつけられている。この安全装置は発射された弾丸の遠心力でピンが外れ、金属版が発火位置まで回転するようになっている。つまり銃口から発射された弾丸の信管が撃発状態になるまで一定の距離が必要となっている

このシステムによりアルミニウム製銃身の軽量で簡単なグレネード・ランチャーの開発が可能になったのです

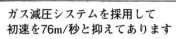

ガス減圧システムを採用して初速を76m/秒と抑えてあります

■M320A1グレネード・ランチャー

口径：40mm　銃身長：280mm
全長：350mm
重量：1.5kg

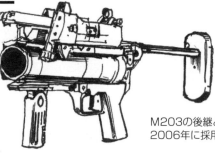

M203の後継として2006年に採用された。

グリップがあるので、銃のマガジンを持たなくてすむ。

M320A1は専用のストックを装着して、単独で運用できる。

第4章　野戦編

戦場では大声を
出せない場合が多いので
ハンドシグナルはしっかり
おぼえておけよ

■ハンドシグナル（手信号）

リーダー集まれ　並足　駆け足　並べ　伏せろ

集合　注意（注目）　前進　前進またはついて来い　止まれ　そのまま　ゆっくり　戻れ（回れ右）

伏せろ　走れ　近寄れ　分からない　準備いいか　射撃開始　打ち方止め　先の命令取り消し

敵発見　視界中に敵影なし　着剣　ダイヤモンド　ファイル　シングルファイル　アロウヘッド

敵またはその疑いあり　エクステンディッドライン　フォーメーション・サイン

みんなうまく
隠れたみたいだな
よし
サンディを探せ!!

●カモフラージュ

兵士のかぶるヘルメットは
特徴のあるシルエットで
存在が判明しやすいぞ

普通、ヘルメットには迷彩カバーとバンドが
ついており、これだけでもいいが、さらに
地形にとけこませるために小枝、草、
布切れ等をつける。

ヘルメットカバー

泥をぬる

顔や手の肌も
意外と
目立つので
ペインティングで
トーンダウン
させる

まずツヤ消しクリームを塗る
首や手にもだよ

次にブラウン（又は黒）の
クリームを塗り
目や鼻の形を
分からなく
させる

仕上げに
グリーンや
アースを加え
他の境目を
ぼかして
しまいます

■戦闘隊形

アメリカ陸軍の
ライフル分隊の
編成と
基本戦闘隊形を
取り上げる

戦闘隊形の目的は
最大限の火力を敵に浴びせると
同時に味方に最大限の防備を
確保することだ
もしこの戦闘隊形を誤れば
たちまちひどい損害を受け
悪くすると歩兵分隊全滅と
なってしまう事もありうるぞ

■編成

射撃チームは歩兵最少の戦術単位である
チームは5人で構成され、うち1名が
FTL（ファイヤー・チーム・リーダー）となる
正規歩兵分隊の場合、このFTLは伍長だ

●ライフル分隊

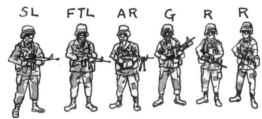

SL　FTL　AR　G　R　R　　FTL　AR　G　R　R

分隊長（軍曹）

Aチーム（アルファ）

Bチーム（ブラボー）

ドラゴン対戦車
ミサイル射手（兼任）

ライフル分隊は
射撃チーム2班からなり
これに分隊長となる軍曹が付き
通常11名編成である

■兵装

射撃チームではFTLを含む3人は
ライフルマン（R）で、1人が
オートマチックライフルマン（AR）
残る1人が手榴弾投擲手（G）となる。
なお、SLの軍曹もFTLと同じく
ライフルを携行する。

■戦闘隊形
（バトル・フォーメーション）

歩兵分隊の
ライフル分隊が常用する
基本戦闘隊形が
この種類だ

一列横隊（攻撃）

一列縦隊（移動）

傘型隊形（警戒）

分隊長が情報を
得やすい隊の前部に
位置するが、先頭に
立ってはならない
これは分隊から隔離
される恐れがあるからで
なるべく定位置は
避けて状況に応じて
移動することが良い

いずれの隊形でも
分隊長およびFTLは
全体の状況が把握できて
適切な判断が下せる
位置にいなければ
ならない

分隊は常に
分隊を統制できる位置に
いて以下の3点による
統制をはかること
①可聴（かちょう）統制
　（肉声および無線に
　よる口頭命令）
②可視統制（特定の
　手信号による）
③間接統制（FTLを
　通じて命令を下達）

効果的戦闘能力の維持のためには
常時完全統制が絶対的な条件とされ
統制を欠いた歩兵分隊は
もはや戦力としては
期待できないものだ

いいか、いかなる戦闘隊形であろうと
分隊長は常に可視あるいは可聴範囲内で
FTLとの連絡を維持することだ

FTLは部下全員と絶えず
可視可聴連絡をもち
ARとGといった最大火力源の
近くにいることが望ましい
なんといっても火力の効果的なコントロールが
FTLの責任であり銃撃戦に勝利するカギだからだ

●インターバル

戦闘隊形における各人の間隔のことで、通常は10mで可視範囲内とされている。

その他の場合は地形等に応じたケース・バイ・ケースとなるが、分隊長やFTLの統制が可能かどうかが優先とされる。

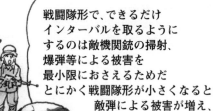

戦闘隊形で、できるだけインターバルを取るようにするのは敵機関銃の掃射、爆弾等による被害を最小限におさえるためだ とにかく戦闘隊形が小さくなると敵弾による被害が増え、その分こちらの火力が小さくなってしまうのだ。

●監視の義務

各隊員は移動中、あるいは休止中、いずれの場合もあらかじめ決められた自分の担当地域の監視をおこたってはならない

●疎開

敵の射撃方向に対して決して重なり合わないようにすることをいい、その間隔は約5mとされている

敵の縦射に対する警戒の部隊

イントレース型　疎開縦列
縦列

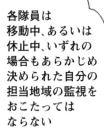

ここで敵砲火の種類について勉強しておこう 基本的には直接射と間接射の2種がある

直接射とはライフルやマシンガンなど小火器によって狙い撃ちされることで 間接射は砲弾や手榴弾で攻撃されることをいう

制圧射と言うのもあり、これは敵に頭を上げさせないように砲火を浴せることで支援射撃の一種だ 1隊が銃撃を行ない他の1隊が側面に移動する時等に用いられる

一番恐しい縦射、これは一列縦隊を真正面から銃撃させることで被害が大きい。機関銃による縦射は絶対に避けなければイカン

●縦列横隊（ライン・フォーメーション）

隊形を横に並べたもので
対正面火力は最大となる。
分隊が敵陣に対して
最終アプローチに入った
段階で、この隊形となる。
この場合、側面が弱点と
なるので、十分に警戒
することだ。

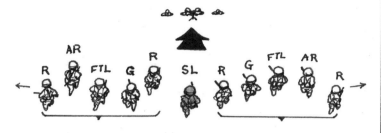

分隊長は中央後方に位置し、FTLも自分のチームの
中央に位置しており、ARとGを指揮、側面から攻撃を
受けた場合、ARがすぐ応射できる。ライフルマンの
主要任務はARとGの護衛とされ、両翼のライフルマン
は斜め前方から側面の監視も行う

●併列縦隊

敵が近くにいる可能性がある
地域で使用する隊形で、火力
を均等に配置して、あらゆる
方向に対して応射できる。
縦列横隊が攻撃隊形で、この
併列縦隊は守備の隊形といえる。

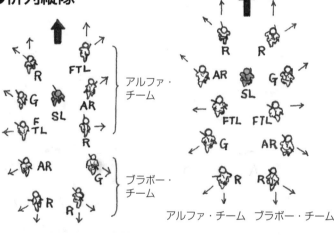

アルファ・チーム　　ブラボー・チーム

敵が前方にいると予測
された場合の配列。

この隊形は道路両側に射撃
チームを配置してある。

●縦列戦闘隊形

併列縦隊ができない狭い場所を
通る時に用いられる
この隊形は側面に強いが
正面には限られた火力しか
向けられず最も危険と
見られる
従者に弱い欠点がある、
通常戦闘中や敵との遭遇が
近いと予想された時等は
この隊形はとらない

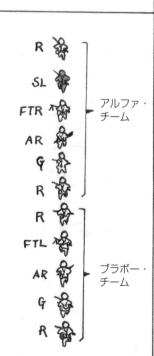

■分隊戦闘原則行動

分隊が敵に遭遇した時
いずれの戦闘隊形からでも応戦できる
戦闘原則行動は①右翼移動②左翼移動
③正面移動の3つの基本行動からなっている

●右翼移動

機動班

射撃支援班

FTL
G
AR
SL
R R

FTL
AR G
R R

にぎりこぶしを進撃
方向に突き出す合図で、
機動班が進撃を
開始する。

●左翼移動

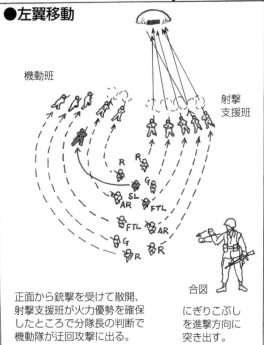

機動班

射撃
支援班

R R
G
SL
AR
FTL AR
G
R R

正面から銃撃を受けて散開、
射撃支援班が火力優勢を確保
したところで分隊長の判断で
機動隊が迂回攻撃に出る。

合図

にぎりこぶし
を進撃方向に
突き出す。

●正面移動

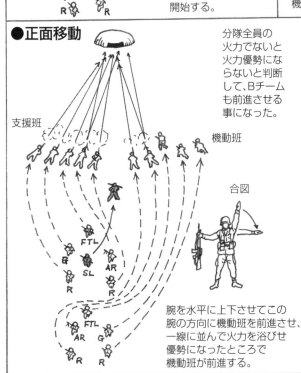

支援班

機動班

FTL
G
SL
AR

FTL
AR G
R R

合図

分隊全員の
火力でないと
火力優勢にな
らないと判断
して、Bチーム
も前進させる
事になった。

腕を水平に上下させてこの
腕の方向に機動班を前進させ、
一線に並んで火力を浴びせ
優勢になったところで
機動班が前進する。

●射撃チームの射撃と移動の連携

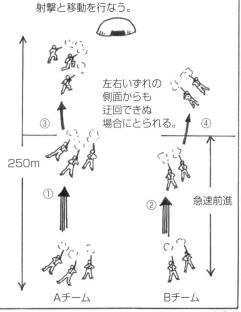

正面攻撃において展開されるファイヤ&
マヌーバー、機動班と支援班が交互に
射撃と移動を行なう。

③

④

左右いずれの
側面からも
迂回できぬ
場合にとられる。

250m

①

②

急速前進

Aチーム

Bチーム

■イギリス軍隊のセクションフォーメーション

イギリス陸軍の分隊はセクションと呼ばれ3個で1個小隊となる。ほとんどの軍隊において分隊は8〜10人となっているがイギリス軍では8人でその中の1人が伍長で分隊指揮官である

シングルファイル

最も基本的な形で、生け垣や森の線にそっての移動に最適でジャングル内でも可能なフォーメーションだが、正面からの攻撃に弱く、また正面を攻撃するのも難しい。

ファイル

小道、細道を移動する時に用いる。シングルファイル同様統制しやすく、夜間の移動にも優れているが、敵の射撃に対しては密集していて的になりやすい。

アローヘッド

郊外を移動する時に最も多く使用される型で、機関銃手は射撃しやすい側面に配置する。

ダイヤモンド

夜間平地を移動する際に使われ、統制しやすく全方向に対し監視と防御に優れ、その方向に対しても攻撃できる、しかし密集した的にもなる。

エクステンディッドライン

敵地を襲撃する時に使用する。

SL = 指揮官
MG = 機関銃
AT = 対戦車ロケット砲

スピアヘッド

アローヘッドの変形で、側面に機関銃を必要としない時に使われ、機関銃手はどちらの側面にもつけるように中央に配置してある。アローヘッドもスピアヘッドも正面には強いが、ちょっと統制しにくく、側面からの攻撃に弱い。

■戦闘における移動テクニック

さていよいよ、戦闘行動の
訓練に入る
サンディもしっかり
がんばるように
最初は敵砲火の下での
移動(運動)方法だ

ヤダ～～～
サンディ体力には
自信がありません

■ラッシング(突進)

ワァー
ライフルや
装備がジャマで
スピードが
出ませんよ

最前線における移動テクニックで最も
一般的なものがラッシュ(突進)だ
これは比較的開けた地形における
移動や緊急時の移動に用いられる

ラッシングの動作は
①プローン(伏せ) ②ラッシュ(突進)
③ドロッピング(ヒザを落とす)
⑤プローン
といったパターンを繰り返す

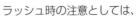

アメリカ陸軍では100mを
15秒で走る事になっており
ラッシュは通常3秒から
5秒までとされ移動距離は
大体20～30mとなります

ラッシュ時の注意としては、
①ラッシュ時に部隊のメンバーの前を横切ったり
　しない。これは他人の走路を妨害しないという
　ことだ。
②移動時には部隊のメンバーと連絡を取り、
　ラッシュ時にはどちらかが援護にあたるように
　し、これを交互に繰り返す。
③もし、伏せた地点に遮蔽物がなかったらすぐに
　クリーピングかクローリングで遮蔽物のある
　所まで移動する。

●転身(クローリング)
これは左右に移動した稜線(堤等)を通過する際に
取る行動で、ライフルは胸に抱えこみ両ひじを
体につけ、両足は交差させてつかみライフルを
　　　　　　　　身につけると、
　　　　　　　　同時にすばやく
　　　　　　　　全身の力で
　　　　　　　　転がって進む。

しまった！　茂みまで
距離が足りなかったワ

サバイバルゲームに取り入れても楽しそうだわ！

■プローンからラッシング

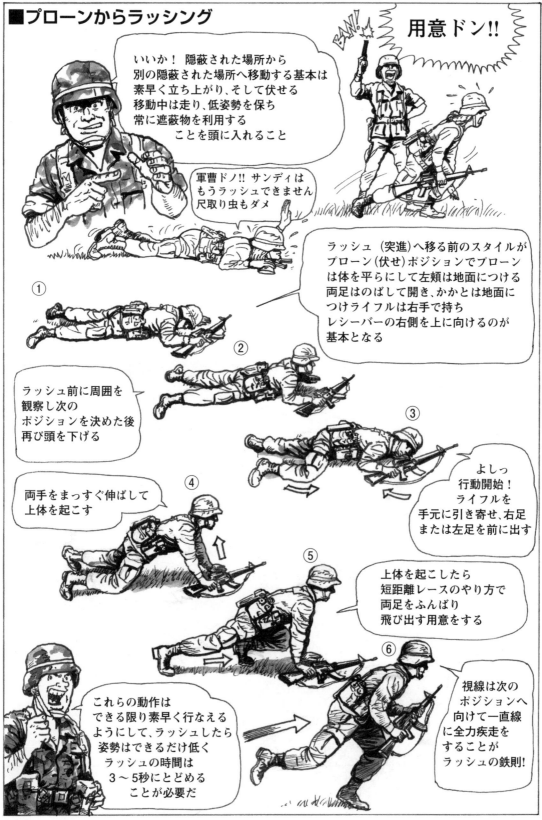

用意ドン!!

いいか! 隠蔽された場所から別の隠蔽された場所へ移動する基本は素早く立ち上がり、そして伏せる 移動中は走り、低姿勢を保ち常に遮蔽物を利用することを頭に入れること

軍曹ドノ!! サンディはもうラッシュできません 尺取り虫もダメ

ラッシュ（突進）へ移る前のスタイルがプローン（伏せ）ポジションでプローンは体を平らにして左頬は地面につける両足はのばして開き、かかとは地面につけライフルは右手で持ちレシーバーの右側を上に向けるのが基本となる

①

②

ラッシュ前に周囲を観察し次のポジションを決めた後再び頭を下げる

③

よしっ行動開始！ライフルを手元に引き寄せ、右足または左足を前に出す

両手をまっすぐ伸ばして上体を起こす

④

⑤

上体を起こしたら短距離レースのやり方で両足をふんばり飛び出す用意をする

⑥

これらの動作はできる限り素早く行なえるようにして、ラッシュしたら姿勢はできるだけ低くラッシュの時間は3〜5秒にとどめることが必要だ

視線は次のポジションへ向けて一直線に全力疾走することがラッシュの鉄則!

■ラッシュからのプローン・ポジション

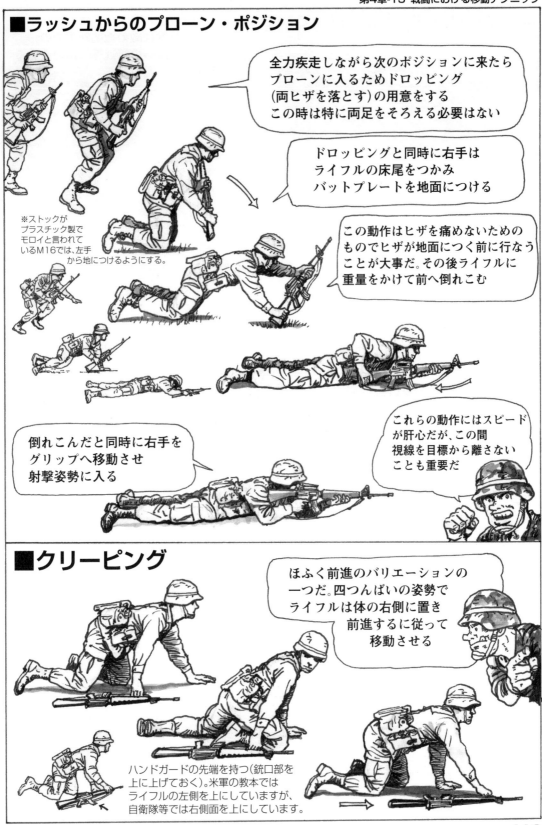

全力疾走しながら次のポジションに来たら
プローンに入るためドロッピング
（両ヒザを落とす）の用意をする
この時は特に両足をそろえる必要はない

ドロッピングと同時に右手は
ライフルの床尾をつかみ
バットプレートを地面につける

※ストックが
プラスチック製で
モロイと言われて
いるM16では、左手
から地につけるようにする。

この動作はヒザを痛めないための
ものでヒザが地面につく前に行なう
ことが大事だ。その後ライフルに
重量をかけて前へ倒れこむ

これらの動作にはスピード
が肝心だが、この間
視線を目標から離さない
ことも重要だ

倒れこんだと同時に右手を
グリップへ移動させ
射撃姿勢に入る

■クリーピング

ほふく前進のバリエーションの
一つだ。四つんばいの姿勢で
ライフルは体の右側に置き
前進するに従って
移動させる

ハンドガードの先端を持つ（銃口部を
上に上げておく）。米軍の教本では
ライフルの左側を上にしていますが、
自衛隊等では右側面を上にしています。

113

■ハイ・クロール(高姿勢ほふく前進)

ほふく前進は敵の機関銃下での移動や敵陣への接近等に用いられるテクニックだ

姿勢を低く保ち両ヒジと両ヒザによって行なう移動で基本は両ヒジと両ヒザを交互に動かすこと。すなわち右ヒジ右ヒザ、左ヒジと左ヒザを同時に動かしてやることだ

ライフルを両手で下から保持する方法もある。

ライフルは両腕で抱え込むようにして持ちますが、この際ライフルはできるだけ水平にしておきます

●ハイ・クロールの基本姿勢
体重は両ヒジと両足(ヒザから下)で支え、移動しやすいようできるだけ体は地面から浮かせます。移動時の尻の高さに注意。

■ロー・クロール(低姿勢ほふく前進)

ハイ・クロールが遮蔽物がある場所で用いられるのに対し、ロー・クロールは有効な遮蔽物がない場合や前進するルートが敵側の視界内にある場合に使用されます。この前進法は体全体を地面につけ可能な限り姿勢を低くするため、スピードが出ない欠点があるので、ロー・クロールを用いる場合は移動にスピードを必要とされない場合に限られます。

体は低く平らにして頬も地面につけるようにするライフルは右手でスゥイベル・リングをもち前腕の上でバランスを取る

移動には両手、両足を使用する。前進する時は腕と足を前に出し足をのばして体を前方に押し出してやる

この動作は左もしくは右側の一方に限定せず時々左右をチェンジして疲労を防止することも必要だ

■クローリング(ほふく前進)のバリエーション

これらは特にスピードを要求される場合に用いる方法だ

上体を起こしてほふくする左腕を伸ばして左ヒザを立てた場合。

ライフルはこの位置で保持する

頭は前進方向を注視する

左腕をのばして左ヒザを立てて体を支える

左足は右足の下に深く曲げ左足は曲げたかかとが左足付近にくるように

前進は右足のかかとで地面をけり、体がのびきったら左手または左ヒジをさらに前方に出し右足を曲げる。この動作を繰り返して移動します

側身して左腕をのばした場合。

体の左側面を地につけてほふくする動作は上の場合と同じで少し低い姿勢となります

側身して左ヒジで体を支えた場合。

左ヒジを地につけ左上腕を前に傾斜させ左ももを曲げ右ももを元に戻し右足を尻の近くで地につけ左ヒジと右足内側の力で前進する

側身ほふく前進では一番低い姿勢となる

尺取り虫型ほふく前進

伏せの姿勢で両足を合わせ足はつま先を立てる。ライフルは銃口を左にし下から保持する

特に隠密を要求された場合には、音を出さないよう注意しながら行う。

前進するには両ヒジと両つま先でもって体を持ち上げて前方へ進む

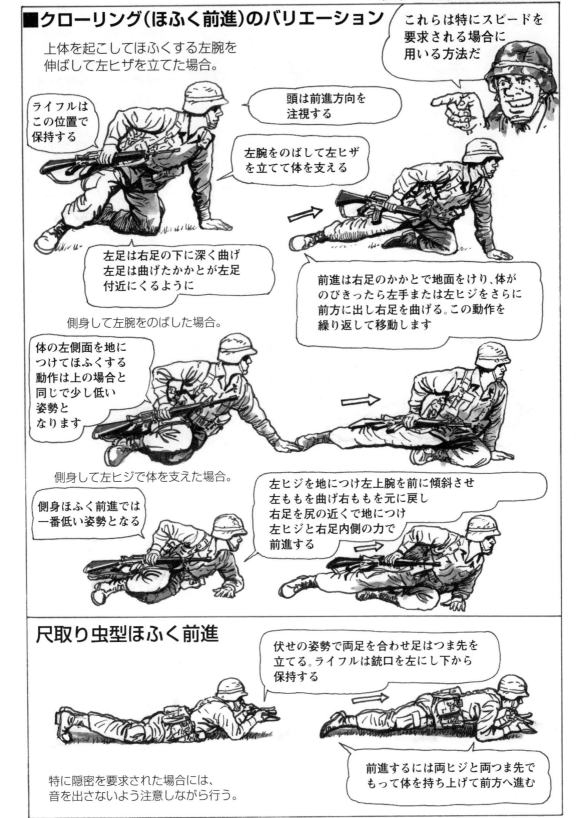

■地形・地物を利用する

地形・地物の利用は射撃効果を最大限に発揮し次に射手を防護することを目的としている

堆土の利用

樹木の利用

窪地・弾痕の利用

遮蔽物を利用

とにかく的に対し少しでも身をさらさないことが戦闘の基本だ良い例と悪い例をここに示しておこう

■パトロール

現代戦においても
詳しく正確な情報を
得られる最も信頼性の
高い方法はパトロールだ

敵発見の
合図だわ
防御態勢を
とらなくちゃ

◆パトロール成功のための6つのポイント

①行きと帰りの道筋を常に変えること。

②パトロールに飽きないこと。ミスを
　犯すのはちょっとした油断からだ。

③時々、全員が足を止めて敵の活動に
　耳をきかすこと。

④パトロールする地域の風景や音、
　臭いに精通すること。

⑤装備は音を立てぬよう整とんする。

⑥深い茂みや下生えの向こうを見通す
　ように心掛けること。

ペイントは周辺の樹木等
を参考に、塗り方は縦
ではなく横に塗る。人間
の目は横方向へと水平に
移動するので、横に塗ら
れている方がバック（背景）
に溶けこみやすい。

特に敵から発見される確率が高い顔は
ネットで覆ったり、ドーランを塗る
などしてカモフラージュをする。

パトロールには偵察、
哨戒、戦闘といった
3種類があるゾ

偵察パトロール

戦闘はなるべく避けて隠密裡
の行動が要求される。敵陣地
を探し出し接近、敵陣地の
広がり、強度、配置等の詳細
を可能な限り調べる。本隊の
作戦行動の前にその土地の
情報収集、敵のパトロール隊
の観察、自軍の防御陣地の
チェック等の任務がある。

哨戒パトロール

これは一ヶ所に溜まって行なう
パトロールで、最小3〜4人で
編成され、敵の接近を警戒し
見張る。特に前方地域や
防御拠点間の本隊から
見えない部分を注目して、
本隊の位置から射撃できない
地雷原や障害物をカバーする。
この哨戒パトロールは通常、
夜間行い、日中は隠れている。

戦闘パトロール

敵陣地への襲撃、情報収集の
ために捕虜や装備の捕獲、待ち
伏せの設定、敵のパトロール隊
への攻撃といった攻撃的任務を
担当し、通常、将校が指揮し9人
ないし10人で編成され、戦力、
火力ともに大きい。大規模な
作戦時には40人以上の編成に
なることもある。

■パトロールの準備

まず、どのようにして目標地点まで安全に到達するか。そしてどうやって自軍の戦線まで無事に戻ってくるかという準備と計画に予行演習が必要になる。パトロール隊の全員が知らなければならないことは、用いる隊形や障害物を渡る方法、敵と遭遇した場合の行動、パトロールの目的、負傷者や捕虜を後送する道筋などだ
チームリーダーはやることがいっぱいあるぞ!

●服装
パトロール隊員の服装はガサガサと音を立てたり光を反射したりしないか(防水の服はこの傾向がある)迷彩はうまく施されているかまた敵に捕らえられた場合何か情報を与えてしまうようなものを持っていないかをチェックしておく

監視装置は偵察の場合の必需品だ
暗視装置は夜間パトロールで役に立つがかなりかさばり重量もあるのが難点である

携帯食料も忘れてはならない一晩で終わるつもりのパトロールも予想外の事態が起きて一日中ずっと隠れていることになるかもしれないのだ

状況によってパトロール隊の装備が変化するのは当然で北西ヨーロッパではNBC防護服とガスマスクが必需品となりますが他の戦場ではこれらの装備は必要ありません

各兵士がパトロールの目的に精通していることが大切です

■音を立てずに行動する

音は常温において1秒間に約340メートル進む 訓練された敵なら音の大きさと方角でだいたいの地点を推測してしまう

音というものは条件によってかなり遠くまで届きます 例えば夜間の静寂の中では武器の一部が樹木に当たっただけの小さな音でも数百メートル先まで察知されてしまうこともある これが金属どうしの音だったら風向きひとつで予想以上の遠方まで届いてしまう

アリスパックのベルト部分が木の枝などにひっかかって音を出す危険があるので行動に移る前に相互でチェックする必要がある

またアリスパックは駆けだしたりすると意外と音を立てやすいので装備品に隙間ができたら新聞紙を詰めたり布で包んだりして音の発生源をできるだけ少なくする

ゴツ ゴツ

ナイフ類も音を立てやすいのでスリングに逆向きにテープで装着すれば音も立てにくくすばやく抜きやすい

中身の少なくなった水筒も音を立てる危険性がある

チャップ チャップ

●手によるサイン

偵察行動中は声を出さずに手で合図するんだ

敵発見

止まれ

前方

左

右

オール・クリアー

左手に待ち伏せ

右手に待ち伏せ

119

■移動法（逆V字フォーメーション）

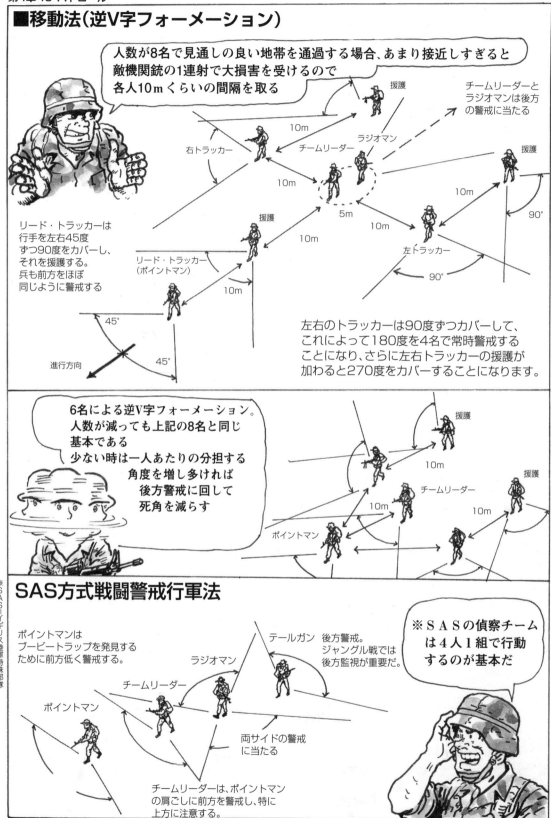

人数が8名で見通しの良い地帯を通過する場合、あまり接近しすぎると敵機関銃の1連射で大損害を受けるので各人10mくらいの間隔を取る

チームリーダーとラジオマンは後方の警戒に当たる

右トラッカー　10m　チームリーダー　ラジオマン　援護

10m　5m　10m　90°　援護

リード・トラッカーは行手を左右45度ずつ90度をカバーし、それを援護する。兵も前方をほぼ同じように警戒する

援護　10m　左トラッカー　90°

リード・トラッカー（ポイントマン）　10m

45°　進行方向　45°

左右のトラッカーは90度ずつカバーして、これによって180度を4名で常時警戒することになり、さらに左右トラッカーの援護が加わると270度をカバーすることになります。

6名による逆V字フォーメーション。人数が減っても上記の8名と同じ基本である少ない時は一人あたりの分担する角度を増し多ければ後方警戒に回して死角を減らす

援護　10m　援護　チームリーダー　10m　ポイントマン　10m

SAS方式戦闘警戒行軍法

※SAS＝イギリス陸軍特殊部隊

ポイントマンはブービートラップを発見するために前方低く警戒する。

テールガン　後方警戒。ジャングル戦では後方監視が重要だ。

ラジオマン

チームリーダー

ポイントマン

両サイドの警戒に当たる

チームリーダーは、ポイントマンの肩ごしに前方を警戒し、特に上方に注意する。

※ＳＡＳの偵察チームは４人１組で行動するのが基本だ

■敵の痕跡を追う

自然の中で人間が行動すれば
必ず何らかの異常が生じる
その小さな変化をも
発見できる注意力を
訓練すればジャングル戦
にも勝利を収められる

破れたクモの巣
は敵が最近ここ
を通った。

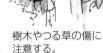

引っくり返ったり、
かき乱された落葉。

ブーツのトレッドに
付着した泥や土が岩の
上に残されている。

樹木やつる草の傷に
注意する。

敵の移動痕跡

踏まれた草の倒れている方向が敵の
移動方向となり、折られ踏みしだかれた
草も最初のうちは緑色だが、1日も
たてば茶色となる。丈夫な草木で
あれば、色が変わるまでにもっと
時間がかかる。敵が
いつごろそこを通過
したのか、だいたい
の見当をつける。

木の枝や石を
踏んだ跡。

折れた枝や草を
踏みつけた跡。

水辺についた
足跡。

■足跡による人数の測定法

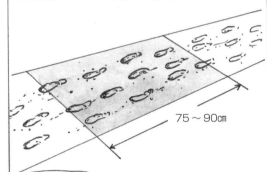

75～90㎝

これでやると
18名くらいは
ほとんど確実に
割り出せるゾ

アメリカ陸軍方式に
よる人数の割り出し方。
まず、75～90㎝
間隔の線を引き、
その線にかかった
ものを含む全ての
足跡を数えて総数を
2で割り人数を出す。

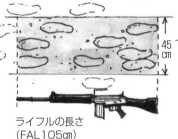

ライフルを使用
しての測定。
足跡を長方形に
区画して人数を
割り出す。幅は
45㎝、長さは
ライフルの長さ
とし、その区画
内にある足跡を
数える。

45
㎝

ライフルの長さ
(FAL105㎝)

○足跡が4なら、それが敵グループの数。
○5ないし6なら、2人加えて敵グループは7ないし
8人と推測される。このようにした場合、安全策
として少し多めに見積っておく。

簡易人数測定法

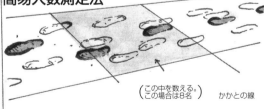

(この中を数える。
この場合は8名)　かかとの線

一番はっきりと残っている一対の足跡を選び、一方の
かかとに線を引く。次にもう片方の中央にも線を引き
そしてすべての足跡を入れて縦線を引き四角形を作る。
最後にその中の足跡数をすべて数えれば敵兵の数が
わかる。(基本となった足跡は1人と数える)

121

■足跡を読む

| 走行 | 過重負担 | 男性 | 女性 | 後ろ向き走行 |

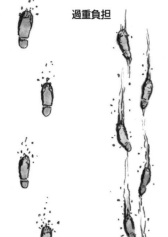   

足跡が深く、かつ離れているなら、敵は急いで移動しており、長い歩巾と深い足跡は、敵が駆けていたことを意味する。

足跡がずっと深く引きずっているときは、重い装備を携行している。

どんなに小さな足跡でもつま先が外へ外へと向かっていれば、小柄な男性といえる。

女性は歩巾が狭く、つま先がわずかに内側に向かった小さな足跡となる。

足跡のつま先が深く歩巾が不自然に狭い時は、追跡者を混乱させるために敵が後ろ向きに歩いたのだ。

足跡の識別

履き古された靴跡にはトレッドがなく、かかとがすり減っている。これは敵が基地からかなり離れていることを意味する。

特殊なパターンの足跡は、敵がどのような種類のブーツを使用しているかがわかり、ブーツ個有のマークで個人が識別できる。

素足で歩いた足跡である。ゲリラの足跡の上下にあれば、彼らは現地人の援助を受けていることになる。

足跡の新旧

湿った地面にできた新しい足跡は、形がしっかりとしており、内側に多少のクズの堆積がある。

地面が乾いていれば内側により多く砂と堆積が見られる。エッジが乾き崩れやすくなっていれば、少なくとも1時間はたっているものと考えられる。

軽く降った雨は足跡のエッジをもろくする。1日の天候パターンを覚えるように努力しておく。

足跡を点検することは主として次のポイントを中心に行なう
○どれくらいの兵力で敵は行動中か?
○いかなる装備、状態にある部隊なのか?

サンディ こういうの 大好き♥

■アンブッシュ（待ち伏せ）

ワッ!!

アンブッシュはゲリラ戦で
効果を発揮する一番ポピュラーな
戦闘法である
敵の種類規模によって
その方法は変化するが
可能な限りこちらに
有利な地形なところに
できるだけ引きつけて
　　おいてから攻撃を開始
　　　することが望ましい

●アンブッシュ用布陣法
360度周囲をカバーできる。

アンブッシュには、その場でとっさに行なう
方法と、前もって敵の通過しそうな地点に
布陣して行う方法との2通りがある。

左足を左隣にいる者の
足に乗せておくと声を
出さずに合図できる。

アンブッシュを仕掛ける場所はある程度視界
があり、敵の接近が確認できる場所にする。
あまりカバーがあり過ぎると、逆に側面を
突かれたりする可能性がある

4人が各自90度ずつをカバーすれば
どの方向から敵が来ても常時3人が
射撃でき後方も警戒できる

◆アンブッシュの計画をする時の3つのポイント

①接近
明確な情報によって特定の方向から敵を
予想できているが、敵はどの方向からも
近づき得るという事を考え、アンブッシュ
は全ての方向に対応できるものを考えておく。

②作戦エリア
敵を奇襲でき逃げ場もない十字射撃を
浴びせられる作戦エリアの選定が、
良いアンブッシュの条件だ。

③深さ
最初の一斉射撃により敵は逃走を開始するが、
これから逃れようとする敵を射撃できるような
位置に他のアンブッシュ部隊を用意する。

最も効果的なアンブッシュは
優れた明確な情報をもとに
注意深く計画され
特に選ばれた兵によって
遂行されるものだ

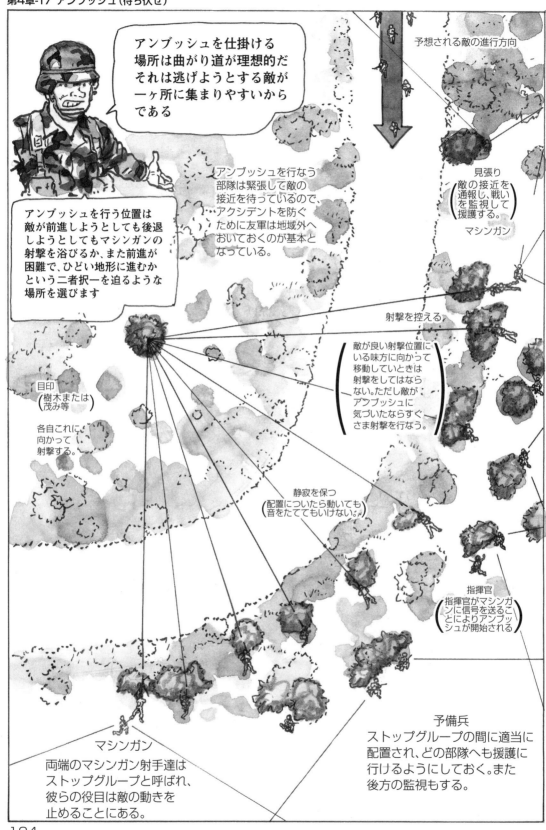

アンブッシュを仕掛ける場所は曲がり道が理想的だそれは逃げようとする敵が一ヶ所に集まりやすいからである

アンブッシュを行う位置は敵が前進しようとしても後退しようとしてもマシンガンの射撃を浴びるか、また前進が困難で、ひどい地形に進むかという二者択一を迫るような場所を選びます

アンブッシュを行なう部隊は緊張して敵の接近を待っているので、アクシデントを防ぐために友軍は地域外へおいておくのが基本となっている。

予想される敵の進行方向

見張り
敵の接近を通報し、戦いを監視して援護する。

マシンガン

射撃を控える

敵が良い射撃位置にいる味方に向かって移動していくときは射撃をしてはならない。ただし敵がアンブッシュに気づいたならすぐさま射撃を行なう。

目印
（樹木または茂み等）

各自これに向かって射撃する。

静寂を保つ
（配置についたら動いても音をたててもいけない。）

指揮官
（指揮官がマシンガンに信号を送ることによりアンブッシュが開始される）

予備兵
ストップグループの間に適当に配置され、どの部隊へも援護に行けるようにしておく。また後方の監視もする。

マシンガン
両端のマシンガン射手達はストップグループと呼ばれ、彼らの役目は敵の動きを止めることにある。

●攻撃

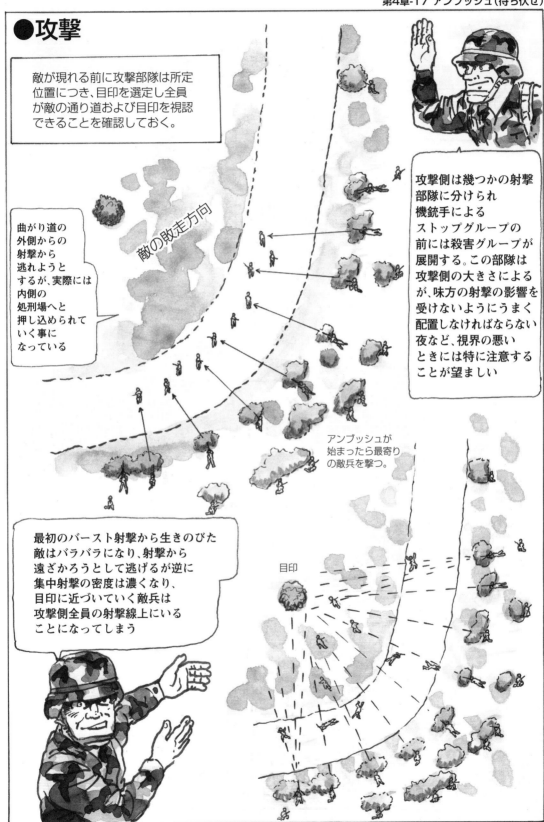

敵が現れる前に攻撃部隊は所定位置につき、目印を選定し全員が敵の通り道および目印を視認できることを確認しておく。

曲がり道の外側からの射撃から逃れようとするが、実際には内側の処刑場へと押し込められていく事になっている

敵の敗走方向

攻撃側は幾つかの射撃部隊に分けられ機銃手によるストップグループの前には殺害グループが展開する。この部隊は攻撃側の大きさによるが、味方の射撃の影響を受けないようにうまく配置しなければならない夜など、視界の悪いときには特に注意することが望ましい

アンブッシュが始まったら最寄りの敵兵を撃つ。

最初のバースト射撃から生きのびた敵はバラバラになり、射撃から遠ざかろうとして逃げるが逆に集中射撃の密度は濃くなり、目印に近づいていく敵兵は攻撃側全員の射撃線上にいることになってしまう

目印

●攻撃をかける

やさしいようで難しいのが攻撃を開始するタイミングである。接近してくる敵を待ち、最も適切な地点に来た時に攻撃する訳だが…

目印
敵の先頭が通過する際の発砲地点とする。

クレイモア
指向性地雷
敵が隠れそうな場所にセットしておく。これをしておかないと生き残った敵に激しい反撃を喰ったりする。

味方からの距離はジャングルの中なら30歩で平野なら80〜100歩くらい。さらにその後方に同程度の射撃可能な地域がある事が望ましい。

敵を撃ちたいがため上体を乗り出しすぎると敵弾を喰う恐れがある

誰かがミスしたり予測しない出来事で敵に発見されれば有利に待ち伏せしているのがフイになり、一転して、こちらが劣勢に追いやられる危険もある

マシンガンの攻撃を開始続いて他のライフルがフルオートで攻撃すべて横へなぎ倒すように射撃し弾着が高くならぬよう注意する

矢印の中へ敵兵が入った時が射撃のタイミングで、攻撃開始の合図はもちろん指揮官が出すが、この時、一番威力のある兵器の近くにいて敵の接近を冷静に待つことだ

目標が70m先だと榴弾到達まで約1秒かかる

M60機関銃

M203グレネードランチャー

機関銃手にある程度まかせることもポイントだ。敵兵が縦一列にまとまって進んできて絶好の射撃チャンスとなったときや、横へ移動中にひと塊となっている場合も、遠すぎなければ射撃を開始しても良い。なぜなら最初の一撃によってかなり多数の敵兵を倒せることが可能だからだ

グレネードランチャーがある場合はこれを先に撃たせて発射音と共に各火器が射撃を開始する。40ミリグレネード榴弾は25m四方へ破片を飛散させるが、敵兵が立っている方がより効果が大きく、よって榴弾が目標へ達するまでの時間を考え一呼吸だけ斉射を遅らせるようにする

●アンブッシュ掃討

※チームの一部が
捕捉された場合。

逆にこちらがアンブッシュをされた場合
敵の第1撃を受けた直後に味方が
どれだけ生存し、戦闘能力が
残っているかがポイントとなる

この時、複数
で2手に分かれ
お互いを
カバーし合い
ながら進む。
1回の移動距離
も数メートル
と限定して音
を立てずに
行動する。

安全だと思われる地点に
伏せて煙が上がったり、
動きが見えたところへ
撃ちこむ。

捕捉されたメンバーは、その場で応戦を続けて敵の注意を引きつける。その間に被害に
遭わなかった残りのメンバーが大きく迂回、敵に接近して、一気に掃討する。この際、
メンバーが5名だとしたら1名は後方や側面警戒に当てる。そして前方からの遮蔽に
気をとられ、後方の後方の攻撃を考えていない敵兵を見えた順に射撃を加えていく

※チーム全体が
捕捉された場合。

突撃する場合は横隊で
無駄な発砲をせず視認
できる敵兵のみに射撃
を浴せる。

こうなったら迂回行動が
無理なので撤退か
追撃しかない

この判断は難しいが
至近距離からの
アンブッシュ反撃の
カバーとなる遮蔽物
が見つからない場合
は迷わず突撃を
敢行すべきである

歴戦の兵士だけならまだしも補充兵が新たに加わったりしたら指揮官はよほど注意しなければならない。チラチラ動いたりして敵に発見されたり、勝手に射撃を開始するとアンブッシュはすべてフイとなる。敵との兵力差があると逆にこちらが劣勢に追いやられる危険がある

新兵には勝手に発砲できないように機関銃の装弾手をやらせたりする

兵力の優勢な敵に対してあまり遠くから射撃を浴びせたのでは半分を倒してもまだ、こちらと同じ兵力が残る可能性があり待ち伏せのメリットがなくなってしまう。また、あまり引きつけてから攻撃すると1撃でかなりダメージを与えることができるが、勇敢な敵だったら一気に反撃に出てきて、こちらの受けるダメージも大きくなるので、あまり引きつけ過ぎてもよくないのである

よく犯すミスなので充分に気をつけてもらいたい！

撃鉄を起こしていなかったりセフティをかけたままだったりするので武器には充分な注意を払っておく。	しつこく狙い過ぎる。	配置につくとき足跡等を残してしまう。	みんなで同じ標的を撃ってしまう。

汚れた弾薬・マシンガン・銃のため発火不良やジャムを起こす。	射撃統制が悪い(中止の信号が伝わらず同士討ちをしてしまう事がある)。	射撃開始が早すぎる。	貧しい観察力。(味方が敵の気配に気づく前に敵が来てしまう)

■露営

イエッサー‼
軍曹殿

よしっ世間では
アウトドア・ライフなどと気楽
にやっているが軍隊では
そんな遊び半分とはいかんぞ
敵に対する備えの他に
悪天候等の極限状態を
想定していくぞ

露営とは建物を利用
することなく宿営
することをいいます
まあ簡単に
いってしまえば
キャンプだよ

軍隊における露営には地形も
さることながら敵への警戒線
の設定も重要なことになる。
これらは次の機会に
じっくりと説明しよう

へ〜〜〜〜
すごいんですねえ

支柱　　ペグ　　張りヒモ

シェルター・ハーフ・テント

イクイップメント
アタッチ・ストライプ

スリーピング・ギア

エントレンチ・ツール

メスキット

パックフレーム

このアメリカ陸軍兵士
の個人装備がM16
以外はほとんど日本で
手に入ってしまうん
だから、オドロキ

カムフラージュ
キャップ

アリスパック

水筒

弾薬

レーション

M16

サスペンダー

スチール
ヘルメット

M7銃剣

M17
ガスマスク

アンモパウチ

水筒カバー

ファースト・エイド
キット

露営の解説は趣味のキャンプや登山にも有効ね！

■テント(シェルター・ハーフ・テント設営法)

アメリカ陸軍には、ハーフ、シングル、ダブルの3種類の小型テントがある。

個人装備とされているテントはシェルター・ハーフと呼ばれており、厚いコットン製でポール3本・ペグ5本・ロープ1本が付属品。　総重量：約3kg

張りヒモ

①

環

2人の兵士がそれぞれの「ハーフ」を出して合体させると一つのテントが出来あがる

⑤

角をペグで固定

入り口を開け換気しておく

⑥

グロメットに心棒を通す

②

心棒をしっかり持ってろよ

最後に排水溝を掘って虫よけネットをつければ完璧ね

垂直棒

張りヒモ

ペグ

角をペグで固定

③

テープでテントに固定する

テントの輪に結ぶ

このテントは大戦中の1943年に採用されたのと同形式で防水加工済コットン製。

⑦

サイド、センターをペグで固定

テントピンにテープで固定

組み立ては簡単2人でやって5分もあれば完成

④

■ハーフのたたみ方

①

②

③

④

⑤

大戦中は連結にボタンを使っていたが、ベトナム戦当時はプレス・スタッド・ファスナー式となった。

■寝具

山中の冷気や強風をしゃ断して
快適な睡眠を確保してくれる、
スリーピング・バッグ。

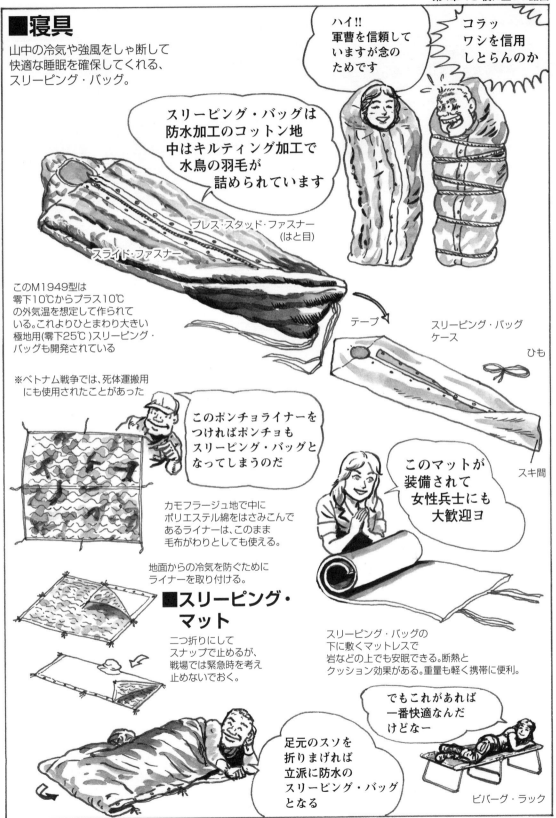

ハイ!!
軍曹を信頼して
いますが念の
ためです

コラッ
ワシを信用
しとらんのか

スリーピング・バッグは
防水加工のコットン地
中はキルティング加工で
水鳥の羽毛が
詰められています

プレス・スタッド・ファスナー
(はと目)

スライド・ファスナー

このM1949型は
零下10℃からプラス10℃
の外気温を想定して作られて
いる。これよりひとまわり大きい
極地用(零下25℃)スリーピング・
バッグも開発されている

テープ

スリーピング・バッグ
ケース

ひも

※ベトナム戦争では、死体運搬用
　にも使用されたことがあった

このポンチョライナーを
つければポンチョも
スリーピング・バッグと
なってしまうのだ

スキ間

このマットが
装備されて
女性兵士にも
大歓迎ヨ

カモフラージュ地で中に
ポリエステル綿をはさみこんで
あるライナーは、このまま
毛布がわりとしても使える。

地面からの冷気を防ぐために
ライナーを取り付ける。

■スリーピング・マット

二つ折りにして
スナップで止めるが、
戦場では緊急時を考え
止めないでおく。

スリーピング・バッグの
下に敷くマットレスで
岩などの上でも安眠できる。断熱と
クッション効果がある。重量も軽く携帯に便利。

でもこれがあれば
一番快適なんだ
けどなー

足元のスソを
折りまげれば
立派に防水の
スリーピング・バッグ
となる

ビバーグ・ラック

131

■ポンチョ

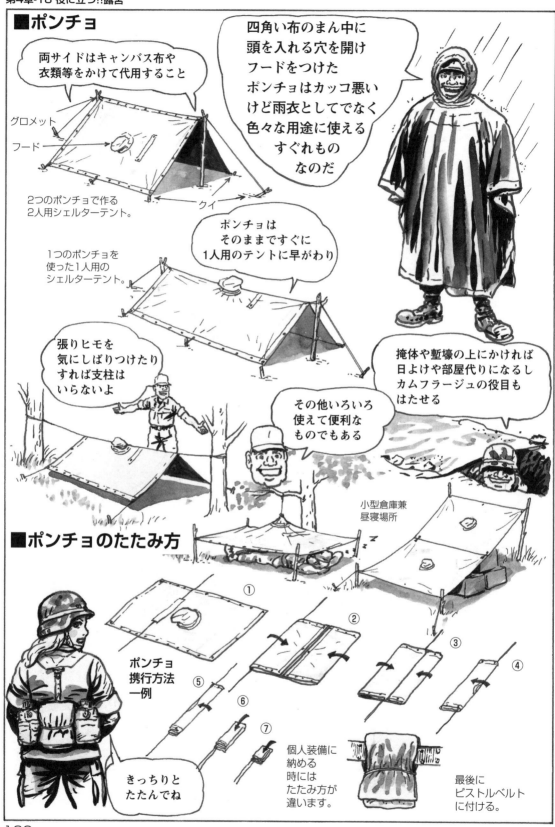

四角い布のまん中に頭を入れる穴を開けフードをつけたポンチョはカッコ悪いけど雨衣としてでなく色々な用途に使えるすぐれものなのだ

両サイドはキャンバス布や衣類等をかけて代用すること

グロメット
フード

2つのポンチョで作る2人用シェルターテント。

クイ

1つのポンチョを使った1人用のシェルターテント。

ポンチョはそのままですぐに1人用のテントに早がわり

張りヒモを気にしばりつけたりすれば支柱はいらないよ

その他いろいろ使えて便利なものでもある

掩体や塹壕の上にかければ日よけや部屋代りになるしカムフラージュの役目もはたせる

小型倉庫兼昼寝場所

■ポンチョのたたみ方

①
②
③
④

ポンチョ携行方法一例

⑤
⑥
⑦

きっちりとたたんでね

個人装備に納める時にはたたみ方が違います。

最後にピストルベルトに付ける。

■飯ごう炊事

アメリカ軍のはずだったけどなぜか飯ごう炊事になってしまった。エ〜イ、いまは日本食ブームだからいいんだコラッたき木をもっと集めてこい!!

飯ごう2個用トレンチ

2個以上の飯ごうを並べてかける時は互いに向き合わせて火が均等にまわるようにする

40cm

50cm

高さ10cm

深さ40〜50cm

たき口80cm

渡し木、棒きれ、生木の枝など丈夫で燃えにくいものを使用

戦場における火は敵にさとられないように心がける

ネェ軍曹、これらを使えばかまどを作らなくていいしたき木も集めなくていいんじゃないの?

燃料はガソリン、アルコール、ケロシン等なんでも使え満タンで75分間使用可。

NATO軍が採用しただけあって、このレンジャー・ストーブがいいわ

マウンテン・ストーブ＝折りたたみ式でセットの中に2個の固形燃料がついている。簡単な焼き物もできるし燃料は煙もあまり出さず無臭。

レンジャー・ストーブ＝スウェーデンで開発された優秀な携帯用ストーブで湯沸しや調理に使える。

■レーション

ワァーイ食事ダァ〜

フリーズドライ方式で製造されており、お湯で元に戻してから食べる。戦闘時にはそのままでも食べれるそうだ。

アメリカ軍の個人携帯野戦食 MREレーション

ピーナッツ・バター

ココア

クラッカー

ドライ・ケーキ

砂糖

フルーツ・ミックス

クリーム

GIストーブ

USメスキット

水筒

メインディッシュ・パック＝ポーク・ソーセージ・パテ、ハム、チキン・ローフ、ビーフ・パテ、ビーフ・シチュー、ミート・ボール、角切り七面鳥etc

つまようじトイレット・ペーパーインスタント・コーヒー

スプーン

■アリスパック(フィールドパック)

ベトナム戦争で、従来使われていた歩兵用の背のうは収納量の少なさやそこに入っている物を出す時に上部の物から出さなければならない等の欠点が指摘されました。そこで特殊部隊等が使用したリュックサックを参考にLCIフィールド・パックが開発されたのです

ショルダーストラップ

パックフレーム

後部下部ストラップ

ウエストストラップ

荷物の大きさによって上下段に取りつけられる

ミディアムコンバットアリスパック

ラージコンバットアリスパック

アリスパック用カモフラージュカバーミディアム・ラージサイズ兼用

荷物棚

水、燃料、弾薬箱、通信機などかさばる荷物を運搬する時に使用します

貨物ストラップ

装備をパックフレームに固定するために使用する

LCIフィールドポケットには3個のアウトポケット1個のインサイドポケットがついて、どこに何を入れるか決めさえすればすぐ取り出せる

ショルダーストラップのパックフレームへの装備

さあ、グズグズするな!次の目的地へ向け出発!!

行軍装備としてこれらの物をパックにつけたりします

スリーピングマット

M72A 2 ロケットランチャー

ショルダーストラップのアリスパックへの装着

エントレンチツール

予備の2クォート水筒

貨物ストラップを使ってスリーピングバックを装着

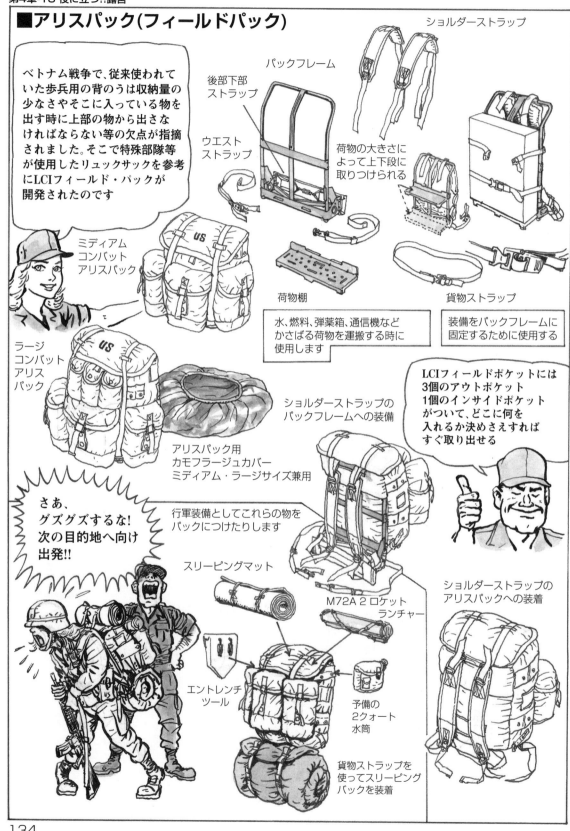

■キャンプサイトの決定

ヨシ!
露営のやり方を
もう少しくわしく
説明していこう。
まず設営場所には
細心の注意を
払うことだ

警戒、偽装、分散や出入りに便利な
こと。適当な地形をもち排水良好で
乾燥した平坦地であることですね
(地積はテント底面積の
5〜6倍は必要だ)

岩盤で杭の打ちこみができない
土地や、泥土地、あるいは
埋立地等は避けて、なるべく堅くて
芝草のある土地がベストである

ガケの下や
けわしい山際は土砂
や岩石の落下の危険
があるわ!?

風や暴風雨に
対して防護容易な
場所であること
落雷の危険のある
大木の下、山や丘
の頂上も避ける

それから、川や湖の近くの
乾いたジャリ床は降雨による増水
で浸水する恐れがあるので高水線
より高い場所を選ぶことだ

いいか
降雨による増水は
降雨後の30分から数時間の
間に起こるゾ…

ワ〜〜〜ン
どこを選んでいいか
ワカンナ〜イ?

丘の上はまともに
風が当たる

ガケ下

谷は水はけが
悪い

川の岸辺も増水時は危険

中州などは
増水したら一巻の終わりだ

大木の下は
落雷の危険あり

少しでも斜面になって
いると大変寝苦しいぞ

くぼ地も雨が
降ると水がたまり
ヒサンな事になる

135

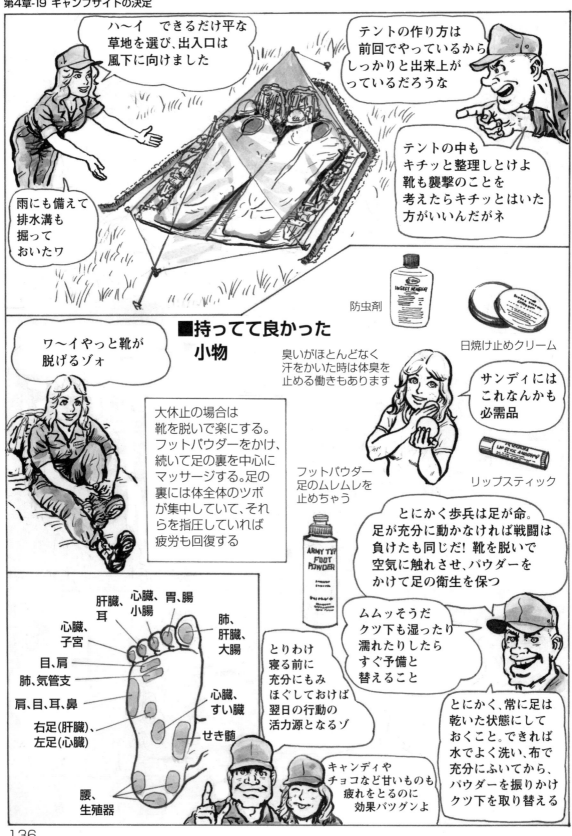

ハ〜イ できるだけ平な草地を選び、出入口は風下に向けました

テントの作り方は前回でやっているからしっかりと出来上がっているだろうな

テントの中もキチッと整理しとけよ 靴も襲撃のことを考えたらキチッとはいた方がいいんだがネ

雨にも備えて排水溝も掘っておいたワ

防虫剤

日焼け止めクリーム

■持ってて良かった小物

ワ〜イやっと靴が脱げるゾォ

臭いがほとんどなく汗をかいた時は体臭を止める働きもあります

サンディにはこれなんかも必需品

大休止の場合は靴を脱いで楽にする。フットパウダーをかけ、続いて足の裏を中心にマッサージする。足の裏には体全体のツボが集中していて、それらを指圧していれば疲労も回復する

フットパウダー足のムレムレを止めちゃう

リップスティック

とにかく歩兵は足が命。足が充分に動かなければ戦闘は負けたも同じだ! 靴を脱いで空気に触れさせ、パウダーをかけて足の衛生を保つ

ARMY TYP FOOT POWDER

ムムッそうだクツ下も湿ったり濡れたりしたらすぐ予備と替えること

肝臓、心臓、胃、腸
耳　小腸
心臓、肺、肝臓
子宮　肝臓、大腸
目、肩
肺、気管支
肩、目、耳、鼻
右足(肝臓)、
左足(心臓)
心臓、すい臓
せき髄
腰、生殖器

とりわけ寝る前に充分にもみほぐしておけば翌日の行動の活力源となるゾ

とにかく、常に足は乾いた状態にしておくこと。できれば水でよく洗い、布で充分にふいてから、パウダーを振りかけクツ下を取り替える

キャンディやチョコなど甘いものも疲れをとるのに効果バツグンよ

■実戦場における夜営

まず夜営する場所を選択するのが重要だ。だいたい日没2時間くらい前になったら、そろそろ候補地を探しておくのが望ましいゾ

イエッサー！
軍曹殿

まったくも〜
いいかサンディ！
これからグリーン・ベレーの敵地における夜営の仕方を紹介するから参考にすること

夜営地が決まったらどこに警戒線を敷くか判断し、そして今度は自分が敵の指揮官なら、この夜営地をどう攻めるかを考え、最後にこの敵の攻撃計画を防止する味方側の防御陣地を古参の下士官や副官と打ち合わせ、他のメンバーを指揮する。ここまでやれば敵の奇襲で全滅する可能性は少ないゾ

＜候補地のポイント＞

○川の流れやガケ等の大きな障害が必ず2ヶ所ある地点
○敵が急に至近距離まで入りこめない地形
○湿気の多い低地は避ける
○自然のカムフラージュが利用できる
○敵の通りそうな道から離れている

すべての行動は2人1組で行い常に近くにいて襲撃があった場合すぐに相互支援ができるように心がける

敵の支配地域や敵との競合地域ではチームの3分の1を常に警戒態勢につけておく。12名いたら4名ずつ2人1組で18時から2時間交替で警戒につき、翌朝6時まで各組が2度ずつ不寝番を務める

キャーホント!!
すごくタイヘンなんですねェ…

寝る前には必ず拳銃と銃剣は手もとに置き、すぐ届く範囲内に全装備をそろえておく。そして各人は肩を接するくらいで眠りにつくこうすれば眠りが浅いこともあり、異常があればすぐに気づく

■警戒線

①まず、夜営地を決めたら周辺をチェックして、自軍のテリトリーをおおまかに設定する。そこに極細のワイヤーを張りめぐらせナイトウォッチにセットする

ナイトウォッチのワイヤーは敵が引っ掛けてくれるように地上20cmくらいのところを草や木にまぎらせ張っておく

特別に危険と思われる場所にはナイトウォッチが発見された場合を考えブービー・トラップや鳴子等を二重に張りめぐらせておく

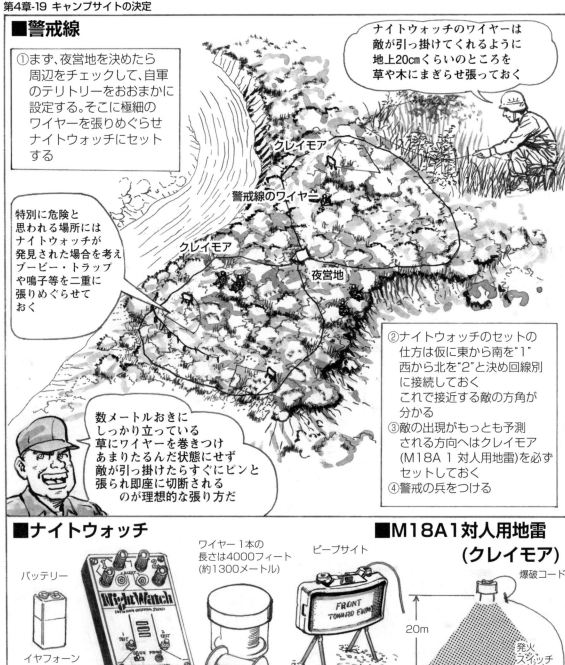

クレイモア

警戒線のワイヤー

クレイモア

夜営地

数メートルおきにしっかり立っている草にワイヤーを巻きつけあまりたるんだ状態にせず敵が引っ掛けたらすぐにピンと張られ即座に切断されるのが理想的な張り方だ

②ナイトウォッチのセットの仕方は仮に東から南を"1"西から北を"2"と決め回線別に接続しておくこれで接近する敵の方角が分かる
③敵の出現がもっとも予測される方向へはクレイモア(M18A１対人用地雷)を必ずセットしておく
④警戒の兵をつける

■ナイトウォッチ

バッテリー

Night Watch

イヤフォーン

ワイヤー１本の長さは4000フィート(約1300メートル)

ピープサイト

FRONT TOWARD ENEMY

本体のブラックボックスは7.5cm×4cmという小型で重量も約200gと軽く携帯に便利だ。張られたワイヤーを敵が切るとアラームが鳴り赤ランプが点滅する。敵に音を聞かれたくない場合はイヤフォーンをセットしておけば良い。回線別に警報を発するのでその方向に襲撃態勢を整えるが、もし"1"が鳴ったらそこだけ切って"2"の方は生かしておき、引き続き警戒する。

■M18A1対人用地雷(クレイモア)

爆破コード

20m

発火スイッチ

仕掛けワイヤー

6インチ

クレイモアの設置は上部サイトの傾斜を有効距離の地点と一致させてやる

有効距離 150フィート(45m)

■快適な眠り

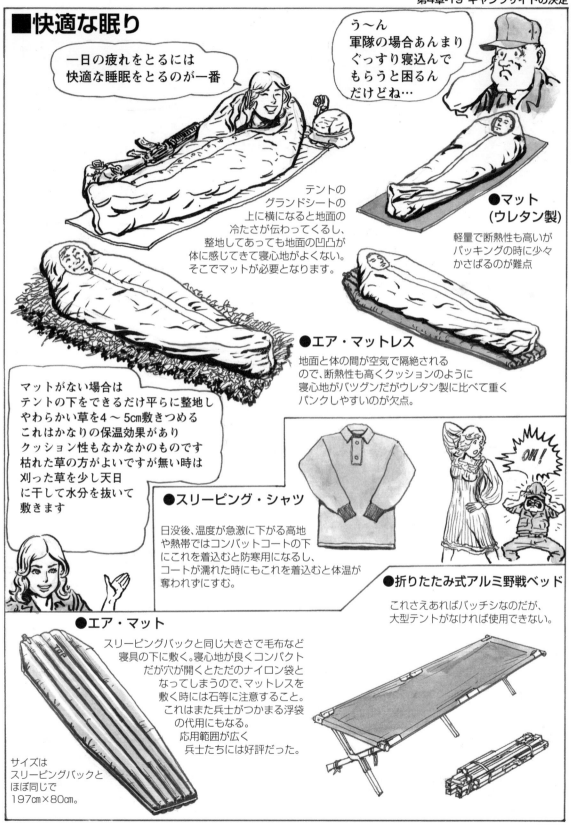

一日の疲れをとるには
快適な睡眠をとるのが一番

う〜ん
軍隊の場合あんまり
ぐっすり寝込んで
もらうと困るん
だけどね…

テントの
グランドシートの
上に横になると地面の
冷たさが伝わってくるし、
整地してあっても地面の凹凸が
体に感じてきて寝心地がよくない。
そこでマットが必要となります。

●マット（ウレタン製）

軽量で断熱性も高いが
パッキングの時に少々
かさばるのが難点

●エア・マットレス

地面と体の間が空気で隔絶される
ので、断熱性も高くクッションのように
寝心地がバツグンだがウレタン製に比べて重く
パンクしやすいのが欠点。

マットがない場合は
テントの下をできるだけ平らに整地し
やわらかい草を4〜5cm敷きつめる
これはかなりの保温効果があり
クッション性もなかなかのものです
枯れた草の方がよいですが無い時は
刈った草を少し天日
に干して水分を抜いて
敷きます

●スリーピング・シャツ

日没後、温度が急激に下がる高地
や熱帯ではコンバットコートの下
にこれを着込むと防寒用になるし、
コートが濡れた時にもこれを着込むと体温が
奪われずにすむ。

OH！

●折りたたみ式アルミ野戦ベッド

これさえあればバッチシなのだが、
大型テントがなければ使用できない。

●エア・マット

スリーピングバックと同じ大きさで毛布など
寝具の下に敷く。寝心地が良くコンパクト
だが穴が開くとただのナイロン袋と
なってしまうので、マットレスを
敷く時には石等に注意すること。
これはまた兵士がつかまる浮袋
の代用にもなる。
応用範囲が広く
兵士たちには好評だった。

サイズは
スリーピングバックと
ほぼ同じで
197cm×80cm。

139

■照明

X N99I/Uフラッシュライト
L型ライト＝アメリカ陸軍
の懐中電灯。
防水・耐震性
の点でも
すぐれ物だ。

フラッシュ
が可能。

予備電球と
赤を含んで
三種のレンズが
納まっている。

本体はプラスチックで、
金属部分は最低限の
シンプルなデザイン。

スリング等に
とりつけて使用
できるので
両手が使える。

コールマン・ランタン

これがあれば
夜もバッチリね

ライト・スティック

地図か新聞が
読めるぐらい明るく
12時間ぐらいは
持続する

中央部を曲げると発光して、しかも
熱を出さず防風、防水と便利ものだ。

■エントレンチ・ツール（シャベル）

ベトナム戦末期
より使用された
三段式折りたたみ
スコップ。

全体を
三つ折りできる
携行用シャベル

軽くて
かさばらず
便利だ

シャベル・ケース

■ナイフ

アウトドア用として人気のある
ビクトリー・ノックス社の、アクセサリーが一番多い
チャンピオン（ツール点数は19種）。

レンチ
定規
ハサミ
二重刃のこぎり
拡大鏡
爪ヤスリ
ドライバー
カン・オープナー
セン抜き
コルク抜き
メインブレード

カミラスUSアーミー
カン・オープナー
マイナス・ドライバー
セン抜き

あまり多くのアクセサリー
がついていても重くかさばるし
握りが厚く使いにくくなる
やはりアクセサリーは
必要最小限におさえた
これぐらいで十分だ

リーマー（きり）

スイス陸軍で
採用しているのも、
これと同じ実用本位
の四徳ナイフ。

■Cレーションの歴史

うん「腹が減っては戦はできぬ」
昔から言われる事だが、わがアメリカも
昔から兵士にいかに栄養価が高くて
美味い食事を小型かつ軽量化するか
苦心してきたものです
今回は戦場での食事(レーション)
をテーマにしたゾ

ワ〜イ
やっと食事の時間だ
このMREは調理の必要もなく
後片付けの手間いらず
5分で温められる手軽さで
味の方も　　　マァマァよ

最近のレーションは
すべてフリーズドライ方式で
製造されているので
長期保存ができるし
携帯に便利になり味も悪かないよ
でもサンディ、本当に戦場で何日も
これだけの食事となると
どうかな？

現在採用されているUSR
(ユニット型グループ式
レーション)はグループで
温かい食事が食べられるように
考案されたモノだ

■UGR
アメリカ軍最新のレーションシステム

UGRの一方式「UGR H&S
(Heat&Serve)」では
トレーに収納された調理済み
食材をキッチントレーラー
内で温める

これがトレーに入った
レーションを支給する
ための保温ホルダー
これは4時間ぐらいレーションを
温めておくことができる
ものだ

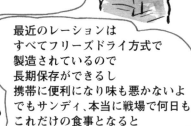

パン

スプーン、ナイフ、
フォーク
トレイ
カップ
レーション

これがUGR H&Sのアルミ缶。
トレイパックと呼ばれており、
この中に各種フードが
封入されこれを温めて
食べる。中身によって
違うが1缶が
12〜24人分になっている。

Tレーションを
支給するセット

トレイ

レーションを持つハンドル

オープナー

ベイクビーンズ
ウイズベーコン
フレーバー

ミックス
ベジタブル

スープ

パン

チョコレートプリン　　ポークスライス

パン

兵士は各自
トレイにレーションを
分けてもらう
兵士たちにとって温かい食事は
なによりのプレゼントだ

保温ホルダー

■Cレーション

第2次大戦の海戦直後に開発されたもの。
6個の缶詰で構成され、総重量は1.9kgで
6個のうち3個は肉と野菜を混ぜたもの。

これがアメリカ最初の
コンバット・レーションで
有名なCレーションです

ミート・アンド・ビーンズ
(いんげん豆入りの牛または豚肉)

ミート・アンド・ベジタブル
(野菜入りシチュー)

ミート・アンド・ベジタブル・
ハッシュ (ひき肉と野菜)

他の3個の缶詰は、ビスケット、
パック入りのコーヒー、固形スープ、
粉末レモン、砂糖、キャンディー等が
入っていました

これらのメインディッ
シュは可能な限り温めて
食べるようにという事で
熱湯の中に入れたり
ストーブの上に
置いたりできる
ように缶詰にされていた
ワケなのです

こいつが一番
まずいんだぜ
Cレーションは
戦争中支給され
Kレーションと
併用されたんだ

当初は空挺部隊用に開発されたものだが
その優秀性を認められて全部隊へ
支給されるようになったのだ

このレーション
のKは開発した
アンセル・キース博士
の名前から
付けられている

■Kレーション

第2次大戦に開発され、当時
を代表するレーションで、現在
の軍隊野戦食のルーツとなった。
栄養学的にもよく配慮されて
いたが、メニューが少ない事や、
下のGIが指摘している点などが
特に不評でした。

**3個積み重なる
箱の重さは2.4kg**

ブレックファースト
(朝食/赤箱)

サパー
(昼食/緑箱)

ディナー (夕食/赤箱)
と3種類あった。

1食分ごと
防水ボール紙に
分けて入れられて
いるんだよ

サパーの中身

アメリカンプロセスチーズ

クラッカー 2包み

粉末合成レモン

タバコ(4本入)
チューインガム

角砂糖

こいつはひどい
飲み物で戦闘中に
飯ごうをみがくのに
うってつけの代物
だったぜ…

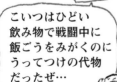

あとこいつは
最悪だ!!ミルクと
ブドウ糖入り錠剤
とかいうビタミン添加
キャンディーを毎日食え
ってんだからイヤになる
ぜ! 捨てたけどね

※固形スープとコーヒーを除けば調理不要の食物です

	主食	デザート	飲み物
朝	肉1缶	棒状のフルーツ
ゼリー 1本	粉末コーヒー
1パック
昼	チーズ
1缶	板状の
ビタミン数個	粉末ジュース
1パック
夜	パテ1缶	棒状のチョコ
レート1本	濃縮ブイヨン
入りのパック

それぞれのパックに角砂糖3個、4本入りタバコ、
缶詰を開ける鍵、チューインガム1枚、グラハム・
クラッカータイプのビスケット2包みが入っている。

■テン・イン・ワン・レーション

テン・イン・ワンは、その名の通り10人分の1日の食事がセットになっているレーションだ。

52.5×36.5×18.5㎝の段ボール箱もしくは木箱の箱詰で重さは40kg。

RATION 10 IN 1
10 RATIONS WT49 CU15 MENU #5

箱の中には5人分ずつのレーションが入っている。防水ボール紙製の小箱が4個入っている。

ストーブM1942

三日月のマークがついている箱は、豚肉を食べることを禁じられているユダヤ教や回教徒のGI用。

ストーブM1941

空いたスペースにはいろんな食料が入れられており、レーションにうんざりしている兵士達を喜ばせた中味はシロップ漬けの果物箱入りの牛乳、ベーコン、オートミール、20本入りの市販タバコ etc.

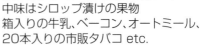

レーションを温めるにはこのコールマン社が作ってくれた携帯コンロが一番ありがたかったなぁ…

缶詰めの肉と乾燥肉、野菜、スプレット、プリン、ジャム、ビスケット、シリアル、朝食と夕食の飲み物、それに昼食用のKレーションの一部が入っており、5種類のメニューがあった。

Dレーションは最悪時の備え即ちサバイバル食ともいえるもので高濃縮チョコレートバー、オートミール、スキムミルクが入っており、兵士各自が携帯する物とされていた

第2次大戦における米軍のレーション体系を見てみるとこのようになっています

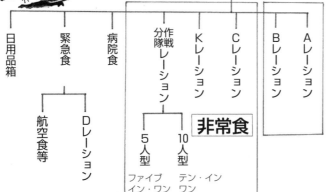

| 野戦食 | | | | | 平常食 (ギャリソンレーション) |

部隊が駐屯地にいるときのごく普通の食事である。

非常食

準平常食

生鮮食品をベースとして、都市部の駐屯地において支給された。冷凍肉、乾燥野菜、焼きたてのパン、牛乳、コーヒー等で構成され、野戦用移動調理車で料理し、野営地や後方の部隊集合地まで運ばれる。

日用品箱　緊急食　病院食　分隊作戦レーション　Kレーション　Cレーション　Bレーション　Aレーション

航空食等　Dレーション

5人型　10人型

ファイブ・イン・ワン　テン・イン・ワン

■MCI
MEAL COMBAT INDIVIDUAL
（ミール・コンバット・インディビデュアル）

1961年から供給調達が始まり、
ベトナム戦争中に最も多くの
GIに支給されたレーション。

パッケージ

中はマッチ、
チューインガム、
トイレット・ペーパー、
インスタントコーヒー、
クリーム、シュガー、
塩などです

アクセサリー
パケット

それぞれの
缶のフタには
注意書きが
イッパイ！

ピーナッツ
バター

ピアーズ

スプーン
クラッカーズ
キャンディ
ハム＆エッグス
チョップス

うわ～～～これが軍曹が
ベトナムで食べていた
Cレーションですかぁ～

うん、わしは
もう見たくもないほど
食ったよ

缶切りが
ないと
食えないので
カミラスナイフは
便利だったよ

それとP-38の缶切りも
ドック・タグと一緒に
必ずみんな下げて
いたもんだぜ

MCIのメニュー一覧表

メニュー	内　容
1	スパイスソースつきビーフ、フルーツキャンディ、クラッカー、ピーナッツ・バター
2	ツナ、フルーツ、キャンディ、クラッカー、ピーナッツバター
3	ハムエッグ・チョップ、フルーツ、キャンディ、クラッカー、ピーナッツバター
4	ポークスライス、フルーツ、キャンディ、クラッカー、ピーナッツバター
5	豆とフランクフルトソーセージ、ケーキ、ココア、クラッカー、ジャム
6	ビーフスライスとパテ、ケーキ、ココア、クラッカー、ジャム
7	スパゲッティとビーフチャンク、ケーキ、ココア、クラッカー、ジャム
8	豆とミートボールトマトソース味、ケーキ、ココア、クラッカー、ジャム
9	ビーフステーキ、フルーツ、スイートチョコレート、クラッカー、チーズスプレット
10	骨付きチキン又はターキー、フルーツ、スイートチョコレート、クラッカー、チーズスプレット
11	ハムスライス、フルーツ、スイートチョコレート、クラッカー、チーズスプレット
12	ターキー、フルーツ、スイートチョコレート、クラッカー、チーズスプレット

このレーションは正確
にはMCIというが
みんなはアメリカ軍の
携帯食料をなんでも
Cレーションと呼んで
いるようだね

①まずクラッカーの
缶に穴を開けて

レーション燃料
TRLOXANE

②そいつに
固形燃料を
入れて
火をつける

ではひとつ昔を
思い出してコイツを
うまく食べるコツを
おしえてやるよ

③即席のコンロで
ハム＆エッグ
等のレーション
を乗せて調理
するのだ

みんなたいてい
小さなビンにソースや
タバスコ、粉末トウガラシ
等を持っていて
自分で味付けしたね

点火が楽で
よく燃える
温度も
高かった

レーションとは別に
支給されていた
ウイングストーブ。

ア～～～ア
今日あたりベースから
ヘリでステーキが
飛んでこねえかな…

ひろげて真ん中に
固形燃料を入れて
火をつける

コーヒーは兵士の
指揮を高揚させ
その香りは食物の
ウマ味を引き
立てるそうだ

MCIはどこでもすぐ食えて
栄養的バランスもいいんだろうけど
短所は重くて丸い缶なので持ち
歩きにちょっと不便。そして
うっかり缶切りをなくすと惨劇だ

■MRE MEAL READY-TO-EAT INDIVIDUAL
(ミール・レディートゥーイート・インディビデュアル)

フリーズドライ方式で製造されている
レトルトフードレーションで、米軍調理開発研究所「ナティック」
が加工食品を凍結、乾燥、圧縮させるプロセスを開発した
もので小型軽量になり、耐久性も大幅に向上した。

重くてかさばる
MCIにくらべて
ペッタンコで軽く
持ち運びが楽なのよ

重さわずか
520g

ジャーン!!
これだけの道具が
そろっていれば
レーションが
よりおいしく
いただけます

バカタレ!!
戦闘が始まったら
そんなことしてられっか!
パックを開けてそのまま
でも食べられるように
なってるんじゃ!

ストーブ
のナベ
兼用の
アルミケース

キャンティーン
カップ

ストーブレーション

GIストーブ
WWIIより
モデルチェンジ
されていない
スグレ物だ!

ナイフ、
フォーク、
スプーン

メスキットパンセット
(本体はフライパン、フタは食器になる)

メニュー	内　容
1	ポークソーセージ、クラッカー、チョコレートがけクッキー、ケチャップ、アップルソース、チーズスプレット、ココア
2	ハム/チキン・ローフ、ストロベリー、ピーナッツバター、パイナップル、ナッツ・ケーキ
3	ビーフ・パテ、スープ&グレービ、豆のトマトソース煮、クラッカー、チーズスプレット、チョコレートがけブラウニー、キャンディ
4	ビーフスライス、バーベキューソース、クラッカー、ピーナッツバター、チョコレートがけクッキー、桃、キャンディ
5	ビーフシチュー、クラッカー、ピーナッツバター、ミックスフルーツ、チェリー・ナッツ・ケーキ、ココア
6	フランクフルトと豆のトマトソース煮、クラッカー、ジェリーケチャップ、キャンディ、ココア
7	角切りビーフ・グレービー付き、豆のトマトソース煮、クラッカー、チーズスプレット、チョコレートがけブラウニー
8	角切り七面鳥・グレービーつき、ポテトぱて、クラッカー、ジェリーメープル・ナッツ・ケーキ、ココア
9	ビーフ又はチキン・ア・ラ・キング、ケチャップ、クラッカー、チーズスプレット、フルーツケーキ、ココア
10	ミートボールのバーベキューソース添え、ポテトパテ、クラッカー、ジェリー、チョコレート・ナッツ・ケーキ、ココア
11	スライス・ハム、クラッカー、チーズスプレット、桃、オレンジ、ナッツ・ロール、ココア
12	チキン・ローフ又はグランド・ビーフのスパイスソース添え、クラッカー、ピーナッツバター、ストロベリー、チョコレートがけクッキー

※全てにインスタントコーヒー、クリーム、グラニュー糖、
塩、チューインガムがセットされており、他にスプーン
マッチ、つまようじ、トイレットペーパーも入っている。

まずカップに
お水を8分目ほど
入れまあ〜す

メインディッシュの
パックをカップに
入れて火にかけます

ワァ〜イ
おいしい! やっぱり
温かい食事は
最高ネ

パックが温められて
いる間にクラッカー
やチーズなどを
食べている

さあ
お湯が湧いて
きたし、もう
いいみたいネ

デザートに
ドライケーキと
インスタントコーヒー
それにつまようじ
とトイレット
ペーパー付き
なんですヨ

この大きなクラッカーの穴の
数なんか数えてみるのもいいのよ
220個開けられているって
ことだけどネ

■日本自衛隊のレーション

アメリカ軍だけじゃなく
ついでに自衛隊では
どんな物を食べているか
見てみるか?

オーーッ!!
スシ、テンプラ、トーフ!
サンディは日本食大好き♡
ニンジャ食なんか
あるんじゃないの?

組み合わせ1番の乾パンセット

オレンジ
スプレット

金平糖

乾パン/
旧軍以来の
伝統で、軍隊携行食料は乾パンと
決まっている。約60個入。

携帯する食料は
軽包装糧食といって
一号が缶詰なんだよ

ウインナー・ソーセージ缶詰
缶切りが付いています。

白米
缶詰

とり飯缶詰

赤飯缶詰

しいたけ
飯缶詰

五目飯缶詰

●陸上自衛隊の非常用糧食組み合わせ

NO		組み合わせ	NO		組み合わせ
1	主食	乾パン	5	主食	赤飯
	副食	ウインナー・ソーセージ オレンジ・スプレット		副食	味付コンビーフ たくあん漬
	内容量計	321g		内容量計	600g
2	主食	白米	6	主食	鶏飯
	副食	鶏肉野菜煮 味付ハンバーグ たくあん漬		副食	牛肉味付 たくあん漬
	内容量計	700g		内容量計	640g
3	主食	赤飯	7	主食	鶏飯
	副食	鶏肉もつ野菜煮 たくあん漬		副食	ます野菜煮 たくあん漬
	内容量計	630g		内容量計	630g
4	主食	赤飯	8	主食	しいたけ飯
	副食	味付ハンバーグ たくあん漬		副食	牛肉味付 福神漬
	内容量計	600g		内容量計	615g

へ〜ェ
いろんなライス
缶詰があるのネ
この中じゃこれが
一番人気ある
そうヨ

このタクワン漬
の缶詰が最高傑作と
いわれ最も早く
なくなる
缶詰だ
そうだ

ご飯缶詰は、
すべて直径約10cm、
高さ約7cmの平1号
缶が使用されている。

そういえばベトナムでは
韓国軍のレーション(キムチ缶、コチュジャン缶、
小魚の佃煮缶、麦飯缶)をわけてもらって
キムチスープを作って食べたが
あれはナカナカいけたよ

戦場ではいくら
メニューがある
といっても
食事が単調に
なってしまう
からね

でもこの白米缶詰は
使用法に「沸騰湯中で約25分間
加熱すれば、通常3日間は喫食できるが
食前に加熱すればさらによい」
なんて書かれてるな

そのままだとまずくて
食べられないし
いちいち温める
なんてメンドウね
空き缶の後片づけ
もメンドウだし

最近はレトルト・
パックの軽包装
糧食二号も支給
されているよ

インスタントラーメン
やカップメンの方が
隊員には人気だそうよ

各国のレーションの多くは、現在「ミリメシ」として販売されているので
購入して食べることができるゾ

第5章　野戦築城編

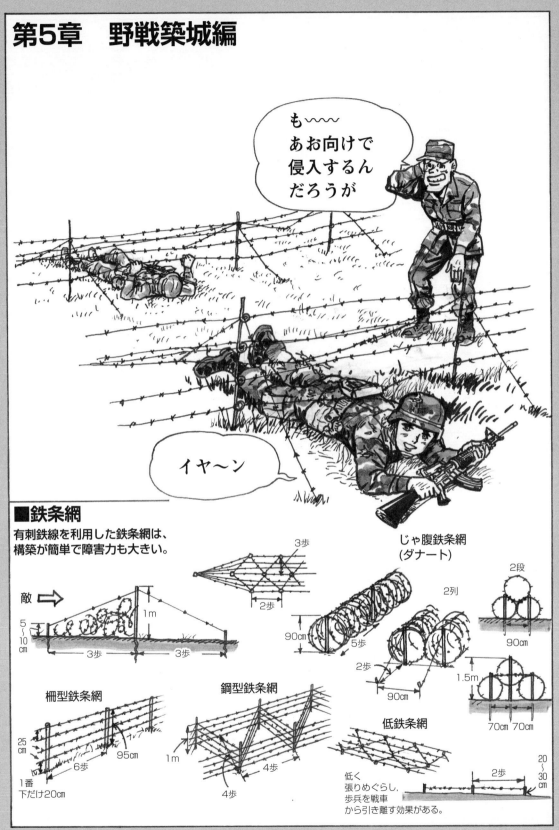

も〜〜〜
あお向けで
侵入するん
だろうが

イヤ〜ン

■鉄条網

有刺鉄線を利用した鉄条網は、
構築が簡単で障害力も大きい。

じゃ腹鉄条網
(ダナート)

敵 ⟹

1m
5〜10cm
3歩　3歩
2歩
3歩

2列
90cm
5歩
2歩
90cm

2段
90cm
1.5m
70cm　70cm

柵型鉄条網
25cm
95cm
6歩
1番
下だけ20cm

鋼型鉄条網
1m
4歩
4歩

低鉄条網
低く
張りめぐらし、
歩兵を戦車
から引き離す効果がある。
2歩
20〜30cm

148

●野戦築城

戦闘に際して築城施設は身体を隠ぺいして火力を発揮することを可能にするし、空襲、砲撃、戦車そして核爆弾などの攻撃から逃れられる重要な役割を果たす。

野戦築城その1ということで個人用掩体を構築する
掩体とは射撃・観察・身体隠ぺい用の戦闘構築物である

後半は各国の教本からのもので、同じ掩体ながらちょっと違うところがおもしろいですよ

まずは土工器具をみてみよう
各部の名称なんかもおぼえろよ

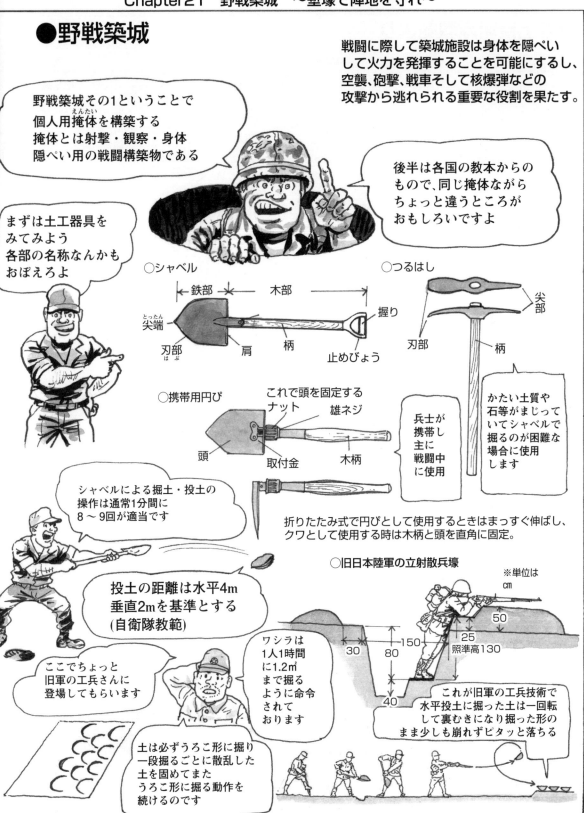

○シャベル

鉄部　木部
尖端（とったん）
刃部（はぶ）　肩　柄　止めびょう　握り

○つるはし
尖部
刃部　柄

かたい土質や石等がまじっていてシャベルで掘るのが困難な場合に使用します

○携帯用円ぴ
これで頭を固定する
ナット　雄ネジ
頭　取付金　木柄

兵士が携帯し主に戦闘中に使用

シャベルによる掘土・投土の操作は通常1分間に8〜9回が適当です

折りたたみ式で円ぴとして使用するときはまっすぐ伸ばし、クワとして使用する時は木柄と頭を直角に固定。

投土の距離は水平4m
垂直2mを基準とする
(自衛隊教範)

ここでちょっと旧軍の工兵さんに登場してもらいます

ワシラは1人1時間に1.2㎡まで掘るように命令されております

○旧日本陸軍の立射散兵壕
※単位はcm
50
30　80　150　25　照準高130
40

これが旧軍の工兵技術で水平投土に掘った土は一回転して裏むきになり掘った形のまま少しも崩れずピタッと落ちる

土は必ずうろこ形に掘り一段掘るごとに散乱した土を固めてまたうろこ形に掘る動作を続けるのです

149

■陸上自衛隊教範より

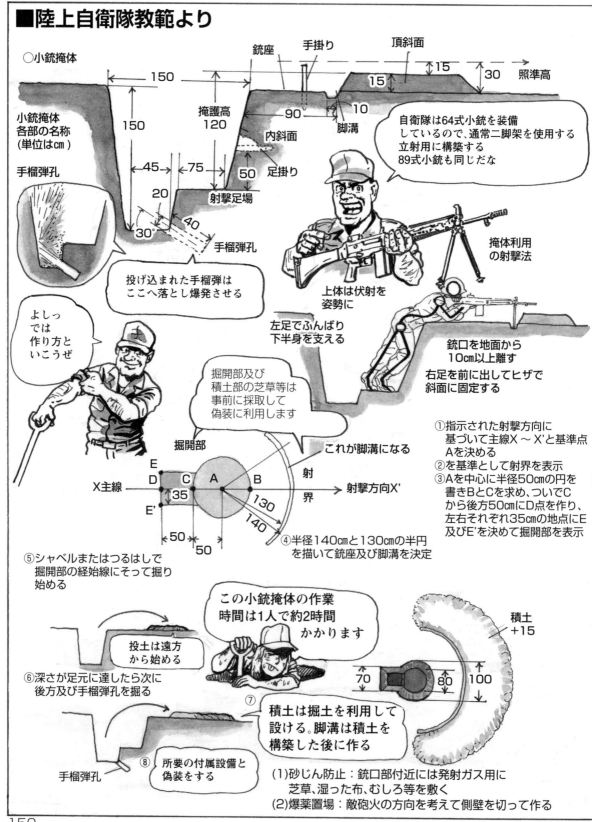

○小銃掩体

小銃掩体
各部の名称
（単位はcm）

手榴弾孔

150

150

45 → ← 75

20

30°

40

手榴弾孔

投げ込まれた手榴弾は
ここへ落とし爆発させる

よしっ
では
作り方と
いこうぜ

銃座　手掛り　頂斜面

15　30　照準高

15

90　10

脚溝

掩護高
120

内斜面

50　足掛り

射撃足場

自衛隊は64式小銃を装備
しているので、通常二脚架を使用する
立射用に構築する
89式小銃も同じだな

掩体利用
の射撃法

上体は伏射を
姿勢に

左足でふんばり
下半身を支える

銃口を地面から
10cm以上離す

右足を前に出してヒザで
斜面に固定する

掘開部及び
積土部の芝草等は
事前に採取して
偽装に利用します

掘開部

これが脚溝になる

E

D　C　A　B　射界

X主線　35　射撃方向X'

130

140

50

50

④半径140cmと130cmの半円
を描いて銃座及び脚溝を決定

①指示された射撃方向に
　基づいて主線X～X'と基準点
　Aを決める
②を基準として射界を表示
③Aを中心に半径50cmの円を
　書きBとCを求め、ついでC
　から後方50cmにD点を作り、
　左右それぞれ35cmの地点にE
　及びE'を決めて掘開部を表示

⑤シャベルまたはつるはしで
　掘開部の経始線にそって掘り
　始める

この小銃掩体の作業
時間は1人で約2時間
かかります

投土は遠方
から始める

⑥深さが足元に達したら次に
　後方及び手榴弾孔を掘る

⑦積土は掘土を利用して
設ける。脚溝は積土を
構築した後に作る

積土
+15

70　80　100

手榴弾孔

⑧所要の付属設備と
偽装をする

(1)砂じん防止：銃口部付近には発射ガス用に
　　芝草、湿った布、むしろ等を敷く
(2)爆薬置場：敵砲火の方向を考えて側壁を切って作る

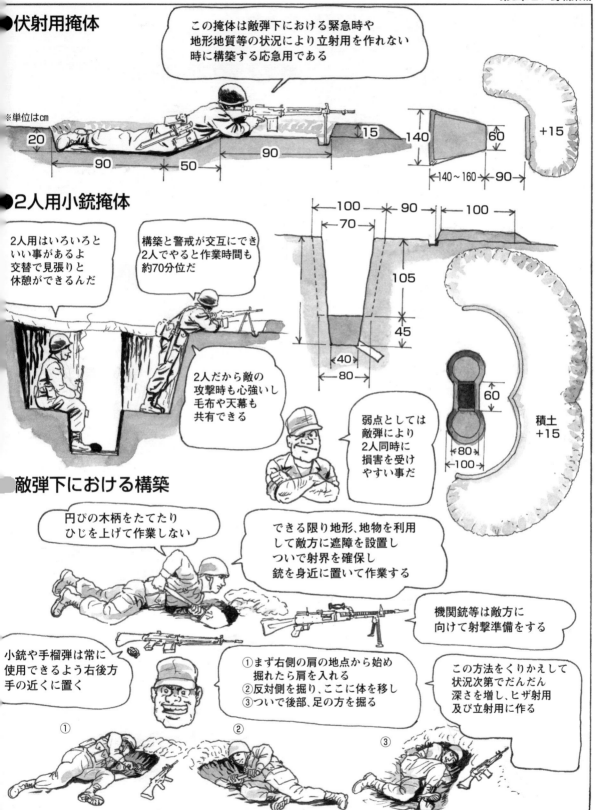

●伏射用掩体

この掩体は敵弾下における緊急時や地形地質等の状況により立射用を作れない時に構築する応急用である

※単位はcm

●2人用小銃掩体

2人用はいろいろといい事があるよ交替で見張りと休憩ができるんだ

構築と警戒が交互にでき2人でやると作業時間も約70分位だ

2人だから敵の攻撃時も心強いし毛布や天幕も共有できる

弱点としては敵弾により2人同時に損害を受けやすい事だ

積土 +15

敵弾下における構築

円ぴの木柄をたてたりひじを上げて作業しない

できる限り地形、地物を利用して敵方に遮障を設置しついで射界を確保し銃を身近に置いて作業する

機関銃等は敵方に向けて射撃準備をする

小銃や手榴弾は常に使用できるよう右後方手の近くに置く

①まず右側の肩の地点から始め掘れたら肩を入れる
②反対側を掘り、ここに体を移し
③ついで後部、足の方を掘る

この方法をくりかえして状況次第でだんだん深さを増し、ヒザ射用及び立射用に作る

①　②　③

151

■ベトナム戦後：最近の米軍教本より
●応急ファイティング・ポジション

●上の場所を利用して構築したファイティング・ポジション

●フォックス・ホール

壕の深さはワキの下くらいを見当にする

以前より地形、地物を利用して特に掩蓋部を重視し、より実践的なものが載っています

掘開部は立ってワキの下から、下半身がかくれ射撃ができるほどの深さ。

●掩蓋部を設ける

改良型2人用掩体

中央部に補強用木材を入れ屋根を設け、雨予防にシートをかぶせる

上部に偽装をして終了

1人がカバー

芝草は偽装用に残しておく

①約30cmの深さに掘る

45cm
45cm
1m

②頭上補強用木材を入れる

③上部を偽装する

④下部を掘って完成

●トゥー・メン・ファイティング・ポジション

8の字形やU字形の戦闘隊形は正面から側面までと守備範囲が広い

前方の土盛りは小火器に耐えられるように46cm以上射手の頭を隠せる高さにする。

中央上部の掩体は丸太と土でカバーする。

これで露天構造の10倍の掩護力。

ほふく壕

後方に脱出口を設置する

中央から両端に傾斜

グレネード・サンプ。手榴弾処理用の穴で敵の手榴弾はここに転げ落ち爆発するようにスロープをつけておく水たまりにもなる

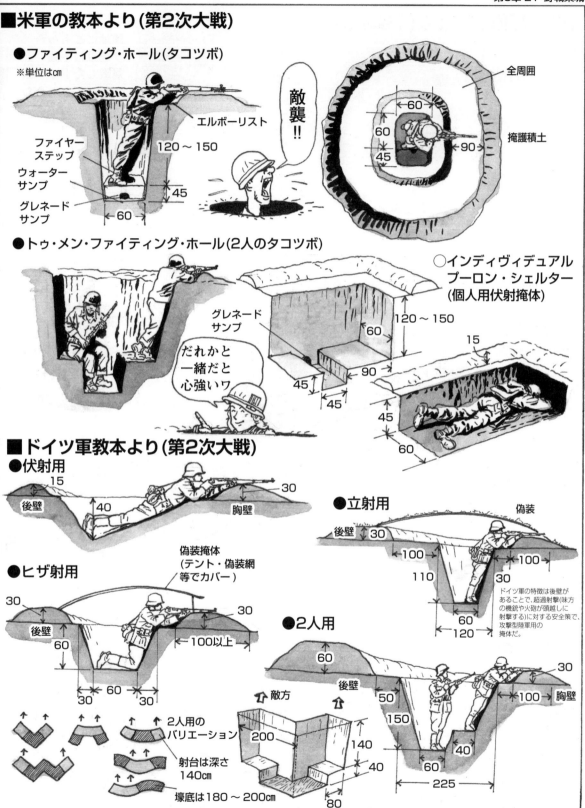

■ソ連軍教本より（1984年版）

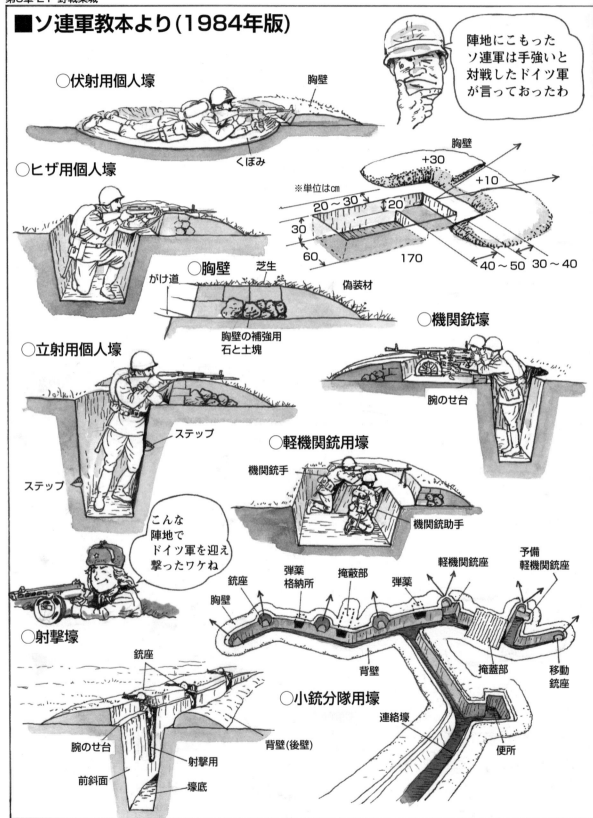

○伏射用個人壕

胸壁

くぼみ

陣地にこもった
ソ連軍は手強いと
対戦したドイツ軍
が言っておったわ

○ヒザ用個人壕

胸壁

+30

+10

※単位はcm

20～30

20

30

60

170

40～50

30～40

○胸壁

がけ道

芝生

偽装材

胸壁の補強用
石と土塊

○機関銃壕

腕のせ台

○立射用個人壕

ステップ

ステップ

○軽機関銃用壕

機関銃手

機関銃助手

こんな
陣地で
ドイツ軍を迎え
撃ったワケね

○射撃壕

銃座

弾薬
格納所

掩蔽部

弾薬

軽機関銃座

予備
軽機関銃座

胸壁

銃座

背壁

掩蓋部

移動
銃座

○小銃分隊用壕

連絡壕

便所

腕のせ台

射撃用

前斜面

壕底

背壁（後壁）

■中国軍事教本より
◎個人掩体

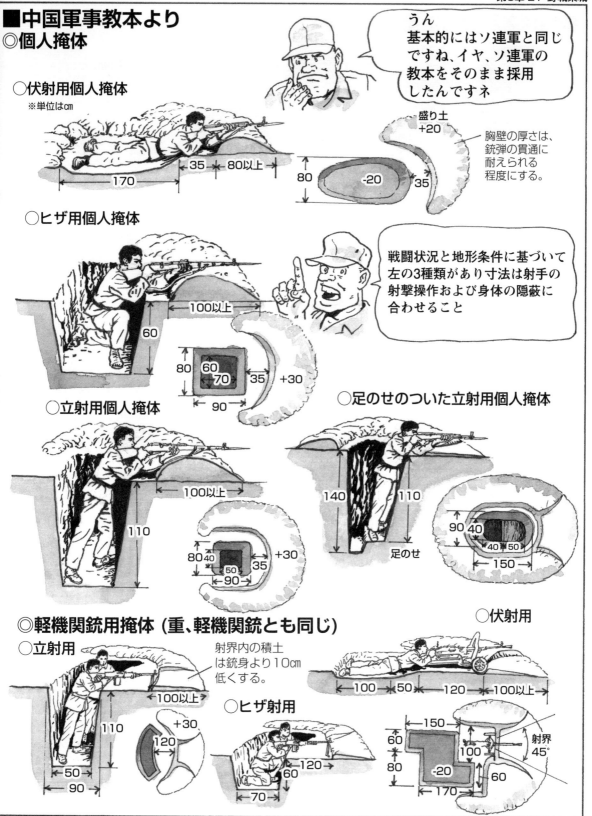

うん 基本的にはソ連軍と同じですね、イヤ、ソ連軍の教本をそのまま採用したんですネ

○伏射用個人掩体
※単位は㎝

170　35　80以上

80　-20　35

盛り土 +20

胸壁の厚さは、銃弾の貫通に耐えられる程度にする。

○ヒザ用個人掩体

100以上　60

80　60　70　35　+30

90

戦闘状況と地形条件に基づいて左の3種類があり寸法は射手の射撃操作および身体の隠蔽に合わせること

○立射用個人掩体

100以上　110

80　40　50　90　35　+30

○足のせのついた立射用個人掩体

140　110　足のせ

90　40　40　50　150

◎軽機関銃用掩体（重、軽機関銃とも同じ）

○立射用

100以上　110

50　90

120　+30

射界内の積土は銃身より10㎝低くする。

○ヒザ射用

120　60　70

○伏射用

100　50　120　100以上

150　60　80　-20　170　100　60　射界45°

●地物を利用した掩体の構築 ※単位はcm

溝を利用

140

土手を利用

35　90

60

レンガ塀を利用

30

まず銃眼を
あけてから塀
後方で掩体を
掘る

弾痕を利用

140

50

戦闘中には
弾痕、溝、土手、路肩
等の地物を利用して掩体
を構築する。これなら
作業量も半分以上減るし
身体を隠蔽して
火力発揮もできる
これは決して手抜き
できないぞ

●塹壕交通壕の構築 （これも基本的には3種類である）

ざんごう

直立前進用

200〜300

150

50〜70
90〜110

塹壕とは
各掩体をつなぐ
もので射撃・観察
身体の隠ぺいを
保証する。
また兵力の正面移動に役立つ。

屈伸前進用

200〜300

110

60
90

ほふく前進用

200

60

70
90

交通壕とは
戦闘構築物を
結ぶための物で、
塹壕と同じような
物だが主に兵力・兵器の移動に使用。

15〜20m

曲線型

15〜20m

90°〜120°

折れ線型

15〜20m

横壁型

3m以上　3m以上

直線の溝・土手等の利用時
はこの形に構築する。

火力の集中や敵火
を避けるため塹壕、
交通壕は曲線
または折れ線形に
構築する

◎壕内掩蔽構築物

敵の空爆、
砲撃等の
爆風や破片を
防ぐための
掩蔽構築物。

被弾所
戦闘小隊を収容

側

190〜220

最も
頑丈な
人字形骨組みの被弾所

70

1〜2人用
掩蔽壕

■陣地構築

現代の戦闘は
2人1組のバーディ方式
であるから
ここで2人用掩体を
もう少し
くわしく
紹介する

2人用掩体

改良型
2人用掩体

射界

射界

●トゥー・メン・ファイティング・ポジション

掘開部はヒジ
の高さ

前方積土は小火器に耐える
様に厚くし、射手の頭が
隠れる程度の高さ
（約45㎝）にする

射手のヒジと射界杭を
置けるスペースをとる

また側射の
際に発射炎
を隠し射手
に援護を
与える様に
長くしておく

積土

掩蓋

間接射撃(砲撃)の
破片等に耐える掩蓋を
設ければ露天構造(上図)の
掩体よりも10倍の掩護力をもつ事になる

ほふく壕

側・後方にも防護積土を設ければ間接射撃
と後ろからの友軍誤射に対する備えとなる

射撃時に腕を固定し姿勢を低く
するため積土と掘開部の間に
ヒジ用の穴を設けたり、使用火器
により脚用の溝を掘る。

SAW

●照準杭

夜間や濃霧で敵の視認
が難しい時に役立つ。
視界が良好なうちに
設定しておく。

友軍の隣接陣地

照準杭

射界杭

■射界杭

照準杭は夜間に敵の接近が予想される
正面の緊急射撃を安易にするが、射界杭は
左右の射撃区域を明らかにし、隣接陣地への
誤射を防ぎます。

射界杭

射界杭

●射界の清掃

射撃区域正面の射界を良くするために、植物や障害物を取り除く。

●注意
○過度、または不自然にやりすぎない事
○自己の位置を秘匿できるよう植物は少し残しておく
○林内に分散する大木の低い枝を切り落す
○灌木は見通しを妨げる箇所のみ切り払う
○敵の目をひきやすい灌木、切株、草ムラを除去する
○木を切り払った跡を隠すため土砂、雪等をかぶせる
○足跡、ワダチを残さない
○射界の清掃は、火器の射程の範囲にとどめておく事

●射撃の位置

正面への射撃

側面への射撃

●手榴弾溝

水たまりにもなる手榴弾溝は、両端に設ける。

BLAM

底面は横に広く掘り、最低エントレンチツールの長さ・深さにして、その刃と同じ幅にする。

壕の底面は手榴弾溝の方へ、スロープを与えておく。

●一人用掩体

伏射用掩体

深さ45cm以上が望ましい

工事作業の時間が足りない場合、既存の地形地物を利用した応急掩体。

一般的に"タコツボ"と呼ばれる一人用掩体。

これも時間の余裕があれば掩蓋を設けたい

●急斜面用掩体

傾斜地では、正面に乗り出しての射撃は、敵火に姿をさらすことになり危険である。

前方積土

穴の両側に銃眼を設けた斜面掩体を作る

下方への射界はより多くとれるようにしておく

■機関銃用掩体の構築

機関銃の主撃区域は、通常
小隊の正面を斜射できる様
に設ける。場所としては
前方数百mを見渡せる、
比較的に
柔い土質の
土地がベストだ。

敵と交戦した場合、第一目標として
狙われるのが敵にとって最も脅威となる
兵器(通常は機関銃)だ
そういった訳で、機関銃用掩体は
注意深く構築しなければならない

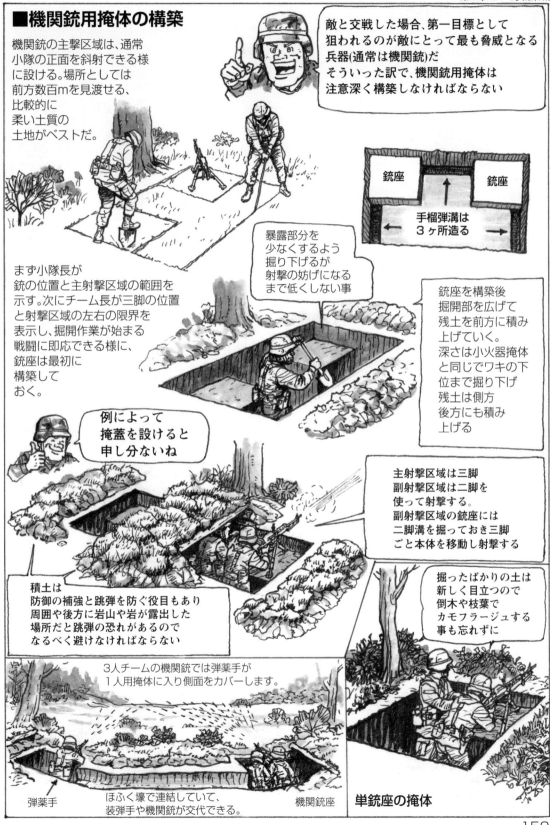

銃座　　銃座

手榴弾溝は
３ヶ所造る

まず小隊長が
銃の位置と主射撃区域の範囲を
示す。次にチーム長が三脚の位置
と射撃区域の左右の限界を
表示し、掘開作業が始まる
戦闘に即応できる様に、
銃座は最初に
構築して
おく。

暴露部分を
少なくするよう
掘り下げるが
射撃の妨げになる
まで低くしない事

銃座を構築後
掘開部を広げて
残土を前方に積み
上げていく。
深さは小火器掩体
と同じでワキの下
位まで掘り下げ
残土は側方
後方にも積み
上げる

例によって
掩蓋を設けると
申し分ないね

主射撃区域は三脚
副射撃区域は二脚を
使って射撃する。
副射撃区域の銃座には
二脚溝を掘っておき三脚
ごと本体を移動し射撃する

積土は
防御の補強と跳弾を防ぐ役目もあり
周囲や後方に岩山や岩が露出した
場所だと跳弾の恐れがあるので
なるべく避けなければならない

掘ったばかりの土は
新しく目立つので
倒木や枝葉で
カモフラージュする
事も忘れずに

３人チームの機関銃では弾薬手が
１人用掩体に入り側面をカバーします。

弾薬手

ほふく壕で連結していて、
装弾手や機関銃が交代できる。

機関銃座

単銃座の掩体

159

■ドラゴン用掩体

主射撃区域用として主陣地の他に、予備陣地を
２〜３ヶ所設ける。さらに副射撃区域用の
細く陣地も必要である。

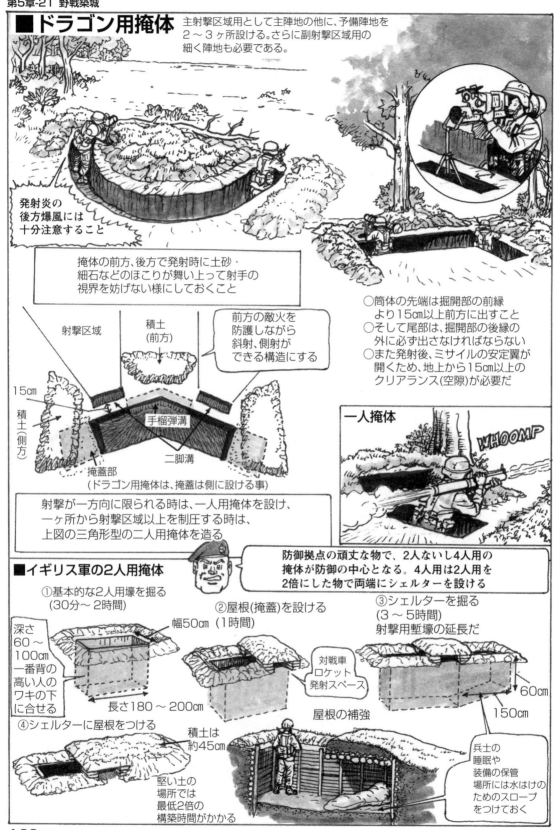

発射炎の
後方爆風には
十分注意すること

掩体の前方、後方で発射時に土砂・
細石などのほこりが舞い上って射手の
視界を妨げない様にしておくこと

○筒体の先端は掘開部の前縁
　より15㎝以上前方に出すこと
○そして尾部は、掘開部の後縁の
　外に必ず出さなければならない
○また発射後、ミサイルの安定翼が
　開くため、地上から15㎝以上の
　クリアランス(空隙)が必要だ

射撃区域

積土
(前方)

前方の敵火を
防護しながら
斜射、側射が
できる構造にする

15㎝

積土
(側方)

手榴弾溝

二脚溝

掩蓋部
(ドラゴン用掩体は、掩蓋は側に設ける事)

射撃が一方向に限られる時は、一人用掩体を設け、
一ヶ所から射撃区域以上を制圧する時は、
上図の三角形型の二人用掩体を造る

一人掩体

WHOOMP

防御拠点の頑丈な物で、2人ないし4人用の
掩体が防御の中心となる。4人用は2人用を
2倍にした物で両端にシェルターを設ける

■イギリス軍の2人用掩体

①基本的な2人用壕を掘る
(30分〜2時間)

②屋根(掩蓋)を設ける
幅50㎝ (1時間)

③シェルターを掘る
(3〜5時間)
射撃用塹壕の延長だ

深さ
60〜
100㎝
一番背の
高い人の
ワキの下
に合せる

長さ180〜200㎝

対戦車
ロケット
発射スペース

60㎝

150㎝

④シェルターに屋根をつける

積土は
約45㎝

屋根の補強

兵士の
睡眠や
装備の保管
場所には水はけの
ためのスロープ
をつけておく

堅い土の
場所では
最低2倍の
構築時間がかかる

■地雷

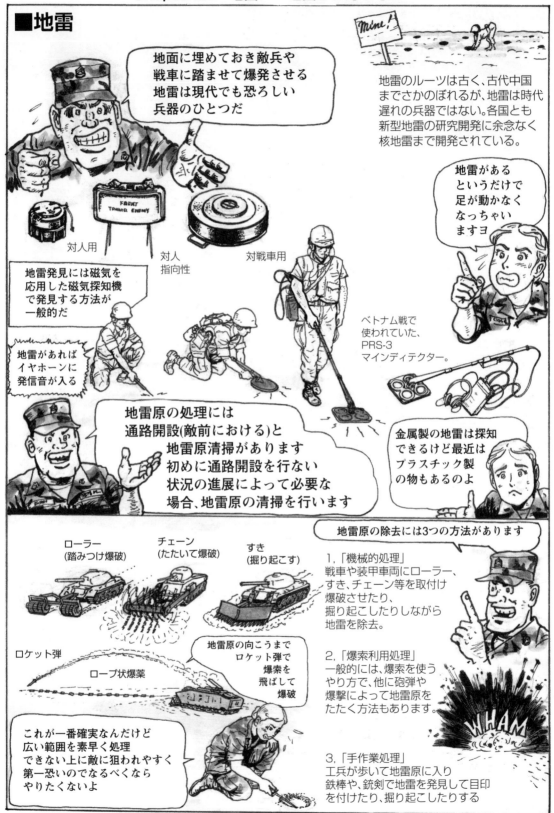

地面に埋めておき敵兵や戦車に踏ませて爆発させる地雷は現代でも恐ろしい兵器のひとつだ

地雷のルーツは古く、古代中国までさかのぼれるが、地雷は時代遅れの兵器ではない。各国とも新型地雷の研究開発に余念なく核地雷まで開発されている。

地雷があるというだけで足が動かなくなっちゃいますヨ

対人用

対人指向性

対戦車用

地雷発見には磁気を応用した磁気探知機で発見する方法が一般的だ

地雷があればイヤホーンに発信音が入る

ベトナム戦で使われていた、PRS-3マインディテクター。

地雷原の処理には通路開設(敵前における)と地雷原清掃があります初めに通路開設を行ない状況の進展によって必要な場合、地雷原の清掃を行います

金属製の地雷は探知できるけど最近はプラスチック製の物もあるのよ

地雷原の除去には3つの方法があります

ローラー(踏みつけ爆破)

チェーン(たたいて爆破)

すき(掘り起こす)

1,「機械的処理」
戦車や装甲車両にローラー、すき、チェーン等を取付け爆破させたり、掘り起こしたりしながら地雷を除去。

ロケット弾

ロープ状爆薬

地雷原の向こうまでロケット弾で爆索を飛ばして爆破

2,「爆索利用処理」
一般的には、爆索を使うやり方で、他に砲弾や爆撃によって地雷原をたたく方法もあります。

これが一番確実なんだけど広い範囲を素早く処理できない上に敵に狙われやすく第一恐いのでなるべくならやりたくないよ

3,「手作業処理」
工兵が歩いて地雷原に入り鉄棒や、銃剣で地雷を発見して目印を付けたり、掘り起こしたりする

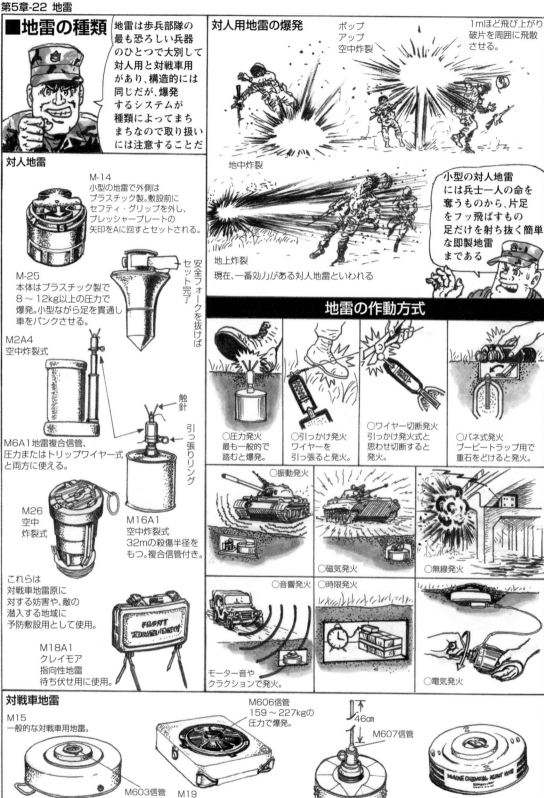

■地雷の種類

地雷は歩兵部隊の最も恐ろしい兵器のひとつで大別して対人用と対戦車用があり、構造的には同じだが、爆発するシステムが種類によってまちまちなので取り扱いには注意することだ

対人地雷

M-14
小型の地雷で外側はプラスチック製。敷設前にセフティ・グリップを外し、プレッシャープレートの矢印をAに回すとセットされる。

M-25
本体はプラスチック製で8〜12kg以上の圧力で爆発。小型ながら足を貫通し車をパンクさせる。

安全フォークを抜けばセット完了

M2A4
空中炸裂式

触針
引っ張りリング

M6A1地雷複合信管、
圧力またはトリップワイヤー式と両方に使える。

M26
空中炸裂式

M16A1
空中炸裂式
32mの殺傷半径をもつ。複合信管付き。

これらは対戦車地雷原に対する妨害や、敵の潜入する地域に予防敷設用として使用。

M18A1
クレイモア
指向性地雷
待ち伏せ用に使用。

FRONT TOWARD ENEMY

対人用地雷の爆発

ポップ
アップ
空中炸裂

1mほど飛び上がり破片を周囲に飛散させる。

地中炸裂

地上炸裂
現在、一番効力がある対人地雷といわれる

小型の対人地雷には兵士一人の命を奪うものから、片足をフッ飛ばすもの足だけを射ち抜く簡単な即製地雷まである

地雷の作動方式

○圧力発火
最も一般的で踏むと爆発。

○引っかけ発火
ワイヤーを引っ張ると発火。

○ワイヤー切断発火
引っかけ発火式と思わせ切断すると発火。

○バネ式発火
ブービートラップ用で重石をどけると発火。

○振動発火

○磁気発火

○無線発火

○音響発火
モーター音やクラクションで発火。

○時限発火

○電気発火

対戦車地雷

M15
一般的な対戦車用地雷。

M603信管
圧力板に135〜180kg以上の外力が加わると爆発。

M606信管
159〜227kgの圧力で爆発。

M19
オールプラスチック製の地雷だ。

46cm
M607信管

M-21

VXM23化学地雷
MARINE CHEMICAL AGENT MINE

■M18A1対人用地雷(通称クレイモア)

これがクレイモアのセットだ 専用のキャリアー(ショルダーバック)を渡されたら中身をチェックしておこう

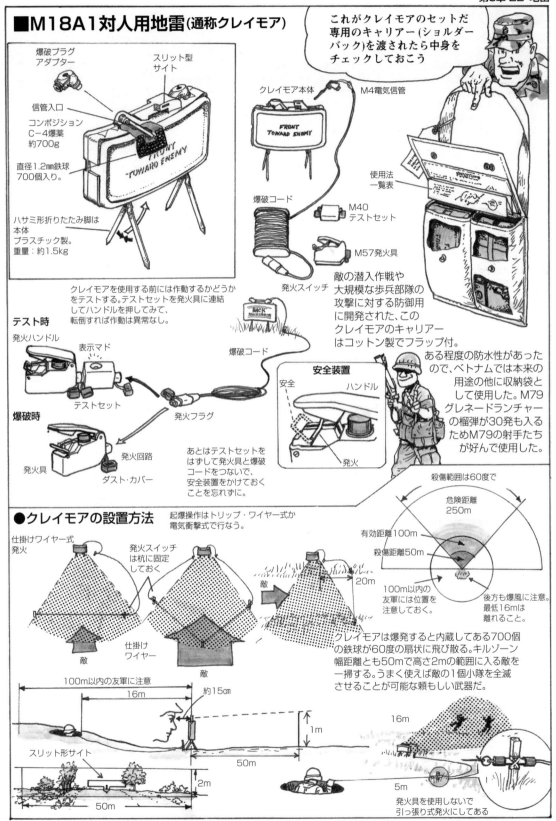

爆破プラグアダプター

スリット型サイト

信管入口

コンポジションC-4爆薬約700g

直径1.2mm鉄球700個入り。

ハサミ形折りたたみ脚は本体プラスチック製。重量:約1.5kg

クレイモア本体

M4電気信管

爆破コード

M40テストセット

M57発火具

発火スイッチ

使用法一覧表

敵の潜入作戦や大規模な歩兵部隊の攻撃に対する防御用に開発された、このクレイモアのキャリアーはコットン製でフラップ付。

ある程度の防水性があったので、ベトナムでは本来の用途の他に収納袋として使用した。M79グレネードランチャーの榴弾が30発も入るためM79の射手たちが好んで使用した。

クレイモアを使用する前には作動するかどうかをテストする。テストセットを発火具に連結してハンドルを押してみて、転倒すれば作動は異常なし。

テスト時

発火ハンドル

表示マド

テストセット

爆破時

発火具

発火回路

ダスト・カバー

爆破コード

発火フラグ

あとはテストセットをはずして発火具と爆破コードをつないで、安全装置をかけておくことを忘れずに。

安全装置

安全

ハンドル

発火

殺傷範囲は60度で

危険距離250m

有効距離100m

殺傷距離50m

100m以内の友軍には位置を注意しておく。

後方も爆風に注意。最低16mは離れること。

●クレイモアの設置方法

起爆操作はトリップ・ワイヤー式か電気衝撃式で行なう。

仕掛けワイヤー式発火

発火スイッチは杭に固定しておく

敵

敵

20m

仕掛けワイヤー

敵

クレイモアは爆発すると内蔵してある700個の鉄球が60度の扇状に飛び散る。キルゾーン幅距離とも50mで高さ2mの範囲に入る敵を一掃する。うまく使えば敵の1個小隊を全滅させることが可能な頼もしい武器だ。

100m以内の友軍に注意

16m

約15㎝

1m

50m

スリット形サイト

2m

50m

16m

5m

発火具を使用しないで引っ張り式発火にしてある

■地雷の設置

対戦車地雷は通常埋設するが状況によってはそのまま地面上に設置してカモフラージュすることもある。地雷を埋設したあとは、地表面の変化等の徴候を残さないように特に注意してくれよ
いかに敵をダマすかだ

信管の装着は土等をかぶせる直前に行ないセフティを解放する

M15対戦車地雷のセット

一般法　芝草のない土に埋設する場合

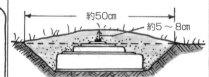

約50cm
約5～8cm

底面は突き固めて堅固にしておく
地雷に所要の圧力がかかるよう注意。埋め戻しした地雷の中心部上が元地面より2～3cm高くなるくらいがよい。

十字型法
地表面が芝草で覆われて切り取りにくい土質の場合。

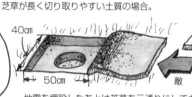

50cm
50cm
敵
対角線約70cm

コの字型法
芝草が長く切り取りやすい土質の場合。

40cm
50cm
敵

H型法
芝草が比較的切り取りやすい土質の場合。

50cm
40cm
敵

地雷を埋設したあとは芝草を元通りにしてカモフラージュしておく。

安全栓を外す。

M603信管のセフティピンを取る。

信管を地雷にセット。

安全栓がセフティの位置にあるのを確認してしめる。

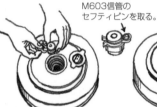
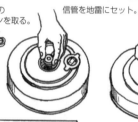

安全
セフティ位置

地雷の肩部まで土を埋め戻し、セフティを発火位置にまわす。

発火

■対人地雷の設置

こちらも通常は埋設し、その信管の上を踏むか、あるいは取り付けられたワイヤーを引っ張ったり切ったりすることによって爆発するように設置する

そうだわ。対戦車地雷には補助信管が側面から後面についており、ワナ式発火を仕掛けられることを忘れていたワ
油断は禁物ネ

M16A1圧力式発火の場合

①M605複合信管を取り付ける。

②地雷を埋設し、信管頭部の下際まで土に入れつき固める。

③固定安全ピンを抜く。

④絶対安全ピンの下まで土を入れ静かに押さえた後カムフラージュをする。

⑤絶対安全ピンを抜き取る。

触針
絶対安全ピン
固定安全ピン
トップワイヤー用リング

ワナ式発火

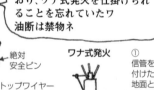

①信管を取り付けた地雷を地面とスレスレになるように埋設する。

②ワイヤーを杭等に張る。

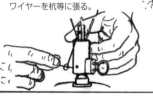

ドイツ軍はこんなすごい仕掛け方もしていた

1個見つけ、2個目も発見して喜んでも3個目があるのだ

10m
30m
10m

③固定安全ピンを抜いてカムフラージュしてから摂待安全ピンを抜いて…

■地雷の敷設場所

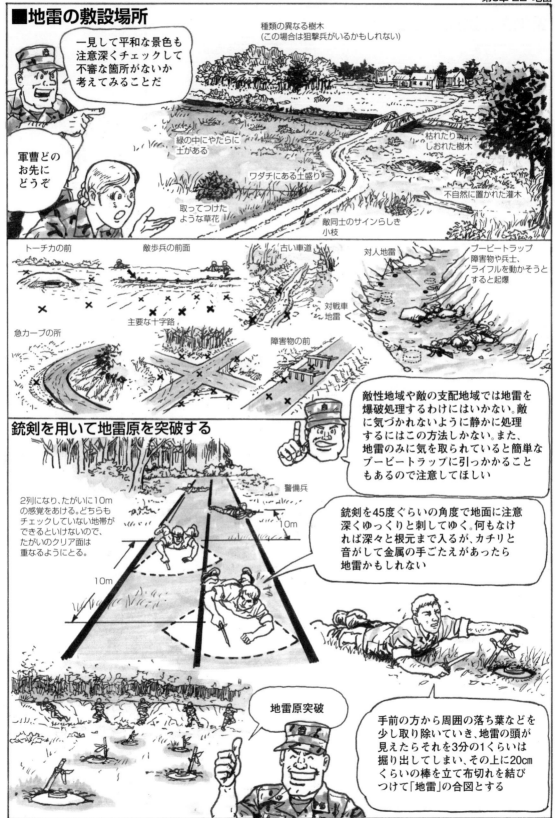

一見して平和な景色も注意深くチェックして不審な箇所がないか考えてみることだ

軍曹どのお先にどうぞ

種類の異なる樹木
(この場合は狙撃兵がいるかもしれない)

緑の中にやたらに土がある

ワダチにある土盛り

取ってつけたような草花

枯れたりしおれた樹木

不自然に置かれた灌木

敵同士のサインらしき小枝

トーチカの前

敵歩兵の前面

古い車道

対人地雷

ブービートラップ
障害物や兵士、ライフルを動かそうとすると起爆

対戦車地雷

急カーブの所

主要な十字路

障害物の前

銃剣を用いて地雷原を突破する

警備兵

2列になり、たがいに10mの感覚をあける。どちらもチェックしていない地帯ができるといけないので、たがいのクリア面は重なるようにとる。

10m

10m

地雷原突破

敵性地域や敵の支配地域では地雷を爆破処理するわけにはいかない。敵に気づかれないように静かに処理するにはこの方法しかない。また、地雷のみに気を取られていると簡単なブービートラップに引っかかることもあるので注意してほしい

銃剣を45度ぐらいの角度で地面に注意深くゆっくりと刺してゆく。何もなければ深々と根元まで入るが、カチリと音がして金属の手ごたえがあったら地雷かもしれない

手前の方から周囲の落ち葉などを少し取り除いていき、地雷の頭が見えたらそれを3分の1くらいは掘り出してしまい、その上に20cmくらいの棒を立て布切れを結びつけて「地雷」の合図とする

■地雷の探知と除去

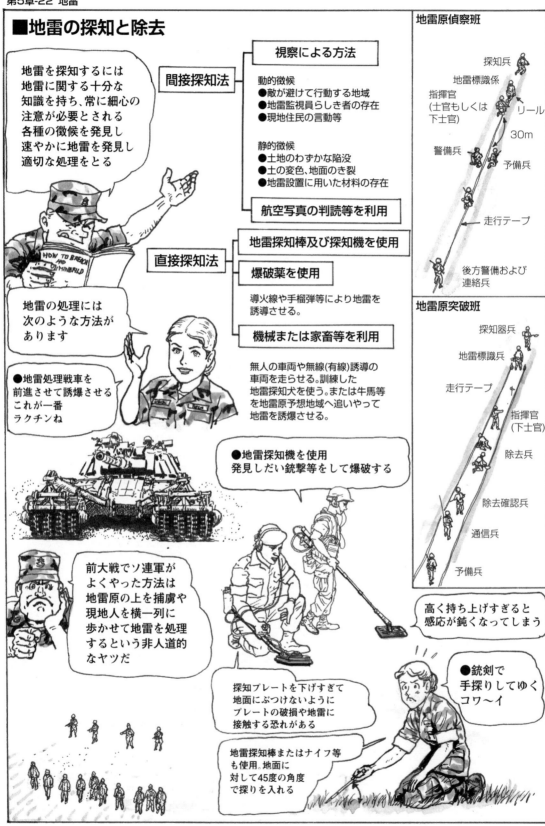

地雷を探知するには地雷に関する十分な知識を持ち、常に細心の注意が必要とされる各種の徴候を発見し速やかに地雷を発見し適切な処理をとる

間接探知法

視察による方法

動的徴候
●敵が避けて行動する地域
●地雷監視員らしき者の存在
●現地住民の言動等

静的徴候
●土地のわずかな陥没
●土の変色、地面のき裂
●地雷設置に用いた材料の存在

航空写真の判読等を利用

直接探知法

地雷探知棒及び探知機を使用

爆破薬を使用

導火線や手榴弾等により地雷を誘導させる。

機械または家畜等を利用

無人の車両や無線(有線)誘導の車両を走らせる。訓練した地雷探知犬を使う。または牛馬等を地雷原予想地域へ追いやって地雷を誘爆させる。

地雷の処理には次のような方法があります

●地雷処理戦車を前進させて誘爆させるこれが一番ラクチンね

●地雷探知機を使用
発見しだい銃撃等をして爆破する

前大戦でソ連軍がよくやった方法は地雷原の上を捕虜や現地人を横一列に歩かせて地雷を処理するという非人道的なヤツだ

探知プレートを下げすぎて地面にぶつけないようにプレートの破損や地雷に接触する恐れがある

地雷探知棒またはナイフ等も使用。地面に対して45度の角度で探りを入れる

高く持ち上げすぎると感応が鈍くなってしまう

●銃剣で手探りしてゆくコワ～イ

地雷原偵察班

探知兵
地雷標識係
指揮官
(士官もしくは下士官)
リール
30m
警備兵
予備兵
走行テープ
後方警備および連絡兵

地雷原突破班

探知器兵
地雷標識兵
走行テープ
指揮官
(下士官)
除去兵
除去確認兵
通信兵
予備兵

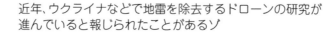

近年、ウクライナなどで地雷を除去するドローンの研究が進んでいると報じられたことがあるゾ

■IED（Improvised Explosive Device／即席爆発装置）

IEDについて知ろう。
動力源として一般的に
使用される物は
9V電池で、それ以外
でも様々な電池が
使用されています

容器はどんな入れ物
でもOKで、目標に
応じて色々な物を
混ぜて使用します

最もポピュラーな
道路用IEDは
不発弾を
再利用した物で
道路脇に
偽装されている

9V電池　太陽電池

麻布で覆われた130mm砲弾

ゴム袋入り砲弾

コンクリートに模した、焼き石こうで固めた砲弾

岩で隠された砲弾

透明ゴミ袋に入れられた砲弾

路肩の排水口に砲弾

鉄製容器に爆薬

煙草のカートンの中に
プラスチック爆薬

アンテナ

焼き石こう爆薬

手榴弾

122mm砲弾

電気信管

手榴弾

迫撃砲弾

バックの中に
時限爆弾

ペプシの
アルミ缶に
信管付き手榴弾

爆薬を詰めた
プロパンガスタンク

灯油タンク

携帯

遠隔
受信機
（携帯）

街路灯の
内部に
155mm砲弾

電気信管

携帯電話

電池

迫撃砲弾

2個の
130mm砲弾

携帯電話は高性能な
遠隔起爆装置だ。
バイブレーションや
着信音で起動する。
起爆装置を付ければ
数百キロ離れた所から
でもIEDを作動させる

■IED対策マニュアル

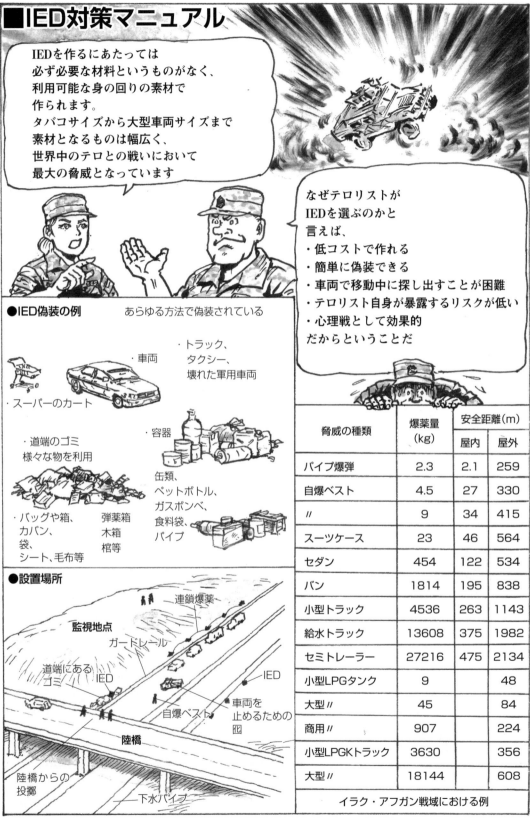

IEDを作るにあたっては
必ず必要な材料というものがなく、
利用可能な身の回りの素材で
作られます。
タバコサイズから大型車両サイズまで
素材となるものは幅広く、
世界中のテロとの戦いにおいて
最大の脅威となっています

なぜテロリストが
IEDを選ぶのかと
言えば、
・低コストで作れる
・簡単に偽装できる
・車両で移動中に探し出すことが困難
・テロリスト自身が暴露するリスクが低い
・心理戦として効果的
だからということだ

●IED偽装の例　　あらゆる方法で偽装されている

・車両
・トラック、タクシー、壊れた軍用車両
・スーパーのカート
・道端のゴミ　様々な物を利用
・容器
缶類、ペットボトル、ガスボンベ、食料袋、パイプ
・バッグや箱、カバン、袋、シート、毛布等
弾薬箱、木箱、棺等

●設置場所

連鎖爆薬
監視地点
ガードレール
道端にあるゴミ
IED
IED
自爆ベスト
車両を止めるための囮
陸橋
陸橋からの投擲
下水パイプ

脅威の種類	爆薬量（kg）	安全距離(m)	
		屋内	屋外
パイプ爆弾	2.3	2.1	259
自爆ベスト	4.5	27	330
〃	9	34	415
スーツケース	23	46	564
セダン	454	122	534
バン	1814	195	838
小型トラック	4536	263	1143
給水トラック	13608	375	1982
セミトレーラー	27216	475	2134
小型LPGタンク	9		48
大型〃	45		84
商用〃	907		224
小型LPGKトラック	3630		356
大型〃	18144		608
イラク・アフガン戦域における例			

■IEDの構成

●よく使用される茶色の紙箱

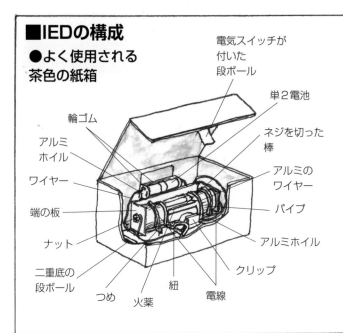

- 電気スイッチが付いた段ボール
- 単2電池
- ネジを切った棒
- アルミのワイヤー
- パイプ
- アルミホイル
- クリップ
- 電線
- 紐
- 火薬
- つめ
- 二重底の段ボール
- ナット
- 端の板
- ワイヤー
- アルミホイル
- アルミホイル
- 輪ゴム

中に入れる爆発物は焼夷剤、化学剤、生物剤、放射性物質等から作られます。

手製の爆薬はガソリン、ニトロセルロース、塗料、硫酸、過酸化水素、肥料等を混ぜたものがあるが、一般的な爆薬はPE4とTNT、黒色火薬、プラスチック爆弾等が使用されている。

●起爆方法と装置

大半のIEDは無線もしくは有線式の指令爆破だ。現在のエレクトロニクスの知識があれば、どんな物でも起爆させることができるのです。

一例
・車の盗難防止装置
・ドアのベル
・携帯電話
・無線機

悪い使い方はヤメましょう！

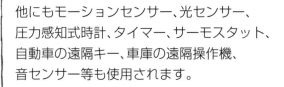

ドローンめ！

現在、玩具のラジコンはIEDの遠隔操作に最もポピュラーな端末となっています

他にもモーションセンサー、光センサー、圧力感知式時計、タイマー、サーモスタット、自動車の遠隔キー、車庫の遠隔操作機、音センサー等も使用されます。

●簡易IEDの構成

身近にある以下のもので製造される

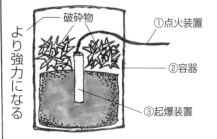

より強力になる

- 破砕物
- ①点火装置
- ②容器
- ③起爆装置

●起爆装置の主な4パターン

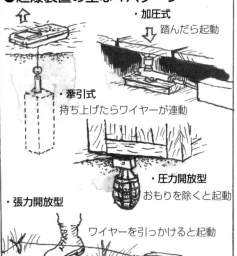

・加圧式
踏んだら起動

・牽引式
持ち上げたらワイヤーが連動

・圧力開放型
おもりを除くと起動

・張力開放型
ワイヤーを引っかけると起動

爆発さえすれば形状を問わないので、IEDのバリエーションは無限大と言えます

■待ち伏せ攻撃

都市部では、
・狭い地形(込み入った街並み)
・味方の射撃が困難
・敵が民衆に紛れ込みやすい
・待ち伏せされた部隊の行動が
　制限される
・路地や下水道に逃げられる

敵はアメリカ軍に対し
彼らの戦術を使う
地元の利を活かし、
情報を共有し訓練し
人員と武器を集め、理想的な場所を
選んで攻撃してくるだろう

山岳部では、
・道が狭い
・決まった道でしか
　進入できない
・道や丘は高地から狙われる
・洞窟を利用しての逃走や
　武器の集積ができる

●よくある待ち伏せ

故障車両を利用した攻撃

車列

中央分離帯

IED

標的は小型非装甲車両
軽装甲の車列だ
最後尾または先頭車両
もしくは
両方を狙う

路肩に設置する基本的なIED攻撃

IED

路肩のIEDを発見、
コースを変える

車列

IED　しかし中央分離帯に設置していることもある。

連鎖爆発型IED攻撃
先頭車両がIEDを発見し停車、車列の停止する
路肩にIEDがあり指令爆破する。

発見されやすい
偽のIED

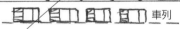
車列

連鎖爆破用ワイヤー

車列で注意すること

以下の物が
よく待ち伏せ
攻撃に使われる

遺棄車両

燃やした
タイヤ、
瓦礫、
ゴミの山

陸橋や橋

2人乗りバイク、
トラックやトラクターが
車列感覚を縮めてくる。
逃走用のバイクが停まっている。

もし待ち伏せ攻撃が始まれば、敵スナイパーが
味方の離脱経路を狙っていることを忘れるな！

■自爆攻撃

この恐ろしい攻撃は
人口密集地にIEDを運び
自分で起爆させるもので、
最大限の死傷者や
深刻な損害が発生します

自爆者は
爆発物を仕込んだ
服やベストを
着用している

自爆者は最高の
超精密誘導爆弾といえます。
自分の判断でスケジュールを決め
目標も自由に選べ
絶好の機会を逃さない
最大限の効果を得られるように
中心部に進むことができます

自爆ベストは
ほとんど電子部品が
ないので、治安部隊が
発見するのは困難だ

最近の物は
非常に小型となり
効果を増大させるため
爆薬の他に金属破片
ボールベアリング
ネジ、ナット等を
混入している

●検問所への攻撃

検問所はテロリストにとって非常に
インパクトがあり
目立つ攻撃
目標の一つだ。

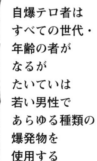

自爆テロ者は
すべての世代・
年齢の者が
なるが
たいていは
若い男性で
あらゆる種類の
爆発物を
使用する

危険
信号！

止まれ！　を無視して来る
非常に多くの服を着ている
怪しい膨らみがある
カバンやリュック、
荷物を持っている

女性や
子どもも
使われる。

自爆ベストは自分で起爆
するものや、遠隔操作の
タイプが
ある。

●車両による自爆攻撃

車両は人間より50〜500kgも
多くの爆発物を運ぶことができる
VBIED（車両搭載型IED）だ。

疑われないように
公的機関の
ような塗装を
施すこともある。

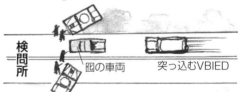

検問所　　囮の車両　　突っ込むVBIED

囮の車両が検問を受けている時に
第2のVBIEDが突入。

VBIEDは
救急車から
トレーラー、
ロバ引き車まで
すべての車両が
使用されます。

VBIEDは車両によって大量の爆発物を
載せて目標まで自走できるため、
殺傷半径が大きい。加えて遠隔操作も
可能なため非常に危険だ。

■IEDへの対策

本能を信じよ。
何かが正常でないと
感じたら、
それはおそらく
異常なのだ

その地域の住民を見よ。
部隊から遠ざかるなど
神経質になっていないか？
自爆者は自身の隣人を
巻き込むことはない

ニュースクルーに注意。
自爆者は自分の仕事は
撮影するが、
自分自身の写真は
好まない

場所を記録しIEDの
詳細を司令部に報告。
EOD（爆発物処理隊）に
確実に連絡をつける。
司令部の指示に従い
任務を続行する

すべての車両輸送およびパトロールに
おいて、IEDの脅威情報を毎回
伝達すること。
爆発物の種類、設置場所
行軍ルート等々

個人用防護装備の着用。
可能な限り速度や機動の維持、
車両間隔を維持する

難所、故障車両、橋、一方通行、
渋滞、急カーブに注意

何かによって止められた場合、
即座にIEDの可能性ありとして調査

●IEDを見つけたら

- 絶対に触ってはいけない。装置の15m以内で無線機を使用しない。
- 安全を確保し、一帯に民間人や不必要な人員を近づけない。
- 上空を開けておく。
- 近くに隠れている点火要員を探す。

■チェックリスト

●緊急対処法

- 連絡／IEDを識別し、自分の部隊に警告を与える。
- 一帯を捜索／発見したIEDや第2のIEDの爆発に備える。
- 状況判断／他のIEDや付近の不穏な動きを察知する。装置からは最低300m以上離れること。
- 隔離／IEDの場所を特定し封鎖する。IEDの警告板を立て、座標と日時を記録する。
- 車両運転時の対処法／急停車できないほど近い（IEDから100m以内の場合）はスピードを上げ急いで離脱する。急停車が可能な場合（IEDから100m以内の場合）はバックして、防御線を構築する。
- 統制／一帯を目視で監視し、車や徒歩などで出入りする者すべてを監視する。
- 捜索／一帯の不審者を捜索して殺害、可能であれば捕獲する。
- 報告／必ずEOD（爆発物処理班）もしくは上級司令部に報告する。その際、状況と座標を連絡すること。IEDの情報を収集し、目撃者に話を聞くこと。

●車列の防護

- 予測されるな、道順とスケジールを変える。
- 可能なら、強そうに見せる。
- 先頭車両と最後尾車両には重武装を施す。
- 陸橋や橋、裏道、混雑した所や他の隘路を避ける。
- 車列付近での民間車両の行動には注意する。
- IPBでは狙撃されそうな場所を確認する。
- むやみに外出しない。
- 援護され秘匿した道を使用する。
- 広場は避ける。
- いかなる時も周辺を警戒する。

●基地の防御

- 窓には毛布やカーテンを付ける。
- 規則正しい行動は避ける。
- 将校に敬礼しない。

●検問所では

- 検問所の設置場所に十分注意する（交差点や孤立している場所から離れる）。
- パトロールを厳重に行う。
- 車両や遺棄車両の安全確認時も警戒を怠らない。
- 反抗的なドライバーは疑う。
- 交通路からは十分な距離をとること。
- IDや車両が正規のものか否か入念に確認する。
- サスペンションが兵站でなかったり、下部にワイヤーがあったりする車両は、爆発物の可能性がある。
- 施設の外周にある装置や対物には要警戒。

第6章 悪条件下の戦闘編

さあいけ！
サンディ

■市街戦におけるブービー・トラップ

これは大戦中の話だが灯油缶にガソリンを入れておけば、ランプに火をつけようとする者は大火傷をしてしまう

銃

バック

双眼鏡、ヘルメット等の戦利品類

床板

机の引き出しを開けると…

本を開くと…

ドアや窓を開けると…

放置車輛のキイをうっかりかけると…

戦場では、さりげなく置かれた物や破棄された物には、全て爆破物がセットされていると考えることだ。

173

アメリカ軍は、地球上のあらゆる戦場へも対応できる様に、軍装類も多種多彩に開発、採用している。

■冬期/寒冷地域

- 防寒帽
- M65フィールドジャケット
- ワークグローブ
- 防水ブーツ

M65フィールドジャケットは内側に防寒用キルティング・ライナーを付けることにより防寒性をアップできる

■極寒地域

- M51ジャケットフード。フィールドジャケットやパーカーに付ける。
- M65シェルパーカー
- トリガーミトン
- 引き金をひける様に人差し指が付いている防寒手袋。

M65パーカーは現在下のECWCSパーカーに更新されています

- スノーカムフラージュ。全身白づくめとなります。
- 左図の上から着こみます。
- スノーシューズ

■レインウェア（雨具）

- ナイロンライトウエイトポンチョ

レインスーツは雨や雪、強風等の理由で、ポンチョの着用が不向きとされた場合に使用される

1986年より配備されたECWCS（エクステンディドコールド・ウェザークロージング・システム）

パーカーとトラザーズの素材、ゴアテックスは防水性と通気性にすぐれている。

- パーカートラザーズブーツからなるウェットウェザークロージング（レインスーツ）

■夏期/熱帯・砂漠地域

オールシーズン用のBDUより薄手の布地を使用。ライトウエイトBDUといわれている、砂漠用DBDUはデザインが同じで、迷彩パターンが大きく異なる。

- 日差しをさけるブーニーハット。

熱帯用にはジャングルブーツ砂漠用にはデザートブーツがそれぞれある。

■冬期作戦

みなさ〜ん
お元気
ですか〜

では冬期装備についての
講義を始めるとするか
極寒地域での作業は
演習とはいえども遊び気分
で行くとたちまち凍傷に
なっちまい、カワイイ指や
アンヨをぶった切るハメ
になるぞ

エッ冬山？ ステキ！
私をスキーに
連れてって♥

アメリカ軍の極寒積雪地域用のオーバージャーメント。
雪中では、OD色の戦闘服や装備類は目立ち、
寒気は防げても戦闘では生き残ることができ
ない。そこで、このようなカモフラージュギア
を使用して、ホワイトカモフラージュを行います。

M65フィールドジャケットにフードを
付け冬期戦装備した一般的な服装

ウールニット製
フェイスマスクを
被って頭部および
顔面を防護する

オーバーミトンは
甲がボアでムレ止め
と雪の付着を防ぐ
極地用グローブだ

ALICEバックに
ホワイトカモフラージュ
カバーをつける

ガスマスク用
にフィルター
やマスク内面
の凍結を防ぐ
極地用
フィルターも
開発され
ている

ホワイトカモフラージュ
オーバーミトンは
銃の操作に不便なので
各自が人差し指用
のホールを作って
下にレザーグラブ
をしたりして
います

ライフルも
白ペンキを
塗ったり
白のテープ
を貼り付けて
カモフラー
ジュする

極寒地用水筒は
ステンレス製で
保温性の高い
二重構造に
なっている

スノーブーツSP4。
「ミッキーマウスブーツ」
とか「ハニーブーツ」と
呼ばれるゴム製の防寒靴
断熱用の空気の量を調節
できる極寒地用である

雪の中では、こんな具合に白づくめの
カモフラージュを使用する。ヘルメット
カバー、シェルカバー、オーバーパンツ
とも薄手の生地を使っており、携帯に
便利な様になっていて、使用時には
通常の防寒対戦服の上から着るように
なっている

■極寒地での衣類について

スノーシューズ

衣類は正しく身につけて暖かくし乾燥を保つこと。保温のカギは体温を絶縁してのがさないことにあります

衣類はゆったりと身につけるぴったりとした衣類は血行を悪くして冷えやすくする危険があるぞ

耳カバーを着用して首筋と頭部を保護すること零下15度で頭部をさらすと体温の75%も失うぞ

靴下を履き過ぎてブーツを窮屈にしないこともし余分の靴下がなくブーツに隙間があったら干し草や新聞紙等を詰める

上着はウィンドプルーフ（防風効果）の物がよい。発汗を避けないと凍結を導くので危険だ。力仕事をするときは襟元袖を開き、胴回りを緩める等して発汗を少なくする。外側の衣類を脱いだ場合は、作業終了と同時に衣類を着て冷え込まぬようにしなければいけない

衣類はできるだけ乾燥を保つことシェルターへ入るときや、火のそばに近づく前には、衣類に付着した雪は払い落とすこと

作業はできるだけウールミトン（親指以外の指が分かれていない手袋）をはめたままでするが、どうしても外さなければならない時は衣類の内側に入れて暖める冷え過ぎるとたちまち凍傷になる危険があるからだ

■コワ〜イ凍傷について

※凍傷とは、身体の部分的凍結状態の事です。

<治療方法>

凍傷患者はできるだけ暖房シェルターに入れる。
●表皮部分だけの凍傷状態（霜焼け程度）ならば触れるとスポンジのように感じるが、このぐらいなら体温で回復できる。
●もっと深い組織が凍った場合は、速やかに解凍の手当てを行なうが、この場合は温水につけるのが理想的だ。凍傷部分は痛みをともなうが、やわらかくなるまで温水に浸す。水温で40〜43度が最も効果的だが、もし温水がなければ凍結部分を毛布などで多い、即席ヒートパックで温める。凍傷部分は固定すること。
●皮膚に裂傷がともなう場合は、殺菌した包帯をあてがうが、ヨードチンキのような強い消毒薬は使わないこと。粉末サルファ剤もいけない。また次のことに注意すること。
○凍傷部分はこすってはならない。
○雪や氷を当ててはいけない。
　（これらは症状を促進させる）
○凍った手足をケロシンやオイルに浸してはならない。
○凍傷患部を運動によって解凍させようとしてはいけない。（歩行や立脚など）
　（これらの運動は組織の損傷を促進させ皮膚に裂傷を負わせてしまう）

キャー!! もうイヤサンディは冬期作戦をパスさせてもらいます

スノーシューズ（かんじき）も装備品目にあるぞ。

雪原を歩く必需品だ。

●体温を利用して解凍を促進する

手首は温めた素手で握る

温めた手の平で凍傷にかかった耳や顔の部分を温める

凍りついた手袋や靴はけっして無理に脱いではならないやわらかくなるまでぬるま湯につけてソッと脱ぐ様にすること

両手をやられた場合は胸やワキの下や鼠蹊（そけい）部にあてるんだ

凍傷にかかった足は仲間の腹部か大腿部で温めてもらうんだ

■耐寒シェルター

●雪壕シェルター

雪の上には直接寝ないこと
寝袋の下に絶縁体を敷く

側面図 　　　断面

●雪洞シェルター　　●雪壕

積雪

換気孔

ローソクによる暖房

雪ブロック

断熱材

換気孔のあいている
ブロックを利用したドア

シェルター建設に
際して雪は
効果的な絶縁体と
なります

中で火を焚く閉鎖的シェルターは
一酸化炭素中毒を避けるため
換気に気をつける

野営地は出来れば森林
の中が良いが、ない場合
でも風や吹雪を防ぐ
地点にする。しかし
急斜面や断崖の麓は、
雪崩の危険があるので
避ける

●ツリー・ピット・シェルター

森林地で積雪が深ければ幹の周囲
に掘ったピット(縦杭)を広げ、
その辺にある材料で屋根を作る。

■健康に注意する

まず最大の危険は凍傷だ
ついで雪盲、それに
一酸化炭素中毒などだ

体温を上回る熱を
悪寒に奪われると
凍結するが、適切
な衣服を着て体全体
の温度のバランス
を保つ限り凍結はしない
とにかく身体のどの
部分でも異常に熱が
奪われると血行障害を
起こして体温の伝達が
妨げられ、両手両足とも
凍傷にかかりやすく
なってしまう

凍傷は氷点下で
特に風の強い日に
その危険が多い
相互監視体制を
しいて仲間の顔に
凍傷が出て
いないか観察し
自分の顔も仲間に
観てもらう

雪盲は雪の反射に
無防備で目をさらしていると
やられてしまう。くもりの日でも
雪盲にはかかるんだ。まぶしい所
ではサングラスで予防、目が痛み
だしてからでは遅いのだ。また
木、皮革その他の素材を使って
作れる、アイシェードも
サングラスの代用品になり
吹雪の時などには、
サングラスのように
霜がついて凍る
ことがないので便利だ

素手で凍った金属に触れると手が
凍りついて皮膚を剥がすので注意しろ
もし必要なら熱するか、放尿して
解凍するのだ
いいか、スコップの柄、銃の引金
メガネの金属部分などにはあらかじめ
テープを巻いておくのだぞ!

上の兵士が装着しているのは、エスキモーが多用する遮光器です。
エスキモーグラス、あるいはエスキモーサングラスと呼ばれることもあります

■テントの設営

できるだけ風よけのある場所を選びテントの位置を決めたら、その位置をしっかり踏み固め、できるだけ平に整地することだ

横幅の長い木製テント・ペグ

風上 ← 約1.5m →

スノーブロック

スキーは雪を被せて踏み固める。

テントに雪が降り積もったり埋まったりしないように充分に大きな溝を掘る。風に吹きさらされるような場所にはスノーブロックを作る。そして夜間に風向きが変わることも忘れずにテントとブロックの間は1m前後離しておく。

張り網はしっかり留める雪用の長いテント・ペグかスノーアンカーを使用する。必要ならスキーやストック、シャベル等を利用する。森林内では樹木に縛りつける

●陸自の寒地天幕（白色）
二重になっており内側のシートは黒色。

↑床の部分の掘り込んだトンネル型テント。

テントに入る時には、体やザックについている雪をしっかり落としておく後で温まってから溶けると非常に不快である

寝る時には、靴を寝袋に入れる。こうしないと、靴が凍り履けなくなってしまうことになる。

■イグルー

①スキーのストックを使って円を描き雪を踏み固める

②雪のブロックを切り出す縦40cm、横80cm、厚さ25cmのブロックが40〜50個必要である。雪のブロックは切り出しから少したつと凍って丈夫になるそしてのこぎりやスコップで形成するが、ブロックの角度に注意すること

イグルーはエスキモーの住居として有名だが、雪穴や雨洞を掘るのに適した雪の吹き溜まりがなかったり積雪量が充分でない場合に作る。雪洞に比べて時間と労力がかかるが、テントやツェルトより風雪に対して安心感があり、吹雪の中でも大丈夫だ

③最初からブロックを15度ほど内側に傾けて立てる最初の1周は左回りに高くしてゆくラセン形にします

●組み立ては3人が理想的で、2人がイグルーの中と外の組み立てを行いもう1人がブロックの切り出しや運搬を行うのだ。

イグルーの組み立ては、中に入りブロックを削り最上段まで積み上げたら床を掘り、人が立てる広さにして風下に出入口を作ります

④

⑤ブロックの隙間を塞ぎ、完成したイグルーに雪をかける。風向きと直角になる様に入り口にはブロックでトンネルを作るこれで入り口に吹き溜まりができるのを防ぐことができるのだ

■ロシアの冬将軍、ドイツ軍を撃破する

ではここで冬期装備がないためにいかにひどい目にあったかの戦史を紹介しよう

1941年11月。モスクワまであとわずかと迫ったドイツ軍でしたが、この年の冬は異常に寒く冬期装備を持たなかったドイツ軍は猛吹雪とソ連軍の必死の反撃によってついにモスクワ占領は成し遂げられなかった

初雪が降ってもドイツ兵が鋲(びょう)を打ってある長靴を履いているのを見て、観戦武官として来ていた北欧フィンランドの将校は、「そんな靴を履いていたら地面から寒さが直接、足の裏まで伝わってきてしまいますゾ」と忠告してくれたが、極地の寒さを知らないドイツ軍将校にはピンとこなかった様で、ドイツ軍は1941年から42年にかけ、多くの師団で4割もの兵員が足に凍傷を負ってしまったのだ

とにかく零下30～40度という日が続くんだからたまんないよ。農家から毛皮や毛布、その他なんでも盗んできて着込んだネ。生き残ったのが不思議なくらいサ

「車輌のエンジンもかからなかった」暖房設備の不足で冷却水が凍り、シリンダーが破裂する。戦車やトラック、通信機も動かなくなった。不凍オイルの準備がなかったので、ライフルや機関銃も使えない。双眼鏡も砲の照準器レンズも曇って役に立たなくなってしまった

私は冬期戦初期のドイツ捕虜を見て驚いたものだよ。将校も兵も全員が足にピッタリと合う靴を履いていたのだもちろん足は凍傷にかかっている我がロシア軍では18世紀以来、兵には1ナンバー大きい長靴を支給していたことを彼らは知らなかったようだしかも冬期には、その隙間にワラや新聞紙を詰めて凍傷を防ぐということもだ

ソ連軍・ジューコフ元帥

くそっ！俺たちもそのくらいは知ってたがなにしろ長靴がピッタリでワラが詰め込めないのサ（ドイツ東部の古参兵）

この時期に一番信頼できた武器は手榴弾と銃剣、それにスコップだ早く部屋の中に戻りたいよ～～

夜間の歩哨は最もつらい1時間ごとの交代には各自レンガを火で焼いて持って行くカイロ代わりに手と足を暖めるだけでなく、熱くなったレンガをボロ布でくるんで機銃の遊底に乗せて、マシンオイルが凍らないようにするのだ

一方ソ連軍は、フェルト長靴と雪外套(がいとう)、銃を毛皮でくるみ機銃の遊底には冬期用オイルがひいてあり作業が快調であった。T-34戦車もキャタピラの幅を大きくして接地圧を高くするように設計してあるのでドイツ戦車の動けない所でも攻撃をかけることができるのだ

ちきしょうめ補給は満足にこないしバターは石みたいになるわパンはオノで割り火にくべて溶かして食うんだぜ！中隊全員タチの悪い下痢だヨ寒さと飢えのダブルパンチさ

手袋が薄いので指にボロ布を巻くんだがそれだと銃の引金を引けないので小枝などを巻いたボロ布に通して撃つんだ

■アルデンヌの森から白いドイツ兵現る!!

なんでも軍事用物資が豊富と思われていたわがアメリカ軍も1944年12月のバルジの戦いでは、油断して冬期装備の配備が遅れていたので、ロシアの冬期戦を戦ってきたドイツ軍相手に初戦ではコテンパンにやられてしまったのだ。とにかく本格的な冬の戦いは初めてだったもんでネ

う〜んマズイッ!
これまで進撃また進撃で弾薬、燃料の補給を優先しており、冬物衣料などの装備は、あとまわしにしていたのが悪かったな

■冬期迷彩にびっくり

冬にぴったり溶け合った真白い外套でドイツ軍が攻撃してきた時は近づくまで敵兵とは気づかなかったよカモフラージュ効果は抜群だね。オイラも早速ベルギー人の家から白シーツをもらってきて冬期専用迷彩服を作ったんだ。どう?

前線の正規の冬期用迷彩服。羊毛の衣服や防寒靴が大量に届いたのは戦闘の峠が超えた翌45年1月末だった

ブラッドレー将軍

アメリカ兵たちは、ずいぶんドイツ軍の迷彩効果に感心した様で、すぐに戦車からトラックそしてテントに至るまでのさまざまな装備品に白い保護色を塗りまくった。

■遅かった防寒靴

バルジの戦いの時には15,000人以上のアメリカ兵が足に凍傷を負ったり、塹壕足炎になったどちらも極度の寒さのためで塹壕足炎は湿気も伴うために血行が悪くなりひどくなると壊疽(えそ)が起こることもあり、その場合は足を切断しなければならなかった

●凍った地面の塹壕掘り

もうこんな地面じゃシャベルもつるはしも歯が立たないから、爆薬を使うのが一番手取り早くて良い方法だった。小型のTNT火薬で堅い表土を爆破してあとはシャベル等で掘り起こすのだ

BAKOOM!

戦闘中にそんなことやってられるかい!

いいか!靴下を乾かして何度も履き替え血行を悪くしないようにできるだけマッサージをするんだゾ

シューパック。上側が牛皮で敷き皮がフェルトの防寒ゴム靴

オーバーシューはゴム引きの布製で、通常のブーツの上から履く防寒用フットウェアである

■冬期作戦Part2

●歩くスキー "クロスカントリー"

ワシは苦手なんじゃが
サンディの希望を
入れて
スキーの入門編だ

ワ〜〜〜イ
私をスキーに
連れてってくれる
のかな！？

エ〜〜〜まぁその
スキー技術の出ている
マニュアル類がないので
スポーツであるところの
クロスカントリーの技術からスキー
走行を学んでみようっていう訳である

■クロスカントリー用のスキー

両スキーに体重が
配分されていると
滑る。

片方の
スキーに全体重
がかかると、スキー板が雪面に
密着して滑り止めの効果がある。

スキー板のしなり具合で
前方にだけ滑れる
ようになるので体重の
重い人や荷物を沢山
背負う人はなるべく
クッションが硬めの
板を選ぶことだよ

裏側に滑り止めの
ギザギザが付い
ている。

エ〜〜〜ッなんだぁ
やっぱり背のう
しょって
山の中を行軍
させられちゃうんだ

まあまあサンディも一応
軍人なんだからスキー
行軍もやるんです。スキー
の長さは手を伸ばして
しっかり握れる程度です

■ストック

ストックの長さは
脇の下にスッポリ
入る程度がよい

グリップの部分が
アルペン用よりも
長く作ってあり
手皮も長めです。

〈ストック
の握り方〉

■靴

クロスカントリー用の靴は、カカトが
上がる様になっており、アルペン用のより
歩きやすくなっている。逆に板に直接
付いていないので滑り降りる時に回転や
ターンが難しくなります。

ウインツ式締め具

■締め具

靴のつま先部分を固定させるだけ
なので、アルペン用の締め具より
シンプルに仕上がっています。一般的にはウィッツ式と呼ばれ
る物がほとんどですが、自衛隊では昭和20年頃まで主流だった
フィットフェルト式と金属製の締め具を現在も使用している。

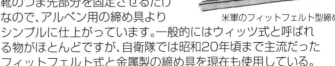

米軍のフィットフェルト型締め具

■**ストック走行**

まず平地でストックを使わず
歩く練習をします。慣れて
来たら少し歩幅をとり
腕の振りで
リズムをとる

ストックなしでもバランス良く
歩ける様になったらストック
を突いてスキーを滑らせる
歩行の練習をするんです
ストックとスキーは平行に
自然に振り出すことが大切で
ストックの位置は踏み出した
足の締め具あたりです

■**推進走行**

わずかな下り斜面には特に有効な滑走法で、この
フォームのポイントはストックの突く位置がひじ
を曲げない様に大きく腕を振り出し、両足の
締め具のあたりを突く様にして、そしてカイッパイ
に突き離してスキーを滑らせるところです。

■**ステップターン**

スキーを滑らせながら
片足ずつ踏み換えて、
方向を変える方法。

一方のスキー
をあげて前方
を横に開き出す。
それを踏み下して
もう一方のスキーを引きつける。
これを繰り返し徐々に方向を変える。

■**方向転換**

●**キックターン**

狭いところでも
楽にUターン
できる方法で
これをマスター
しておけばどこでも
自由に思い通りに
方向転換ができます

スキーの
テールは
離さない
ように

斜面では直角
に立ってから
谷足の方から
キックターン
を始めるのが
ポイントだよ

●**踏み換え**

初歩の段階に平地で行う方法。

先開きによる
踏み換えは、
スキーのテール
を中心にして
先端を上げ
望みの方向へ
一歩ずつ確実
に回してゆく。

左右
どちらにしても
開ける。

後ろ開きによる
踏み換えも上と
同じ要領だが、
先端を支点にして
後ろを開いて回る。

■登り方

●直登行
ごく緩い斜面で使う方法で、平地走行と同じ要領で歩幅を小さくしてストックを後ろに突きスリップ止めの助けとします。

傾斜によって斜面の登り方が異なります

方向転換はキックターンで。

●斜登行
やや急角度で全体的に広い斜面での登り方で、スキーを山側のエッジに立て登る。

ワッセワッセ

●開脚登行
急斜面で使用する。スキーをV字型にしながら交互に登る。両膝は内側に締めつける様にして内エッジを立てて登り、ストックを使って、体を押し上げる感じです。

スキーの後ろを踏みつけないように

ヒェ〜つかれる〜

●階段登行
かなり急な斜面で使用される。カニの横バイの様に一歩ずつ登り、斜面に対してスキーを直角にし疲れたらキックターンで方向転換して登る。

■停止
スノープラウ（プルーク）

オットトト

かかどでスキーのテールを広げ、同時にエッジで角付けする。

決まったネ

●ホッケー・ストップ
アルペンスキー用の方法で、急停止ができる。直滑降から両足を同時にコースを横切る様な方向にターンさせる。

■滑降
アルペンスキーと同じだが、山スキー（クロスカントリー）ではどこに危険な箇所があるかわからないので、安全で確実に降りることが大切です。

両方のスキー間隔を開けた開脚姿勢で、ヒザと足首を軽く曲げて地面のデコボコを吸収する感じでやる。

●プルーク滑降
スキーを八の字に開きスピードを殺して滑る安全な滑降法。プルークターンはこれの簡単な回転技術。

体重を右スキーに移し続けて自然に回転が終わったら両脚均等に体重を戻す。

■陸上自衛隊の冬期訓練

●レンジャー野営用雪洞

3人の隊員が約3時間で作り上げる。

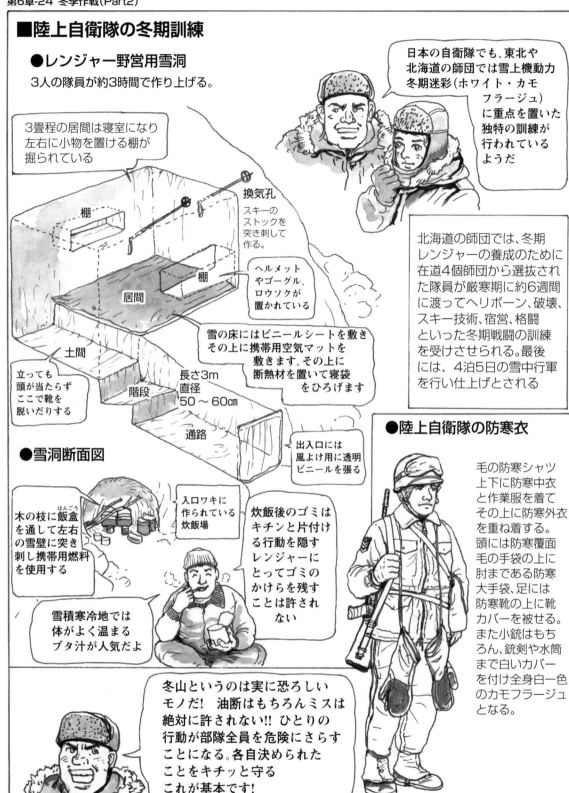

3畳程の居間は寝室になり左右に小物を置ける棚が掘られている

棚

換気孔
スキーのストックを突き刺して作る。

棚

居間

ヘルメットやゴーグル、ロウソクが置かれている

土間

立っても頭が当たらずここで靴を脱いだりする

階段

長さ3m
直径
50〜60cm

雪の床にはビニールシートを敷きその上に携帯用空気マットを敷きます。その上に断熱材を置いて寝袋をひろげます

通路

出入口には風よけ用に透明ビニールを張る

日本の自衛隊でも、東北や北海道の師団では雪上機動力冬期迷彩（ホワイト・カモフラージュ）に重点を置いた独特の訓練が行われているようだ

北海道の師団では、冬期レンジャーの養成のために在道4個師団から選抜された隊員が厳寒期に約6週間に渡ってヘリボーン、破壊、スキー技術、宿営、格闘といった冬期戦闘の訓練を受けさせられる。最後には、4泊5日の雪中行軍を行い仕上げとされる

●雪洞断面図

木の枝に飯盒（はんごう）を通して左右の雪壁に突き刺し携帯用燃料を使用する

入口ワキに作られている炊飯場

炊飯後のゴミはキチンと片付ける行動を隠すレンジャーにとってゴミのかけらを残すことは許されない

雪積寒冷地では体がよく温まるブタ汁が人気だよ

●陸上自衛隊の防寒衣

毛の防寒シャツ上下に防寒中衣と作業服を着てその上に防寒外衣を重ね着する。頭には防寒覆面毛の手袋の上に肘まである防寒大手袋、足には防寒靴の上に靴カバーを被せる。また小銃はもちろん、銃剣や水筒まで白いカバーを付け全身白一色のカモフラージュとなる。

冬山というのは実に恐ろしいモノだ！ 油断はもちろんミスは絶対に許されない!! ひとりの行動が部隊全員を危険にさらすことになる。各自決められたことをキチッと守るこれが基本です！

■陸上自衛隊「積雪寒冷地訓練」スケッチ集

陸上自衛隊の北海道に駐屯している師団では、まず隊員にスキー技術を教え込むその中でも冬期レンジャー隊員はスキー2級以上の腕前が要求されるのだ

なかなかがんばっているんですネ♥

体力の回復には甘い物が役に立つアメ、コンペイ糖等の糖類はエネルギー化が早くすぐに身体が温まる。チョコレート、ソーセージといった脂類エネルギーの持続性が長く、長期行動の原動力となるまた生のみかんは「袋も皮も全部食べろ」といわれ疲労回復に極めて有効と科学的証明がある

陸上自衛隊の標準的な冬期装備として身体につける装着類、背のうの中身、武器等の携帯品を合せた一人当たりの重量は約50キロにもなり、隊員はこれを装備してスキーで山道を行動するのです

"ジョウリング"やっぱり雪上車で引っ張ってもらうのが一番楽ですヨ!

●61式雪上車

凍結して作動不能となった機関銃は装備したガスバーナーで温める

●新スキーではストックも竹からグラスファイバーに変わった。

自衛隊の新スキーはクロスカントリーと同じく滑り止めのついた物になった。

2時間交代の歩哨任務。このロープは味方のテントまで伸びており(30mまで)夜間時や吹雪の時に奇襲があった場合にこのロープを引っ張りテント内に知らせる

スキーを履いたままでの射撃そうです、冬季オリンピックの競技バイアスロンはもともと軍のパトロールがスポーツ化したものです。日本でも60年代初めから陸上自衛隊北部方面隊が手掛け、64年の第9回冬季オリンピックに初参加するがソ連北欧勢が圧倒的に強いのです

機関銃や迫撃砲はアキオ(ソリ)に積んで引いて行く。重迫撃砲のアキオは重量が180キロもあるので6名の迫撃砲要員が引くヨ

飲料水は凍結を防ぐためにポリタンクに入れて雪の下1mに埋めておきます

移動時には満杯にせず8分位にして凍結を防ぐため揺らしておきます。

■八甲田山積雪地訓練

この訓練は雪中での戦闘技量向上と遭難将兵の慰霊のために、連隊ナンバーも駐屯地も同じ青森第5普通科連隊が昭和40年から行っているものだ。コースも当時と同じ幸畑→嘉瀬子内→大滝平→馬立上→大中台→増沢で実施されている

<現代>
防寒衣は完全でスキーも装備。雪上車が定刻に温かい食事を運ぶ

<昔>
普通の冬用外套、にぎり飯は凍結状態である

寒さに加えて腹ぺこもうダメだ

変わりやすい八甲田山の気象情報を得てから行動する「絶対に無理をしない」を大原則にしているんだ

気象情報も何もなく案内人の同行を断って地理もよくわからず前進するだけ…ここに気象史上記録的な荒天が襲ったわけです。

また雪壕で暖をとり汗をかいた兵士が外気に触れた瞬間に汗が凍り、まるで電気に打たれた様に飛び跳ね、皮膚をかきむしりながら死んでいったという…

1日中雪の中をさまよったおかげで寒気、飢え、疲労、絶望感から狂死する者も出て力尽きた者は眠ったまま凍死していったのだ

●八甲田山・死の雪中行軍

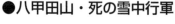

明治35年、陸軍歩兵第5連隊の八甲田雪中行軍は悪天候にはばまれ、行軍部隊210名がわずか3晩で199名死亡するという大惨事になってしまった。

日露戦争を前に寒地装備、寒地訓練を兼ねた研究行軍であったが、零下22度、風速30mの猛吹雪のために当時の貧弱な冬装備はブッ飛んでしまったのだ

行軍中に汗をかき始めると、のどが乾き、しだいに塩分が失われて疲労をまねくことになるゾ

寒冷地での疲労回復に最適な飲み物は旧日本軍の実験では0.5％の食塩水（血液に近い）だったが、現在ではポカリスウェット等のスポーツ飲料かな？いや酒が一番！という古参兵もいます

■雪洞作り（6人用）

雪面を固め深さ2m近くを長方形に掘り込む。

上にスキーを約30cm間隔で並べる。これを天井の梁として、まず黒ビニールシートをかける。これは雪洞の中の灯が、外に洩れないようにするためである。

次に白いビニールシートを被せ、吹き飛ばされない様に端を雪でしっかりと固定する。続いて出入口や雪上に通じる階段を作り完成。なお、出入口にはもちろんビニールでカバーする。

■砂漠地帯でのサバイバル

さて、これから砂漠での
サバイバル訓練といくぞ
砂漠というのは極限の地である
日中は極めて暑く、夜は極めて寒く
草、樹木、湖、川はめったに見当たらない
地球の約5分の1を占める砂漠は世界中
にあり、よく知られているのは
サハラ、アラビア、ゴビ、合衆国西部の
平原地帯がある

ワァー
砂漠って
けっこう
多いんだ

砂漠での移動方法
下記のように行動
することだ

水は砂漠では最も重要なものだ。
他の物は置いていっても、持てる
だけの水は持っていく。

①移動は夕方、夜間あるいは早朝だけにする。

②海岸、街道、水源、とにかく人間の住んで
　いる地域を目指すこと。海岸沿いを歩く場合
　は、海水で衣服を濡らすと発汗を
　押えられるゾ。

③歩き方は、やわらかな砂地やゴツゴツした
　地形を避けて、なるべく踏み跡をたどって
　簡単なルートをたどる。砂丘地帯では、砂丘
　の間の固い谷底や砂丘の屋根を歩く。

④海岸部や大きな川がある地域を除いて、小川
　をたどって海に出ようとしてはいけない。
　ほとんどの砂漠では渓谷や盆地は一時的に
　出来た湖に通じており、海には達していない。

⑤直射日光と極度の発汗を防ぐため、衣服や
　サングラスを着用する。もしサングラスが
　なかったら溝を刻んだゴーグルを作る。
　砂漠は夜間が寒いのが普通だから、暖かい
　衣服も必需品となっている。

⑥裸足で砂丘を歩くと足が熱傷となる。
　砂漠を歩くにはやはりブーツが一番で
　キャラバンの踏み跡道をたどるようにする。

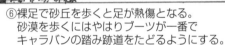

⑦地図はできるだけ正確にチェックすること。
　とにかく砂漠地帯をかいた地図は、
　いいかげんな物が多い。

⑧視界の悪い時に移動してはいけない。砂嵐の
　間は物陰に隠れ、地面に深い矢印を掘ったり、
　石を並べたりして進行方向に印を
　つけておく。嵐の間は風上に背中を向け
　横向きに寝てしまう。もちろん頭には布を
　被る。そして、できるだけ丘の風下側に身を
　隠す物があるかどうか探すことだ。

⑨砂漠では、距離の目測を少なく見積もり
　しがちなので、距離の見積もりは自分の感じた
　距離の約3倍と考える。

⑩蜃気楼現象は、夏の間は太陽に面している
　時に現れることが多い、ということも頭の
　中に入れておこう。

■シェルター

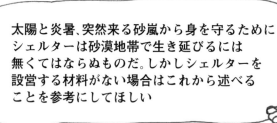

太陽と炎暑、突然来る砂嵐から身を守るために
シェルターは砂漠地帯で生き延びるには
無くてはならぬものだ。しかしシェルターを
設営する材料がない場合はこれから述べる
ことを参考にしてほしい

キャー
ナニ、コレッ!

砂で体を覆えば太陽からは
ある程度は身を守れるし
砂の中に穴を掘って体を隠す
と水分の損失をも減らせる
また砂の圧力で筋肉の回復に
も役立ったとの報告もあるぞ

もしパラシュートや他に適当な布地
があれば窪地に穴を掘り、それを
被せてシェルターとする。岩の多い
砂漠地帯や、砂漠に生える灌木やトゲ
のある低木、
または草が群がって
いるところなどは
岩や灌木の上にも
毛布等をかける

日除け

パラシュートを
利用したシェルター

とにかく砂漠にある自然と人工の地形の両方を
利用して、日陰やシェルターをつくる。

例えば木や石積洞穴等だ
干揚った川床の壁はシェルター
に利用できるが、突然の大雨
の後、洪水に見舞われることが
あるので注意する。しかし
干揚った川床や渓谷、峡谷に沿って
できた「ワジ」の土手は洞穴を
探すのには良い場所となっているゾ

まぁ現実的には現地住民の
シェルターを利用するのが
一番好ましい

アッこら
サウジ国内では
長袖を着ろ!!
アラブ社会では
女性が肌を出しては
イカンのだ

第2次大戦中に生き
残った兵士は大自然
から身を守るために
砂漠の墳墓さえも
利用したそうヨ

■飲料水の確保

砂漠地帯での水の重要性については
特に力説させてもらうぞ
灼熱の砂漠では1日に最低4ℓほどの
飲料水が必要だ。もし発汗を調節
し、夜間の涼しい間に移動する
ならば4ℓの水で約30㎞は歩ける
しかし日中の炎天下では15～
16㎞がせいぜいだろう

●水分を維持

いつも全身を衣服で覆っていること。服を着る
と汗の蒸発が遅くなって冷却効果はある程度
なくなるが、発汗の調節に役立つ。

だ～れだ

そりゃ確かにシャツを
脱ぐと涼しく感じるが
よりたくさんの汗をかき
日焼けもしやすくなるのだ

急いではならない。発汗を少なくできればより
少ない水で、より長く生き延びられるのだ。

目的地は近い
急ごう

水は補給のあてが確実な場合以外は洗い物に
使ってはいかん!!

だって～
汗臭くて
気持ち悪い

水は一気に飲んではいけない
一口ずつ味わうように飲む
また残り少なくなったら
水は唇を濡らすだけにする

喉の渇きをいやすには草をかんだり
口に小さな丸石を含むとよい
また水分の蒸発を防ぐため鼻で
呼吸をし、話をしないようにする

塩分は必ず飲料水と一緒にとる。
しかし飲料水は十分にある場合だけだ。
塩分は喉の渇きを強めるからだ。

飲料水を節約しようとして1日に1～2ℓ辺り
しか飲まないと結局脱水症状を起こしてしま
う。炎天下ではこの程度の量では脱水症状
を防げない。限定すべきは飲料水ではなく、
汗の方なのだ。

イラクでは化学戦も
予想されたので
このようにガスマスク
をつけたままでも
飲めるようになって
おかないとネ

■井戸のある場所を探す

近くに井戸やオアシスがない限り1日最低4ℓの飲料水を確保するのは難しい

砂漠での水源はほとんど井戸であり、井戸を探す最良の方法は現地住民が利用する道沿いに移動することであるが他にも砂漠で水を探す方法はある

この辺を掘って水を得る。湿った砂になったら掘るのをやめ、水が染み出てくるのを待つ（深く掘りすぎると塩水になる）

しめった砂

乾いた砂

雨水

①砂浜や砂漠の川沿いが、一番高い。砂丘の背後にある一番低い窪地に穴を掘る。ここは局地的な雨が降った場合、雨水が溜まる場所なのだ。

②砂の湿っている場所ならどこでも浅い井戸を掘る。

③干揚った川床では、地表のすぐ下に水があることが多い。川が干揚がる時には川床の屈曲部の外側の一番低い地点に水がしみ込んでいる。こうした屈曲部沿いを掘り、飲料水を探すのだ。

掘る

④地域によっては夜露も飲料水の補給源となる。夜露は、冷えた石や露出した金属面があるものに結露しやすいから、まず布切れで夜露をふきとり、これを続ければよいのだ。夜露は日の出の直後すぐに蒸発するから、その前に集めなければならない。

ソーラー・スティール

砂でシートを止める　　　　　チューブで飲む

直径約1m

深さ35〜40cm

小石

プラスチックシート

地表から大気中へと蒸発する水分を集める方法

容器。ヘルメット等で代用する

⑤崖の端の下、枝分かれした峡谷、雨水の浸食ができた溝の中ではガレキの向こう側に水槽が設けられていたり、自然の水溜りがあるかどうか探してみる。こうした水場側は、硬い岩があったり硬く踏み固められていることが多い。また動物のフンを目安に水場を探す手もある。

太陽の熱はビニールの下の空気と地面の温度を高め、空気はもうこれ以上水蒸気を含めない状態となり、水蒸気はビニールの下側に水滴となってこれが下の容器にしたたり落ちる訳だ。

特に日没と夜明け時に飛ぶ鳥をよく観察する砂漠地帯での鳥は水のあるところを旋回しているものである

どんな水でも全て消毒することだ。特に現地住民の集落、市街地周辺では要注意事項である

■砂漠の有害な動物たち

うるさい砂漠の虫から身を守る工夫をすること。

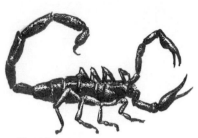

コブラ

10種類以上いるが全種類ともアフリカとアジアにいる。コブラの毒液は主として神経に影響を及ぼし、噛まれると少し後から痛くなってくる。毒液はすぐに血管に吸い込まれ、たちまち毒が全身に回る。

サソリ

刺されても滅多に致命傷とはならないが、大きな物には危険な種類が多い。サウジには黒いのと緑のと赤いやつがいるそうだ。ベッドや靴、衣服に隠れる習性を持っており、よくよく注意することだ。

クサリヘビ

これも毒性が強く危険性もコブラ並みといわれている。

靴はよく振ってから履くように

ツェツェバエ

「牛を倒すハエ」と呼ばれる吸血バエ。人には催眠病、牛馬や動物にはナガナ病を媒介。アフリカでは黄熱病とマラリヤ、そしてこのツェツェバエがヨーロッパ人の侵入をはばんだだといわれていた。

ヘビに噛まれた時の救急法

①冷静になる。しかし行動は迅速に。
②できるだけ傷口を心臓より下の位置になるよう固定する。

③応急の止血帯で傷口から心臓に近い5〜10cmのところを軽く締め付ける。皮膚の表面の血管の流れを止めるように締めるが、脈拍が止まるまで強く締めてはいけない。

④もし手足に腫れが及んできていたら、腫れたところの前に止血帯を再度つける。これまでの事を1時間以内にできたら牙の噛み跡にそれぞれ切れ込みを1本入れる。

⑤傷口から毒を吸い出す。もしスネークバイトキットがあれば、その吸引ポンプを使用する。ない場合は口で吸い出したびたび血やその他の液体を吐き出す。口の中に傷やただれがなければヘビの毒は有害ではない。吸い出し中は止血帯を緩める。少なくとも15分間は続ける。

この切れ込みは長さ12mm、深さを6mm以上にしてはならない。切れこみはそれぞれ平行になるように入れる

⑥もし、15分たって口内の激しい乾きやこわばり、頭痛、傷の痛みや腫れが感じられなければ毒がないという事だ。
⑦もし、まだ毒があったら吸い出しをまた続ける。

第2次大戦の北アフリカでは…

やっぱりロンメル軍団も同じように苦労していたんですね

ギブリから目を守るためゴーグルは必需品だったよ

吹き付ける砂塵から顔を守るためにゴーグルとマスクを着用まったく目を充血させたり鼻腔をつまらせたりしてくれるぜ

ドイツ軍は「ギブリ」、イギリス軍は「カームシン」と呼んだ砂嵐。北アフリカでは春に入ると頻繁に吹くこの砂嵐は、炎陽の光を完全にさえぎり、2〜3時間で気温を20度までも上昇させ、時には数日に渡って戦場の動きを中断させた。また音を立てて渦を巻く砂粒は電気妨害を生じさせコンパスを狂わせる。

なんといっても砂漠で最も重要な物資は水であるよ

英軍

ドイツ軍

イギリス軍は自軍の水缶が漏れがひどいのでドイツ軍のものをコピーし、それをドイツ兵のアダ名のジェリー缶と呼んだ

ガソリン缶も同じ物を使用しており水缶には白十字をペイントしてあった

マネしやがって

水を節約するため砂で軍服を洗うこうでもしないと汚れと塩分を含む汗で衣類はゴワゴワになってしまうイギリス軍もやったことだぜ

口や顔に群がるハエもやっかいな相手だったよ

モスキートネット

戦車の装甲板でタマゴを焼けるくらいだから直射日光で金属が加熱しうっかりして戦車等に触れたらヤケドを負うこともあった

吹き付ける砂粒は遊底をつまらせるし車両やテントの隙間に入りこんでくる兵器の手入れは入念にやっておくことだ

湾岸戦争で砂漠に展開していた頃の
米軍の苦労話を紹介しよう

熱風と戒律で
もうヘロヘロだワ

アラ〜〜〜
しょうがない
深く掘るよりも
砂袋で塹壕の壁
を築くように
するか

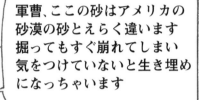

軍曹、ここの砂はアメリカの
砂漠の砂とえらく違います
掘ってもすぐ崩れてしまい
気をつけていないと生き埋め
になっちゃいます

とにかく砂漠の強烈な熱気と
砂嵐は兵器を痛めるよ

高温で戦車や大砲の砲身はどう
してもたれ下がり射程が狂うし
地表の熱は精密な照準を
困難にする蜃気楼も生み出す

ヘリコプターの回転翼は
通常の3倍も早く摩耗
してしまう

砂漠の戦車戦では
熱波の中で戦車隊が目標を
見誤り、味方の燃料輸送車
やベドウィンのテントまで
砲撃したことがあるよ

イスラエル
軍の古参兵
です

軍用無線のアンテナも
膨張して調子が悪いぞ

ライフルはもちろん軍用機、
ヘリ、戦車のエンジンにも
吸気口から細かい砂が入り
こむ。キャタピラの歯車も砂
のために擦り減り方が激しい

ヘリコプターパイロットには
地上45メートル以下の飛行は
砂塵を巻き上げ視界が悪化、
事故の原因ともなるので
行わないように指示され
ている

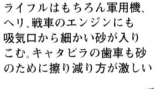

湾岸戦争時、米軍は第2次大戦の北アフリカ戦以来50年ぶりの砂漠の戦いに備えてきたわけであります

自然が大きな障害物となる戦場ですね

気温は午前11時から午後4時にかけて50度を超えるし

逆に日が落ちると急に温度が下がり冷水シャワーを浴びて野外に出ると震えがきちゃうぜ

ベトナム戦争との違いは現在いるのが全員志願兵で徴兵された若者ではないという事だ。来た当初はそれこそやる気満々だったがこんなに駐留が長引いてはね

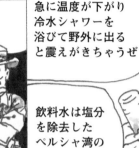

とにかく朝食は粉末タマゴと半焼けベーコン、昼は携行食、夕食は得体の知れない肉ときたもんだ

飲料水は塩分を除去したペルシャ湾の海水だ。プールの水が腐ったような味がするぜ

前線の兵士にとって故郷から便りが心の支えとなっている毎週100トン以上の郵便物が本土がら届けられている

事故続きのサウジの米軍

訓練飛行中に墜落する米軍機が続出、砂漠における戦闘訓練の見直しがされた。

墜落事故は20件以上で米兵31人が死亡しているのだ

ヘビやサソリにも悩まさせるぜ野ネズミくらいの大きさで毒はガラガラヘビの倍だという黒サソリがいやがるんだ

バクダッド・ベティ（イラク版東京ローズ）も登場。

第101空挺師団の皆さんは死んでイラクの虫のエサになってしまいますよ

ヤナことばっか言うね

!!

カフェインの取り過ぎで流星をスカッドミサイルと間違えて警報を出してしまった大尉さんもいるゾ

駐留も3ヶ月となると後方支援も完成し第一線で6日間勤務すれば冷房施設のある後方で3日休養できるシステムになったんだ

●イラクの化学兵器に備える

ヘルメットカバー

M17A1
ガスマスク

こんな
スタイル
は30分
もガマン
できないワ

水
約2リットル入り
の水筒2個（常に
満タンの状態に
しておく）。

検知バンド
目に見えない毒ガス
はここに赤い斑点
となって現れる。

手袋
不浸透性のゴム製
で木綿の内張り
がある。

対毒ガス用防護服
外側は防水処理
内側は化学物質
を吸収する活性炭
でコーティング
してある。20～
30分の着用で
大変な蒸し暑さ
となり砂漠では
1時間も着て
いられない。

検知バンド

防護ブーツ
コンバットブーツの上に着用。
ゴム製で底はスリップ防止処理が
されている。

化学兵器で攻撃された場合、兵士や
支援部隊は防護手袋を着用することだ

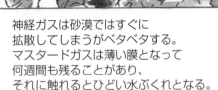

神経ガスは砂漠ではすぐに
拡散してしまうがベタベタする。
マスタードガスは薄い膜となって
何週間も残ることがあり、
それに触れるとひどい水ぶくれとなる。

戦車や航空機の汚染除去には
大量の水を使って洗浄するしかない

サウジ駐留軍は防護服やガスマスクを
着用しての訓練を1週間に8時間ずつ
義務づけて、着脱操作に
慣れさせている

イラン・イラク戦争では戦闘の
大半は夜間に行われており、夏期
は双方とも夜明けから日没まで
休憩時間をとっていた。

最新鋭兵器の部品補給と整備が
イラク軍の弱みとなっている。

米軍も夜間訓練が多く、自慢の
暗視装置を利用して戦車の機動
射撃訓練に余念がない。

過去2年間米陸軍のほぼ全部隊は
カリフォルニアのモハーベ砂漠で
砂漠戦の演習を行っており、海兵
隊も近くの基地で砂漠の戦闘訓練
を行っている。

●サウジのカルチャーショック

湾岸のイスラム教国の中でもサウジアラビアはイスラムの戒律がとりわけ厳しいのだ

アルコールは御法度

サウジ駐屯の米兵は全面禁酒を申し渡されているぞ。

クワ～、ビールの一気飲みやりたいヨ～

男性中心のサウジの社会では女性は黒いアバイヤを全身にまとうことが義務付けられている。外人女性も例外ではなく米軍の女性兵士は風当たりが強いわ

キリスト教の聖書やヌード写真は没収、十字架も着けてはダメ。

これでガマンガマン

奥さんや恋人のピンナップを送ってもらうもちろんセミヌードじゃ

駐屯地への出入りは裏門からせよ

肌が見えるTシャツは禁止

もう～～～、窮屈で男性のエスコートなしじゃ出歩けないわ。ショートパンツもはけないし

ハイハイこうすりゃいいんでしょ

寺院はラウドスピーカーで日に5回も礼拝の祈りを流すし、連中の車が衝突してきても何もしてくれないんだ

アッラーのおぼし召し

街の中では車の運転もしてはイカン

だめだ、こりゃ

女性兵士が部下の男性兵士に命令するなどもってのほかだ女性兵士は帰国させろ!!

サウジの米兵士に配られたアラブ文化冊子どんな内容か2、3紹介しておこう

一般的に言ってアラブ人は1週間以上に渡る細かい計画は立てられない。神の怒りを呼ぶからだ。アラブ人は時には相手を喜ばせようと約束するがあまりアテにしない事、などとヤバイ事も書いてあったりする

足を机の上に投げ出すな!足を机や家具の上に投げ出して座るのは侮辱にあたる

人前で女性にキスをするな

(アラブ人は我々により頻繁に触れ合うが、同じ性の間では性的な意味はなく、好意を示すもので異性に対し人前で触れたりキスをするのはみだらな行為だ)

指で円をつくるOKサインは相手に悪意を持ち呪う時のみに使われる

口ひげをなでながら約束する時は親情をもってしていると理解してよい

■衣服について

砂漠地帯では気温の変化は極端で昼夜の差は50度近くにもなる

昼は55度で

夜はたったの5度

頭部と顔面を守るアラブ式の頭巾。

砂から顔を守るためTシャツを利用する。

顔を覆う。

フランスの外人部隊というと、ケピ帽と外套姿が有名だが、サハラ砂漠では湿度が0パーセントに近く、空気が乾燥しているため外套を着ていても汗をあまりかかなく、首筋を陽に当てて日射病にならないように気をつけていれば平気だった
そして夜になれば外套が寒さから身を守ってくれるし、それを着たまま毛布にくるまれば明け方の冷え込みにも充分耐えられる訳だ

◎衣服は、直射日光や過度の発汗蒸発から体を守る

（1）日中は身体や頭を充分に覆ってやる長ズボンと長袖シャツを着用すべし。
（2）太陽から首の後ろを守るため布を首に巻く。
（3）砂漠の夜は寒いので荷物の中には防寒用の服を入れておくこと。
（4）夜間、服はゆったりと着るようにする。
（5）反射光でも日焼けしてしまうので、充分に日がかげった時だけ服の前を開けてもよい。

◎足の保護に注意せよ

（1）靴と靴下の中に砂や虫が入らないようにする。たびたび立ち止まってもいいから靴や靴下はクリーンにしておくことだ。
（2）ブーツがなければ、どんな布切れでもいいからゲートルを作る。ゲートルの作り方は2枚の細長い布をそれぞれ幅7〜10㎝、長さ120㎝ほどにして靴の上部から上へとらせん状に巻き上げていく。こうすると砂はほとんど入らない。
（3）日かげで休むときは靴と靴下を脱ぐ。（こうすると足が膨れて靴が履けなくなることがあるので注意すること）
（4）裸足で歩いてはいけない。砂で足に火ぶくれができる。また裸足で塩気の多い浅瀬や泥池を歩くとアルカリで炎症を起こす。

首を守る陽よけ布

サングラスも必需品だ

ケピ帽ってけっこうオシャレネ

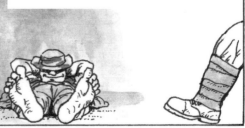

■脱水症状

人間は体重の5%の水分が失われ補給されない場合、のどが乾き汗が出なくなり皮膚はカサカサとなる。そしてこの段階で知覚の乱れが始まり判断力がにぶってきます。そして10%の水が失われると耳が聞こえなくなったり血液の循環が悪くなって熱発散がうまくいかず場合によっては精神錯乱さえ起こすようになりこの段階で死亡の危険がきます

砂漠の炎暑の中では、のどの渇きを充分にいやしていたとしても脱水症状はゆっくりと進行しているものなので水があるときはいつでもたっぷりと飲むようにしておくことだ

脱水症状によってそこなわれる機能は、水を飲めば急速に回復するものだ。

もし体重が10%以上減少しても脱水症状による後遺症はない。例えば、後で水をたっぷり飲めるとしたら体重70kgの人が汗で7kgの水分を失っても構わないのである。ただし冷たい水をあわてて飲むと胃痛を引き起こしてしまう。

気温が29℃かそれ以下だったら体重の25%を発汗脱水しても生きられる。だが、32℃より上だったら15%の発汗脱水で危険なのである。

●脱水症状の徴候

最初にのどの渇きと全体的な不快感があり、次いで動作が緩慢になりがちになり食欲がなくなる。

さらに水分が失われると眠くなり、体温が上昇する。

体重の5%が失われるに従い吐き気をおぼえて6〜10%では、目まい、頭痛、呼吸困難、手足がうずく、口腔内が乾く、身体が赤くなる、話し方が不明瞭になる、歩行が困難になる、といった症状が顕著に現れる。

●脱水症状の防止（結局水の補給しかない）

脱水症状を防止し、身体機能を正常に保つのは水でこれの代用となるものはないのだアルコール、塩水、血、あるいは小便も脱水症状を激化させるだけだ

緊急時なら塩気のある水（海水の塩辛さの半分ぐらいの水）を飲んで結果として水分を補うことも可能だが不純物濃度の高い液体はどんなものでも体の冷却機能を損なうだけである

ガムをかんだり口に小さな丸石を含むのはのどの渇きの苦痛をやわらげる心地よい方法だが、水の代用とはならず体温を正常に保つには役に立たない

■市街戦における歩兵戦闘

●市街戦における7つの移動原則

よし、俺たちの目標は
あの建物にいる敵を排除し
確保することにある
これからあらゆる市街戦
のテクニックを駆使して
あの目標に取り付くぞ

①常に姿勢を低くしていく。
②開豁地(オープン・エリア)は避ける。
③移動前に次の隠蔽地を選んでおく。
④可能な限り移動を秘匿すること。
⑤素早く移動をせよ。
⑥支援射撃でその場を制圧。
⑦あらゆることに対する用意をする。

市街戦における掃討任務は特に危険でおまけに神経がすり減るやっかいな任務だ。市街地で移動する場合には機関銃などによるカバーは怠れない。機関銃手は移動する見方の動きを完全につかめる所に位置し移動する者は動く前に次に身を隠す場所を決めておくことが必要だ

各戸の玄関口と窓、積み上げた砕石と見せかけの廃棄車両。それぞれの頂部と地下通路等、静まりかえって安全そうな場所ほど敵の待ち伏せが考えられる。路上では自分が視認するまで行動せずどこに敵が潜んでいるかよく観察して素早く行動することだ

■移動のテクニック

●曲り角でこれから移動しようとする エリアのチェック

立ち上がってはならない 不用意に頭を出すのは 危険だ

視界の利くギリギリ の高さまで姿勢を下げ 必要以上に体や武器を 出さない

必ずヘルメットを着用

銃は後方に引いておく

●壁やフェンスを越える

この時は敵の射撃に 対し完全な無防備 状態となるため できるだけ低い 姿勢を保つ

素早く塀の上部に身体をぴったりと伏せ、 その中心を軸とし半回転する。反対側に 何があるか判らない時は、最初に手榴弾 を投げてから乗り越える。

●狭い路地でも決して中央を歩いてはならない

建物に沿って 歩いても陽の あたる場所は やはり目立つ

真ん中を歩くの は遠方からも 発見され危険だ

常に自分が ターゲットに ならないよう に建物に沿った 暗い影の部分 を利用して 歩く

窓やドアに身をさらすな！ 建物に近づいて移動する ので窓の中にも注意する 常に頭を窓の下の位置に 維持することだ

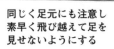

同じく足元にも注意し 素早く飛び越えて足を 見せないようにする

●ドアからの移動

なるべく玄関口は 使用してはいけな い。敵からは絶妙 な目標となるから だ。しかたがない 時はドアに立って 見通し、次のポジ ションを決めてか ら行動に移す。

この場合、必ず最低 1人の支援射撃なし では行動しないこと。 そして残った1人が 移動する際に彼を 支援できるような ポジションに移動 するように心掛け ておく。

■オープンエリアでの移動

通りや公園などの見通しの良い開けた場所は敵の機関銃が最高に威力を発揮するキル・ゾーンだこのような場所は可能な限り避けて通るのが良いのだがどうしても横断しなければならない場合は支援火力と煙幕が必要不可欠である

支援グループの各員は特定の目標を持ちどこからか反撃があったら全火力をそこに注ぐ第1目標は敵機関銃をおとなしくさせることだ

煙幕を使用

カバーする機関銃手は遮蔽物の場所に応じて右射ちでも左射ちでもこなさなければならない

グループは分散して移動する。各人の間隔を3〜5mとり、全員が位置についたらリーダーの命令で同時に行動する

移動の前に分隊の1人が偵察に出るべきだ。スナイパーや障害物、特に敵の活動の兆候を注意深く観察する

AからCへ移動したい場合、AからCだと長時間敵銃火にさわされることになるのでAからB、BからCへの2段階移動が正しい

敵

●通りまたは空地を横切る場合

対角線やジグザグコースは時間がかかる。

わずかにスラロームしながら最短距離を走る。

●建物の間の移動

1人ずつ移動するのは相手に行動を知らせるようなもので、一番まずい方法だ。

●敵がいると思われる位置

まず煙幕を張って全員一緒に移動する。この場合、状況に応じて1団になるか、1列横隊で走る。

■射撃位置

身を隠せる物はなんでも利用しろ
的にさらす自分の体が
小さくなるほど
弾は当たりにくくなる

①伏せ射ちを使用せよ
②影の部分から射撃せよ
③自身のシルエットを
　見せるな
④あらゆる物や場所を隠蔽
　場所に利用せよ

常にできるだけ姿勢を低くし敵に与える目標をできる限り最小にする。レンガや砕石、落石等を隠蔽に利用する。

厚く強固に造られた塀も利用できる。うまく全身を隠しながら壊れた所を使って射撃する。

銃口は建物の壁側の線より内側に構える。界界をとるためにあまり窓に近づき過ぎないこと。

チムニー（煙突）を遮蔽物として自身のシルエットが屋根上に浮き出ないようにすること

屋根上は指揮ポジションでもありここは射撃位置としては有効で、すばらしい戸外射界を与えくれる。また敵にとっては中空への射撃という不利を強いることになる。

建物の角から射撃する場合、立射の位置はとらない。ヒザ射ちが良く伏せ射ちが最良だ。

遮蔽物が自分の左側にある場合は、体を隠しながら右射ちができるが遮蔽物が右側にあったら左射ちをして自分の体を隠すようにしなければならない

消炎器を装着していても銃炎はよく観察される。部屋の中では銃口が1mは内側にあるようにする。（2mの方がより好ましい）こうすれば銃炎はほとんど見えないし、外にいる敵には部屋の中の様子が見えない。

■家屋に入る

いよいよ敵の拠点攻撃に移る
いいか、あの建物から敵銃火が
ないとしても安心してはいけない
まだ敵兵が潜んでいるかも
しれないし、いないとしても
退散時にブービートラップ
を仕掛けていったと
考えられるゾ
常に最悪の事態を予想して
1階のドアの窓はなるべく
使用しないようにし
自分が爆発物で開けた穴
以外は疑ってかかるべきだ

●突入時における7つの原則

①時間をかけて突入地点を選ぶ
②ドアや窓からは少し離れて待機
③可能ならいつでも爆薬を使う
④ロケット弾や爆発物で新しい
　突入口を作る
⑤自分が入る前に建物や部屋には
　手榴弾を放り込む
⑥手榴弾爆発後は迅速に行動する
⑦常に支援射撃の下を行く

敵が潜んでいそう
な場所は手榴弾を
ブチ込んで
制圧する

目標とする建物が強力に
防御されている場合は
TNT火薬のぎっしり
詰まったサッチェル爆薬
を使って壁を壊す

注意!!
点火してから2秒待って
投げないと、敵から投げ
返されることがあるゾ。

M60ヒューズ

M73LAWやドラゴン
ミサイルは基本的には
対戦車用だが、これを
使って一気に壁に穴を
開けてしまう。

ヒューズ・ホルダーキャップ

シッピング・プラグ

安全ピン　　　撃針　　雷管

M60はTNTやC4爆薬の
導火線ヒューズで、安全ピン
を抜いて、リングに指を
通して引っ張れば撃針が
前進して発火する。

市街戦では人の歩けない場所すなわち敵が想像もできない場所を移動するのが成功する秘訣なのだ!

ブービートラップの危険が高いドアや窓からは可能な限り突入しないで、壁を爆破して侵入する。

壁に穴が開いたといってもすぐには突入しない。まず手榴弾を使って内部を制圧する。

■建物での行動

●窓を通り過ぎる

●部屋に入る

3人1組の行動が安全だ。1人が安全確保のために残り、2人が手榴弾を投げ入れて爆発させてから入る。1人は相棒が室内を捜索中壁を背にして援護する。

2人1組の最小単位で行動して、互いに視野をカバーし、とっさの変化に対応できるようにしておく。

●ネズミの穴

これは右図のように壁を爆破、またはくり抜いて開けた臨時の部屋への通路のことをいう。穴の大きさは最低幅約60㎝である。

手榴弾の爆発に続いて内部に突入! 敵に立ち直りの時間を与えてはならない

次は部屋から部屋へと戦って敵を攻めたて、その拠点を制圧してやるゾ!

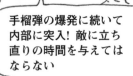

なるべく玄関や廊下を使用しない。直接部屋から部屋へ進めないならできるだけ壁に密着して、敵の目標にならないようにする。

■市街戦における歩兵戦闘 Part2

敵の立てこもる建造物を攻める場合は頂部から行うことが最良であり、突入点は可能な限り高い場所にする

●上部から攻める

○戦闘は下方へ向かって戦う方が有利である。
○下から攻めた場合、敵は上階に追いつめられ激しく反撃してくるか、屋根伝いに脱出してしまう。
○上から攻められた場合、敵は地上へ逃げることになり、外の味方部隊に撃たれる。また奪った建造物の中から逃げる敵にうまく射撃できる。

市街戦では建造物を最大限に利用する敵守備側の射線を前面に引きつけ周囲の建物に取り付き、高い射点を確保する

敵の射線を下方に集中させる牽制攻撃ハデに撃ちまくれ！

いったん一つの建物が掃討できれば目標の屋根へと接近できる。実際に突入するまでは敵に悟られないようにしなければならない。

高い所に位置した敵射点はLAWやマシンガン等の強力な兵器を使って一気につぶしてしまう。

ヘリコプターの支援があれば屋上に強行降下し、急襲によって一気に制圧することも可能だ。

ヘリコプターの支援のない
場合は、配水管やハシゴ
そしてロープ等を使用して
屋根へ接近を図る
この引っ掛け鉤のついた
ロープを投げて登るのが
手っ取り早い方法だ

ロープは登りやすいよう
に太めの物を使い足掛り
のために30cm間隔の結び
目を作っておく
登る前にはしっかり固定
したかどうかをよく
チェックすること

壁を登っている時は、
敵の襲撃に対しては
無力となるので敵の射線
から外れた場所を選定。
狙撃兵を掃討してから
着手、途中に窓がある
場合は手榴弾を投げ込む。

■懸垂降下(ラペリング)

降下する方が登るより楽で、しかも迅速
であるから可能なら屋根を移動し頂部
から懸垂降下で侵入、最上階より敵の
掃討作戦を始める。

ロープは
チムニー
(煙突)等に
しっかりと
固定し、緊急
時にひっぱり
上げられる様
に2名にロープ
の端を保持
させる

銃はスリング
で背負い
手榴弾は投げ
込み用に多数
用意する

自分の位置を窓の
真上にもってきて
手榴弾を投げ込み
爆発させてから
突入する

■地上からの侵入(窓が高い場合)

①2人で持ち上げる(1人を侵入させる)

②1人で持ち上げる(2人で協力する)

③2人で引き上げる(3人目を引っぱり上げる)

①

②

③

④

⑤

スナップ
リンクを
通す

あまった
ロープは
ポケットに

⑥

⑦

← 降下用ロープ

■部屋から部屋への戦闘

敵が占領する建築物を掃討するには
タイミングとチームワークが大事だ
手榴弾や爆薬を最大限に活用して
壁や天井等からも攻撃する
しかし敵も同じ考えで守備
していることも忘れてはならない

部屋に入る時はドアの取手
を使ってはいけない
ブービートラップが仕掛けられ
ているかもしれないし
敵がいる場合には敵に侵入を
知られてしまうからだ

ドア越しに一斉射を
浴びせてからドアを
ケリ開けるのだ

次に手榴弾を投げ込む
この時、敵に投げ返さ
れないようにピンを
抜いたら2秒間待って
から投げ込む

けっして閉じている
ドアの正面に立って
はならないぞ
ブービートラップや
ドア越しに射撃さ
れる危険があるのだ

薄い壁の場合、爆発し
た手榴弾の破片が貫通
することがあるので
力いっぱい中へ
投げ込む

手榴弾が爆発したらすぐに
1人が銃を斉射しながら飛び込む

最初に部屋に突入
した兵は、壁に背中
をつけて部屋中
どこでも射撃できる
位置につく

部屋の掃討が終ったら
それを大声で叫ぶこと
また部屋を出る時や階段の昇り
降りの時も同様に大声で警告する

2番目に入った兵は
内部の捜索を担当
仲間に対しては大声で状況を
伝え常に連絡を絶やさぬこと

ただし敵が潜んでいた場合は待ち伏せ
されてしまうので、部屋の回り方や
行動パターンは一部屋ごと変えること
だ。ドアではなく壁を爆破して通る
ことも用心のため
に必要だ

とにかくどんな場合にでも部屋へ
の侵入は手榴弾を最初に
投げ込むことだ

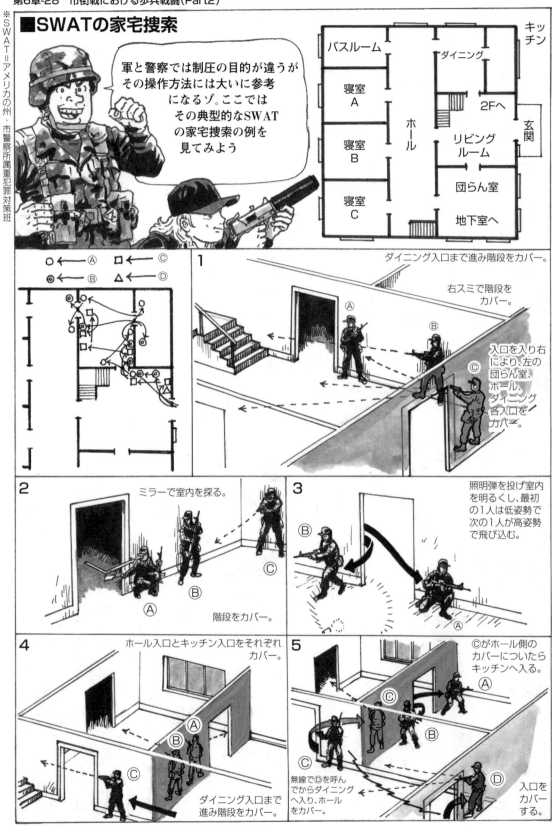

6 ホール

Ⓐ Ⓑ Ⓒ

ⒶとⒷはキッチンを出る。

続いてⒸも出て、壁を背にホール入口をカバー。

Ⓒ

7 ⒶとⒷはホールへ侵入。ⒸはⒷのいた位置へ移動。ⒶとⒷが交差侵入している間Ⓒはバスルーム入口をカバーしてからすばやく隠れる。

バスルーム入口へ。

Ⓑ Ⓒ Ⓒ

Ⓐ

ホールと寝室をカバー。

8

Ⓒ

Ⓑ

ⒶとⒷはバスルームへ。この間Ⓒはホールへ出てカバー。

Ⓐ

9 各室の入口を横切る場合、いったん停止し、高低に構えて2人同時に移動する。

Ⓑ Ⓐ

Ⓑ

Ⓐ

○← Ⓐ　□← Ⓒ
◎← Ⓑ　△← Ⓓ

バスルーム　ダイニング
寝室　ホール
寝室　リビング
寝室　団らん室

10 こうやってⒶとⒷは各室を捜索し団らん室へ。Ⓒはリビング入口でホールの警戒を続ける。

Ⓓ

Ⓐ Ⓑ

Ⓒ

11 Ⓒが地下室入口をカバーしている間にⒶとⒷは団らん室を捜査。

Ⓐ Ⓓ

Ⓒ Ⓑ

12 ⒶはⒸのそばまで移動し、Ⓑは最後の寝室の入口をカバー

Ⓐ Ⓒ

Ⓑ

13 ⒶとⒸは寝室へ侵入。この間Ⓑは地下入口をカバーしている。

Ⓑ Ⓒ Ⓐ

14 ⒶとⒸとⒹは2階へ。

最も危険と感じた場合は、このように仰向けで1段ずつ昇る。

2階の捜査も同じように行なう地下侵入はなるべく避けて水攻めにするのが得策だ

■占領した建造物を確保する

敵兵を追っぱらったら
今度は防衛のための準備
が必要となるぞ
グズグズするな！

戦力の再編成をする

①弾薬の補給、分配。
②味方に占拠を知らせ、安全を
　確認できように建造物に目印
　をつけておく。
③味方の他の建造物に対する
　攻撃に対し援護射撃をする。
④負傷者の治療、重傷者は退避
　させる。
⑤この建造物を長期確保する
　場合は防御拠点を作る。

よし、窓のバリケードから始めよう

破片でケガをしないよう
にガラスは取り除く
カーテンも視界を妨げ
ないように外しておく

可能なら
手榴弾よけに
金網を張ると
よい

これらの窓は
居場所を変更
できるように
できるだけ数
多く準備して
おくことだ

バリケードの材料としては
建物の内側からはがした
板等が利用できるが、砂袋
を用意できれば一番よい

2階からの射撃では
テーブル等の上に
乗ることにより
より多くの射界が
とれる。

窓の左右や下の壁も補強して
おくこと。現用の高速弾丸は
レンガ等を突き抜けてくる
こともあるからだ。

射撃しようとする窓だけに
バリケードを施すのでは
敵にすぐ発見されてしまうぞ
また射撃用の穴をあまりきれいに
開けてしまうことも同様にマズイ！！

射撃場所は左右正面の壁の補強はもちろん、2階以上に
いる時には床にも砂袋を敷いておく。そしてテーブルと
砂袋で防御のための屋根を作ればより安全となる。

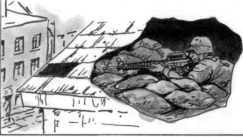

屋根や壁にあいた穴は、広い射界を持った狙撃
場所となるし、敵には発見されにくい。

第7章 ゼロ年代以降の
最新ミリタリー事情

2001年のアメリカ
同時多発テロ事件以来
戦争の形は
国VS国から
対テロ組織へと
大きく変わったワ…

この章ではテロ組織の
主力兵器であるAK-47や
アメリカ軍の
最新装備である
M4（写真）
対テロ戦闘などに
ついて解説していくぞ！

写真／U.S.Army

■捕獲兵器（AKファミリー操作法）

現在でも多くのテロ組織で
現役バリバリで使用されている
※
AKアサルト・ライフル（突撃銃）
こいつについてしっかりと
リサーチしておこう

ソビエト陸軍の一戦車
軍曹であった
ミカエル・T・カラシニコフ
によって設計・
開発されたものだ

機構が簡単で堅牢
泥水につかった直後
でも使用できること
等が知られている

けんろう

※左側の縦書き：
※アサルト・ライフル＝拳銃弾と小銃弾の中間的な性格を持つ弾薬を使う自動小銃・現代の主流

■ベトナム戦争で優秀性を実証

砂ぼこりの中や極寒、
ジャングルの湿気の中でも
AKの作動は確実で、
素人やゲリラにも使える
頑強さ
があった

ベトナム戦でも敵地に潜入
する隠密活動では
このAKが好まれた。
信頼性、命中精度
機能性、耐久性が
M16より優れ
敵が銃声を聞いても
味方と混乱する。
こういった場合、
我々はAKを
「消毒剤」と
呼んで愛用したぞ

AKは最小限の手入れと
整備ですむように設計
されている訳です

たしかにフルオートでの命中精度は
だいぶ落ちるので我々はセミオート
のみで射撃した
これだと弾道は正確で問題はない
AKを改良したAKMでは
マズルサプレッサーが付けられ
フルオートでの命中精度は
大きく向上した

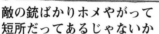

敵の銃ばかりホメやがって
短所だってあるじゃないか
①フル・オートでは銃口がはね上がり
　初弾以外の命中は難しい
②後部照準器にカバーがなく
　壊れやすい
③弾倉が空になっても
　それを知るボルト・ホールド
　オープン装置がない
④セレクター・レバーが右側にあり、操作時の
　音が大きく、M-16に比べバランスも悪い
⑤銃声もうるさく
　長い弾倉が邪魔になる

ヤ〜イ
ヤ〜イ

M16は汚れに弱い銃で
常にクリーニングが必要だし
プラスチック製銃床は格闘戦
で壊れやすかった。
それに5.56㎜小口径弾は
強い横風時には、200m先の
命中も危ぶまれる。AKは
通常は350m以内では、
横風で弾着が
ズレることはない。

■AKMの操作

マガジンの装着は
前端を深く銃の装着孔に
差し込みマガジン全体を
後方に引くようにすると
素早く確実に
できるぞ

①マガジンを装着する

②コッキング・ハンドルを後方
一杯まで引いて
勢いよく手を離す

これで
弾薬は
薬室へ
装填された

射撃時には
セレクター・レバーを
下げて、フルオートが
セミ・オートに
セットする

セレクター・レバー　セーフ
（安全）

フルオート

セミオート
（単射）

セーフ位置になったレバーは
ゴミや砂の侵入を防ぐ役目をはたす

コッキング・ハンドルが
銃の右側にあるので
左手を銃に
被せなければならない

運搬や移動時には
セレクターレバーを
押し上げてセーフ
（安全）位置にする

キックは
きついけど
射ちやすい
銃だ！

旧ソ連軍のマニュアルでは、AKは短距離で
敵兵を倒すべく設計されたパワフルな
個人用自動兵器あると定義され
一連射の掃射で500m
以内の集団もしくは、単一
目標を破壊しうると
言われ、最も効果的
な射程は300m
とされており
セミオートで400m
優秀な射手では
有効射程600m
といわれている

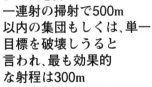

AKシリーズは作動の信頼性は
高いが、命中精度はいまいち
しかし実践においては
さほどの問題ではないし
反動は結構きついが
慣れると射ちやすい銃だぞ

■AKMの分解

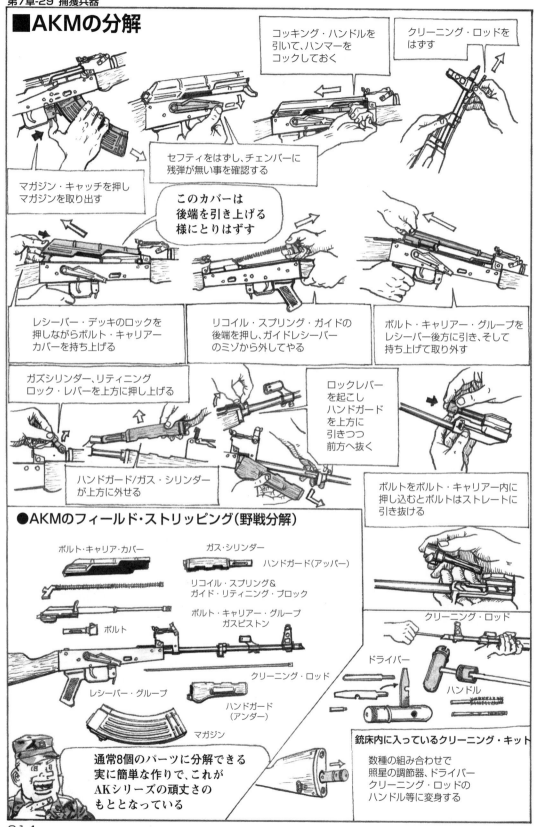

コッキング・ハンドルを
引いて、ハンマーを
コックしておく

クリーニング・ロッドを
はずす

セフティをはずし、チェンバーに
残弾が無い事を確認する

マガジン・キャッチを押し
マガジンを取り出す

このカバーは
後端を引き上げる
様にとりはずす

レシーバー・デッキのロックを
押しながらボルト・キャリアー
カバーを持ち上げる

リコイル・スプリング・ガイドの
後端を押し、ガイドレシーバー
のミゾから外してやる

ボルト・キャリアー・グループを
レシーバー後方に引き、そして
持ち上げて取り外す

ガズシリンダー、リティニング
ロック・レバーを上方に押し上げる

ロックレバー
を起こし
ハンドガード
を上方に
引きつつ
前方へ抜く

ハンドガード/ガス・シリンダー
が上方に外せる

ボルトをボルト・キャリアー内に
押し込むとボルトはストレートに
引き抜ける

●AKMのフィールド・ストリッピング（野戦分解）

ボルト・キャリア・カバー

ガス・シリンダー

ハンドガード(アッパー)

リコイル・スプリング＆
ガイド・リティニング・ブロック

ボルト

ボルト・キャリアー・グループ
ガスピストン

クリーニング・ロッド

クリーニング・ロッド

レシーバー・グループ

ハンドガード
（アンダー）

ドライバー

ハンドル

マガジン

通常8個のパーツに分解できる
実に簡単な作りで、これが
AKシリーズの頑丈さの
もととなっている

銃床内に入っているクリーニング・キット

数種の組み合わせで
照星の調節器、ドライバー
クリーニング・ロッドの
ハンドル等に変身する

■AK＝アブトマット・カラシニコバ（カラシニコフ・アサルト・ライフル）シリーズ

●AK-47I型
1949年に制式化

プレス加工のレシーバー　リア・サイト100〜800m
手加工の刻印
プラスチック製のグリップ

口径：7.62mm
全長：862mm
銃身長：416mm
重量：4.085kg
連射速度：600発/分

●AK-47II型
1950年から51年にかけてレシーバーを改良した
全長：877mm
重量：4.125kg

削り出し加工になったレシーバー
溝ができる
木製

折りたたみ式メタル・ストック

●AK-47SII型

一本のピンで固定され、取り出しが簡単なショルダーストック

●AK-47SIII型

改良されたストック基部

●AK-47III型
1953年に出現し、最も多く生産された
全長：870mm
重量：3.9kg

強化リブの省略

主な改良点はレシーバーの製作工程の省力化でこの型が、各国でライセンス生産された

強化のためにリブが付けられた30発入りマガジンも登場

折りたたみストック付モデルはスキー部隊や落下傘部隊等の特殊部隊向けだ

●AKMS

AKMからワイヤーカッター兼用のナイフ・バヨネットが採用された

AK-47の近代化モデルで軽量化が大きな目的だった1959年に制式化される

プレス加工のレシーバー
直銃床になる　プラ製
リア・サイト100〜1,000m
マズルサプレッサー
ふくらみのついたハンドガード

●AKM
口径：7.62mm
全長：898mm
銃身長：436mm
重量：3.29kg
連射速度：600発/分
プラスチック製マガジンも製作

●AKS74

西側諸国の小口径化に対して登場した新しいバージョン

レシーバーを左側に折りたたむ

AKMとすぐ区別できるようストックに溝がある

30発マガジン

●AK-74
大型のマズルサプレッサー
口径：5.45mm
全長：940mm
銃身長：475mm
重量：3.415kg
連射速度：650発/分

●AKMS-カービン
特殊部隊用に試作されたモデルでAKS-74Uのベースとなった

●AKS-74U
落下傘部隊等の特殊部隊用モデル
全長：488/726mm
銃身長：270mm
重量：2.73kg
連射速度：800発/分

■AK用アクセサリー

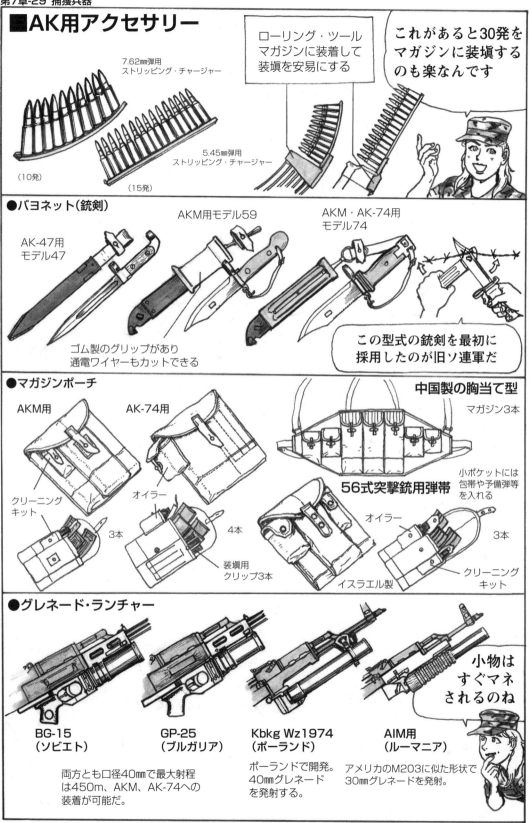

7.62mm弾用
ストリッピング・チャージャー

（10発）

5.45mm弾用
ストリッピング・チャージャー

（15発）

ローリング・ツール
マガジンに装着して
装填を安易にする

これがあると30発を
マガジンに装填する
のも楽なんです

●バヨネット（銃剣）

AK-47用
モデル47

AKM用モデル59

AKM・AK-74用
モデル74

ゴム製のグリップがあり
通電ワイヤーもカットできる

この型式の銃剣を最初に
採用したのが旧ソ連軍だ

●マガジンポーチ

AKM用

AK-74用

中国製の胸当て型

マガジン3本

クリーニング
キット

オイラー

3本

4本

装填用
クリップ3本

56式突撃銃用弾帯

オイラー

小ポケットには
包帯や予備弾等
を入れる

3本

クリーニング
キット

イスラエル製

●グレネード・ランチャー

BG-15
（ソビエト）

GP-25
（ブルガリア）

Kbkg Wz1974
（ポーランド）

AIM用
（ルーマニア）

両方とも口径40mmで最大射程
は450m、AKM、AK-74への
装着が可能だ。

ポーランドで開発。
40mmグレネード
を発射する。

アメリカのM203に似た形状で
30mmグレネードを発射。

小物は
すぐマネ
されるのね

■AKファミリー大集合

カラシニコフ・アサルトライフル（AK）は世界中で使われており現在まで最も多く生産された突撃銃であるライセンスコピー生産分をふくめると5,000万挺とも7,000万挺とも言われている超ベストセラーとなっているここでは世界各国で作られた代表的な物を並べてみた

AKに関しては多くの書籍が発売されているぞもっと知りたい方はそっちもチェックしてくれ

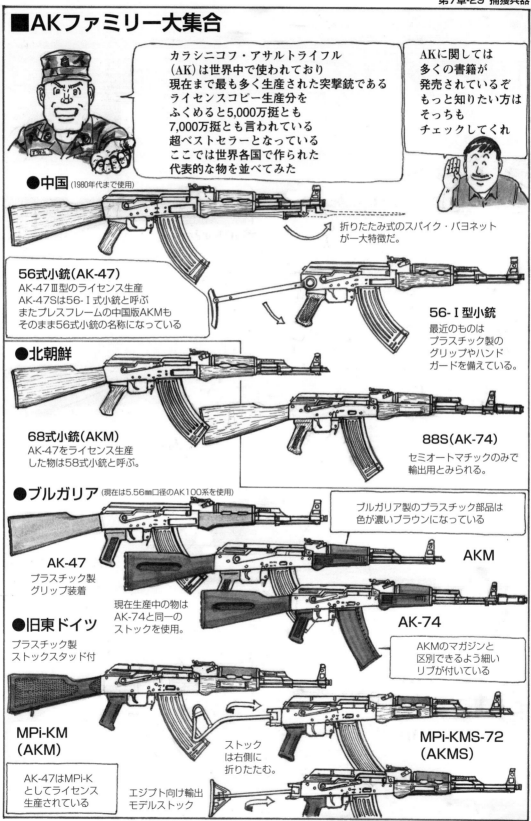

●中国 (1980年代まで使用)

折りたたみ式のスパイク・バヨネットが一大特徴だ。

56式小銃（AK-47）
AK-47Ⅲ型のライセンス生産
AK-47Sは56-Ⅰ式小銃と呼ぶ
またプレスフレームの中国版AKも
そのまま56式小銃の名称になっている

56-Ⅰ型小銃
最近のものはプラスチック製のグリップやハンドガードを備えている。

●北朝鮮

68式小銃（AKM）
AK-47をライセンス生産
した物は58式小銃と呼ぶ。

88S（AK-74）
セミオートマチックのみで輸出用とみられる。

●ブルガリア (現在は5.56mm口径のAK100系を使用)

ブルガリア製のプラスチック部品は色が濃いブラウンになっている

AK-47
プラスチック製
グリップ装着

AKM

現在生産中の物はAK-74と同一のストックを使用。

AK-74

●旧東ドイツ
プラスチック製
ストックスタッド付

AKMのマガジンと区別できるよう細いリブが付いている

MPi-KM（AKM）

AK-47はMPi-Kとしてライセンス生産されている

ストックは右側に折りたたむ。

エジプト向け輸出モデルストック

MPi-KMS-72（AKMS）

●チェコ・スロバキア (現チェコ共和国でも使用)

AKに似ているが弾薬以外は
互換性のない独自の設計だ

Vz58P(AK-47)

右側へ
折りたたむ。

Vz58V
(AK-47S)

●ユーゴスラビア (1990年代までの装備)

サイト兼用のガス・カット・オフ・スイッチ

ライフルグレネードが射てる

M70
(AK-47)

グリップも特徴だ

M70AB2
(AKMS)

●ハンガリー

同型のピストル・グリップだ(プラスチック製)

AMS-63
(AKM)

AMD65
(AKMのカービン
タイプ)

独自の改良を加え開発
ストックやグリップが
木製の製品もある

前後に可動

AMP-69

ショック・アブソーバー付き
ガス・カットオフ・スイッチ

ライフル・グレネード
発射機能を持つ

●ポーランド (1990年代まで使用)

PMK(AK-47)

KAWZ-88
(AK-74)

着脱式の
2脚を装備

●ルーマニア (現在は5.56mm口径の
仕様やAK100系を使用)

AIM(AKM)

3点バースト機構をもつ

ルーマニアのAKは
発射時の跳ね上がりを抑え
やすいように、ハンドガード下面に
グリップが付けられているのが特徴だ

AIMS(AKMS)

折りたたみストックのため
グリップの角度が変わっている。

ロム・テクニカ5.45mm
(AKS-74)

AIMカービン

20発マガジン

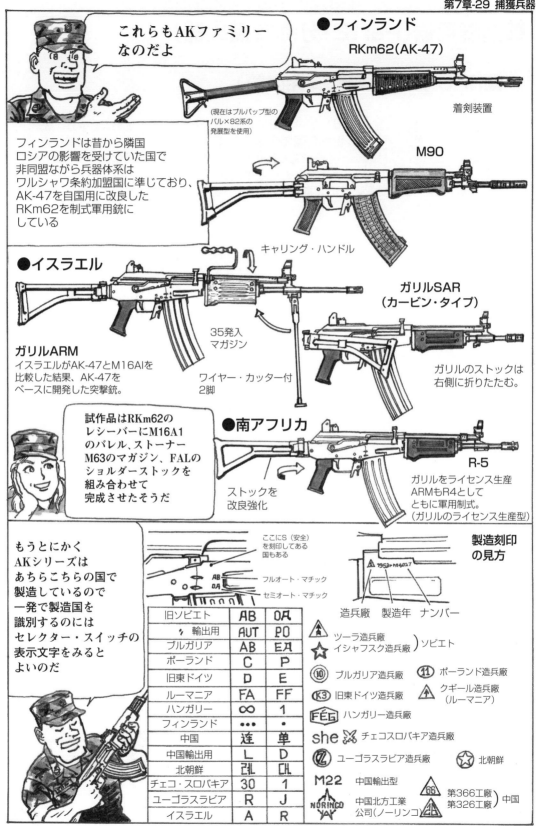

これらもAKファミリーなのだよ

●フィンランド

RKm62(AK-47)

（現在はブルパップ型のバル×82系の発展型を使用）

着剣装置

M90

キャリング・ハンドル

フィンランドは昔から隣国ロシアの影響を受けていた国で非同盟ながら兵器体系はワルシャワ条約加盟国に準じており、AK-47を自国用に改良したRKm62を制式軍用銃にしている

●イスラエル

ガリルARM
イスラエルがAK-47とM16AIを比較した結果、AK-47をベースに開発した突撃銃。

35発入マガジン

ワイヤー・カッター付2脚

ガリルSAR（カービン・タイプ）

ガリルのストックは右側に折りたたむ。

試作品はRKm62のレシーバーにM16A1のバレル、ストーナーM63のマガジン、FALのショルダーストックを組み合わせて完成させたそうだ

●南アフリカ

ストックを改良強化

R-5
ガリルをライセンス生産ARMもR4としてともに軍用制式。（ガリルのライセンス生産型）

もうとにかくAKシリーズはあちらこちらの国で製造しているので一発で製造国を識別するのにはセレクター・スイッチの表示文字をみるとよいのだ

ここにS（安全）を刻印してある国もある

フルオート・マチック
セミオート・マチック

製造刻印の見方

7953・M4027

造兵廠　製造年　ナンバー

旧ソビエト	AB	OЯ
輸出用	AUT	PO
ブルガリア	AB	EЯ
ポーランド	C	P
旧東ドイツ	D	E
ルーマニア	FA	FF
ハンガリー	∞	1
フィンランド	•••	•
中国	連	単
中国輸出用	L	D
北朝鮮	卐	CH
チェコ・スロバキア	30	1
ユーゴラスラビア	R	J
イスラエル	A	R

ツーラ造兵廠
イシャフスク造兵廠　）ソビエト

ブルガリア造兵廠　⑪ ポーランド造兵廠

K3 旧東ドイツ造兵廠　クギール造兵廠（ルーマニア）

FEG ハンガリー造兵廠

she チェコスロバキア造兵廠

UZ ユーゴラスラビア造兵廠　北朝鮮

M22 中国輸出型

NORINCO 中国北方工業公司（ノーリンコ）

66 第366工廠　）中国
第326工廠

219

■捕獲兵器(Part2・分隊支援火器)

■RPG-7(対戦車擲弾発射筒)

旧ソビエトを始め現在でも世界各国で生産されてるベストセラー携行式対戦車兵器!新兵でも扱えるスグレ物だ

武器にうるさいイスラエル軍も制式採用しているほどだ

ベトナム戦争では敵が戦車やAPCに限らず塹壕やヘリコプター等にも手当たりしだいにブチこんできてたまらんかったぜ今では世界中で使用されている最もポピュラーな兵器の一つになっているゾ

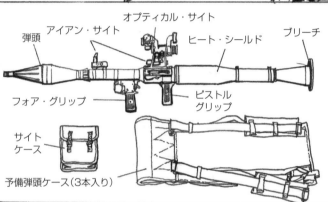

弾頭
アイアン・サイト
オプティカル・サイト
ヒート・シールド
ブリーチ
フォア・グリップ
ピストルグリップ
サイトケース
予備弾頭ケース(3本入り)

RPG-7の携行スタイル

RPG-7D

●射撃姿勢

RPGは左利きであっても必ず右肩へ乗せて発射すること

立ち撃ち

ひざ撃ち

市街戦や陣地戦では特におすすめだ。

発射の際噴煙が一部右側に吹き出るからだ

伏射

69式はバイポッドがあるので伏射や委託射撃に有利だ

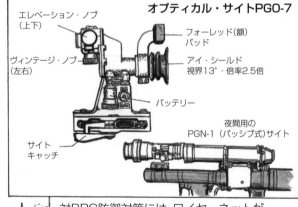

オプティカル・サイトPGO-7

エレベーション・ノブ(上下)

ヴィンテージ・ノブ(左右)

フォーレッド(額)パッド

アイ・シールド視界13°・倍率2.5倍

バッテリー

サイトキャッチ

夜間用のPGN-1(パッシブ式)サイト

対RPG防御対策には、ワイヤーネットが有効。ベトナムでも50%が不発となった。

電気信管の弾頭はワイヤーネットに引っかかるとショートを起こして不発となるんだ

■RPG(ルコイ・プロトニヴォタンゴヴィ・グラスオトメチ)ファミリー

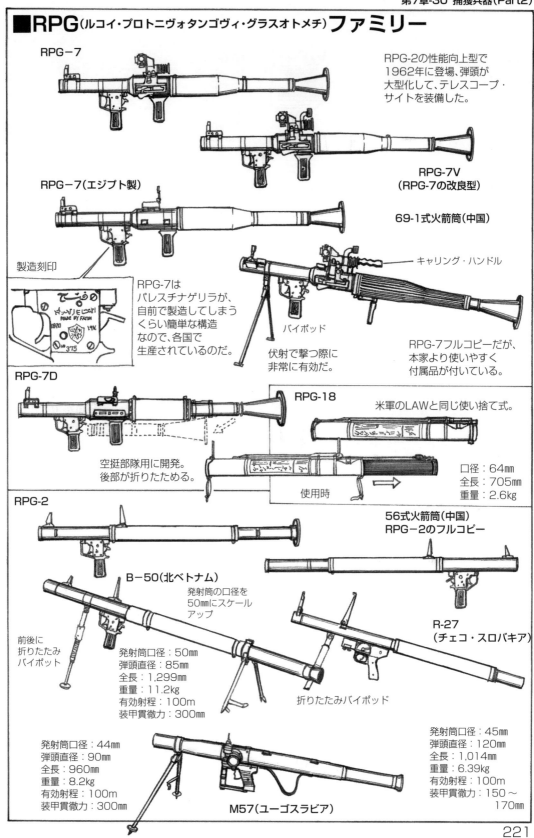

RPG−7

RPG-2の性能向上型で
1962年に登場、弾頭が
大型化して、テレスコープ・
サイトを装備した。

RPG-7V
(RPG-7の改良型)

RPG−7(エジプト製)

69-1式火箭筒(中国)

製造刻印

RPG-7は
パレスチナゲリラが、
自前で製造してしまう
くらい簡単な構造
なので、各国で
生産されているのだ。

キャリング・ハンドル

バイポッド

伏射で撃つ際に
非常に有効だ。

RPG-7フルコピーだが、
本家より使いやすく
付属品が付いている。

RPG-7D

RPG-18

米軍のLAWと同じ使い捨て式。

空挺部隊用に開発。
後部が折りたためる。

使用時

口径：64mm
全長：705mm
重量：2.6kg

RPG-2

56式火箭筒(中国)
RPG−2のフルコピー

B−50(北ベトナム)

発射筒の口径を
50mmにスケール
アップ

R-27
(チェコ・スロバキア)

前後に
折りたたみ
バイポット

発射筒口径：50mm
弾頭直径：85mm
全長：1,299mm
重量：11.2kg
有効射程：100m
装甲貫徹力：300mm

折りたたみバイポッド

発射筒口径：45mm
弾頭直径：120mm
全長：1,014mm
重量：6.39kg
有効射程：100m
装甲貫徹力：150〜
170mm

発射筒口径：44mm
弾頭直径：90mm
全長：960mm
重量：8.2kg
有効射程：100m
装甲貫徹力：300mm

M57(ユーゴスラビア)

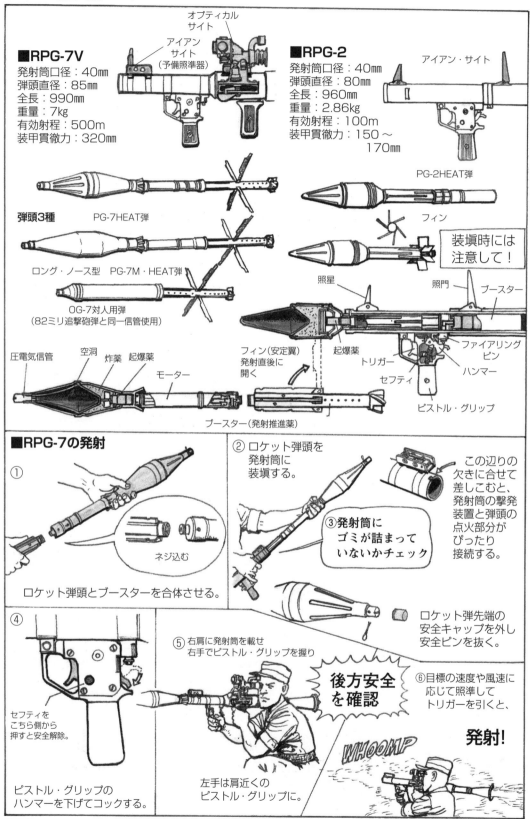

■RPG-7V

オプティカル
サイト
アイアン
サイト
（予備照準器）

発射筒口径：40mm
弾頭直径：85mm
全長：990mm
重量：7kg
有効射程：500m
装甲貫徹力：320mm

■RPG-2

アイアン・サイト

発射筒口径：40mm
弾頭直径：80mm
全長：960mm
重量：2.86kg
有効射程：100m
装甲貫徹力：150〜
　　　　　　170mm

PG-2HEAT弾

弾頭3種　　PG-7HEAT弾

フィン

装填時には
注意して！

ロング・ノース型　PG-7M・HEAT弾

OG-7対人用弾
（82ミリ追撃砲弾と同一信管使用）

照星　　　　　　　　照門　　　ブースター

圧電気信管　　空洞　炸薬　起爆薬

モーター

フィン（安定翼）
発射直後に
開く

起爆薬

ファイアリング
ピン

トリガー

ハンマー

セフティ

ブースター（発射推進薬）

ピストル・グリップ

■RPG-7の発射

①

ロケット弾頭とブースターを合体させる。

ネジ込む

② ロケット弾頭を
発射筒に
装填する。

③発射筒に
ゴミが詰まって
いないかチェック

この辺りの
欠きに合せて
差しこむと、
発射筒の撃発
装置と弾頭の
点火部分が
ぴったり
接続する。

ロケット弾先端の
安全キャップを外し
安全ピンを抜く。

④

セフティを
こちら側から
押すと安全解除。

ピストル・グリップの
ハンマーを下げてコックする。

⑤ 右肩に発射筒を載せ
右手でピストル・グリップを握り

左手は肩近くの
ピストル・グリップに。

後方安全
を確認

⑥目標の速度や風速に
応じて照準して
トリガーを引くと、

WHOOMP

発射！

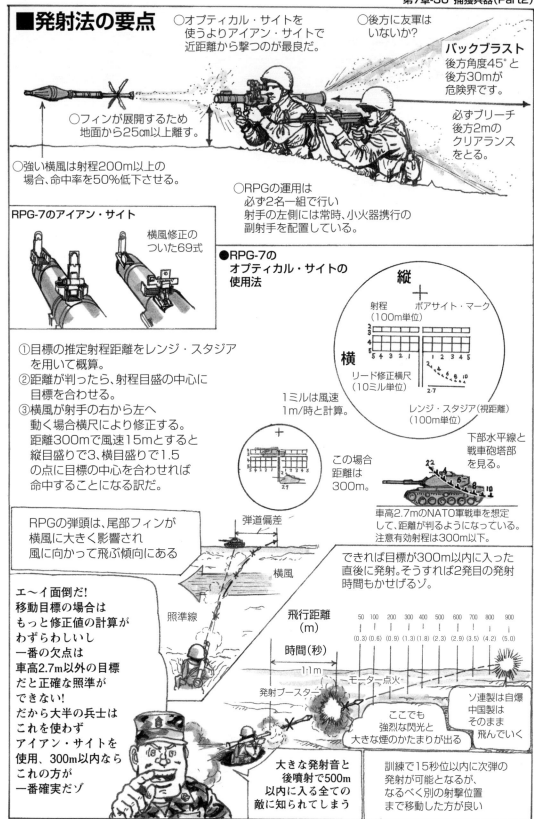

■発射法の要点

○オプティカル・サイトを使うよりアイアン・サイトで近距離から撃つのが最良だ。

○後方に友軍はいないか？

バックブラスト
後方角度45°と後方30mが危険界です。

必ずブリーチ後方2mのクリアランスをとる。

○フィンが展開するため地面から25cm以上離す。

○強い横風は射程200m以上の場合、命中率を50%低下させる。

○RPGの運用は必ず2名一組で行い射手の左側には常時、小火器携行の副射手を配置している。

RPG-7のアイアン・サイト

横風修正のついた69式

●RPG-7のオプティカル・サイトの使用法

縦

射程（100m単位）　ボアサイト・マーク

横

リード修正横尺（10ミル単位）

レンジ・スタジア（視距離）（100m単位）

①目標の推定射程距離をレンジ・スタジアを用いて概算。
②距離が判ったら、射程目盛の中心に目標を合わせる。
③横風が射手の右から左へ動く場合横尺により修正する。距離300mで風速15mとすると縦目盛りで3、横目盛りで1.5の点に目標の中心を合わせれば命中することになる訳だ。

1ミルは風速1m/時と計算。

この場合距離は300m。

下部水平線と戦車砲塔部を見る。

車高2.7mのNATO軍戦車を想定して、距離が判るようになっている。注意有効射程は300m以下。

RPGの弾頭は、尾部フィンが横風に大きく影響され風に向かって飛ぶ傾向にある

弾道偏差

横風

照準線

できれば目標が300m以内に入った直後に発射。そうすれば2発目の発射時間もかせげるゾ。

エ～イ面倒だ！
移動目標の場合はもっと修正値の計算がわずらわしいし一番の欠点は車高2.7m以外の目標だと正確な照準ができない！だから大半の兵士はこれを使わずアイアン・サイトを使用、300m以内ならこれの方が一番確実だゾ

飛行距離(m)	50	100	200	300	400	500	600	700	800	900
時間(秒)	(0.3)	(0.6)	(0.9)	(1.3)	(1.8)	(2.3)	(2.9)	(3.5)	(4.2)	(5.0)

1.1m

モーター点火

発射ブースター

ここでも強烈な閃光と大きな煙のかたまりが出る

ソ連製は自爆中国製はそのまま飛んでいく

大きな発射音と後噴射で500m以内に入る全ての敵に知られてしまう

訓練で15秒位以内に次弾の発射が可能となるが、なるべく別の射撃位置まで移動した方が良い

223

■SVDドラグノフ（スナイパースカヤ・サモザラヤドナヤ・ビントブカ・ドラグノバ）
ドラグノフ・スナイパー・セミオートマチック・ライフル

1963年、モシン・ナガン
ボルトアクション狙撃銃に代わって
制式採用された
旧ソ連の
狙撃銃だ

狙撃銃ながら
着剣装置を持つ。

口径：7.62mm
全長：1,217mm
銃身長：697mm
重量：4.4kg
装弾数：10発
実用有効射程：800m

脱着式
チーク・パッド

暗視装置
スイッチ。
上がON

PKと同じく
7.62mm×54R弾
を10発収納。

スコープは
サイト・キャッチを起こし
レールに沿って上方に引き抜ける。

バッテリー

PSO-1スコープ
2.5ボルト
バッテリーを入れる
と夜間用のスケールの
照明がつき、また
赤外線散査探能力も
備えている。倍率4倍。

SVDとアクセサリー

PSO-1テレスコープ

チーク・パッド

AKM用バヨネット

バッテリー・パウチ

オイル缶

マガジン・パウチ

10連マガジン

身長170cmの人間の頭に
命中するように設計され、
立っている人間の足を
下の線に合わせ頭の位置で
距離が測れる。

レシーバー・カバー・キャッチ
セレクター・レバー

ボルト

フル・オート
機構はない

マガジン・キャッチ

SVDはカラシニコフの
設計ではないが、その
機関部構造を受けついで
おり、AKファミリーと
いってもいいモデルだ。

SVDは西側の狙撃銃
に比べると工作は
雑だが、頑丈で威力の
あるライフルである

●ドラグノフ・ファミリー

FRK
ルーマニアがSVDを参考に開発、LSPスコープは
夜間用機能を持っていない。

79式狙撃歩銃　中国がSVDをフルコピー
したものだ。

ユーゴスラビアがAKシステム
を使用して開発したモデルで輸出
専用の7.62mm NATO弾用もある。

M76スナイパー
（ユーゴスラビア）

■RPD（ルチノイ・プレメット・デグチャロバ）
デグチャレフ軽機関銃

AKと同じ
7.62㎜弾を使用する
最初の軽機関銃だ

バイポッド

装弾数
100発の
ドラムマガジン

軽量で作動も確実で
分隊支援用機関銃と
してベトナム戦争
では北ベトナム軍が
大量に装備しておった

もちろん
ドラムマガジン無しでも
射ちまくれる

KRAKKRAK

このマガジンは
内部はカラで
単に弾帯を収納
するだけだが、
移動時には弾薬箱
にもなる。

口径：7.62㎜
全長：1,036㎜
銃身長：20㎜
重量：7.4kg
装弾数：100発金属リンク
連射速度：650〜750発/分

■RPK（ルチノイ・プレメットカラシニコバ）
カラシニコフ軽機関銃

1961年にRPDに替わる分隊用
機関銃として制式化された物で
AKMをベースとしており
基本機構は同じで操作・
分解も同様に行える

長銃身となり
有効射程は
AKMの300
から800mへ
向上した。

40発入りボックスマガジン
AKM用の30発入りマガジンも使える。

75発入り
ドラムマガジン

落下傘部隊用に
折りたたみ式ストック
がついたRPKSも
生産されている

口径：7.62㎜
全長：1,040㎜
銃身長：590㎜
重量：5kg
装弾数：40,75発
連射速度：650〜750発/分

■RPK-74

小口径5.45㎜弾を
使用する
AK-74シリーズの
分隊用機関銃だ

ドラムマガジンは
造られなかった

マズル・サプレッサー

製造がめんどうだし
携帯にも
不便だ

口径：5.45㎜
全長：1,060㎜
銃身長：590㎜
重量：5kg
装弾数：45発
連射速度：600発/分

RPK-74の分解、銃身部以外はAK74と同じ。

■PKM （プレメット・カラシニコバ・モデルジロバニイ）
カラシニコフ機関銃改良型

●PK

1961年に
制式採用

PKMは
PKの近代化
モデルで約3kg
の軽量化が
図られた。

装填口は右側

ショルダーレスト追加

排莢口

セフティ

これまたAKの
発展型として
カラシニコフが
設計した
多用途機関銃だ

口径：7.62mm
全長：1,177mm
銃身長：673mm
重量：8.4kg
装弾数：100、200、250発
　　　　リンク給弾
連射速度：650発/分

機関銃はライフルより射程が長く
威力がなければ十分な働きが
できないとされ、同じ7.62mm弾でも
AKが7.62mm×39なのに
7.62mm×54R弾を使用する。
これは第二次大戦中の小弾銃で
PKのほかには、ドラグノフ狙撃銃
がこの弾薬を使っている。

7.62mm
×39　　7.62mm
　　　　×54　　5.45mm
　　　　　　　×39

世界に先駆けて中央部に穴を
開けたストック。軽量化にもなるし
握りやすくなった

●PKの銃身交換

フィード・カバーを開け
バレル・ロックを解除し、
キャリング・ハンドルを
握って、バレルを前方に
抜き出す。M60と比べると
ちょっと手間がかかる
ようだ。

●PKファミリー

PK軽機関銃

突撃時には
50発入り弾薬箱をつける。

PKS重機関銃

PKM軽機関銃

押し金（トリガー）

トリガーが
異なるだけ。

PKB/PKMB
搭載用重機関銃

PKT。
車載型で電気式トリガー。

リコイル・スプリング・ガイド

リコイル・スプリング

ボルト

ガスピストン

レシーバー
グループ

バレル
グループ

PKは作動部品が
6個しかなく、
整備性はいい。

PKMの分解図

■手榴弾

これが旧ソ連軍の手榴弾だ

構造はどこの国でも同じなんですね

ソ連製はレバー部がヤワに出来ているのでレバーをベルト等にひっかけて持ち歩くことは絶対にやめろ

RGD-5
通称「アップル」
重量：310g
装薬量：110g
有効半径：20m

F－1
通称「パイナップル」
重量：600g
装薬量：60g
有効半径：14m

GR-42
大型の防衛用手榴弾
重量：436g
装薬量：118g
有効半径：20m

撃発バネ
撃針
安全ピン孔
雷管
延期薬
安全レバー
炸薬
信管

67式加重木柄手榴弾
重量：980g
装薬量：99g
有効半径：10m

67式木柄手榴弾
重量：560g
有効半径：7m以上

両方とも延期信管は3〜3.7秒

中国製の手榴弾ですね

プル・リング
安全ピン
レバー
スティールボディ

安全キャップ
防湿紙
発火リング
発火縄
火帽
導火線
装薬（炸薬）
雷管
弾体

安全キャップをねじって開け防湿紙を突き破り、発火リングを取り出し、右手の小指にはめ力いっぱい的に投げつける

敵と接近していたら、先に左手や歯で発火縄を引っぱって、素早く投げる！タイミングに気をつけて

レバーとボディをしっかり握り、
①
②
安全ピンをのばし、
③
プル・リングを引き抜き、
④
敵に向かって投てき！

延期信管3〜4秒で爆発

① ② ③ ④

227

■世界に広がるM4ファミリー

1998年、M16A2に代わりアメリカ陸軍に制式採用されたM4カービン。M16A2の全長を短縮し軽量化もされ、現在では多くの国で同様モデルが使用される。

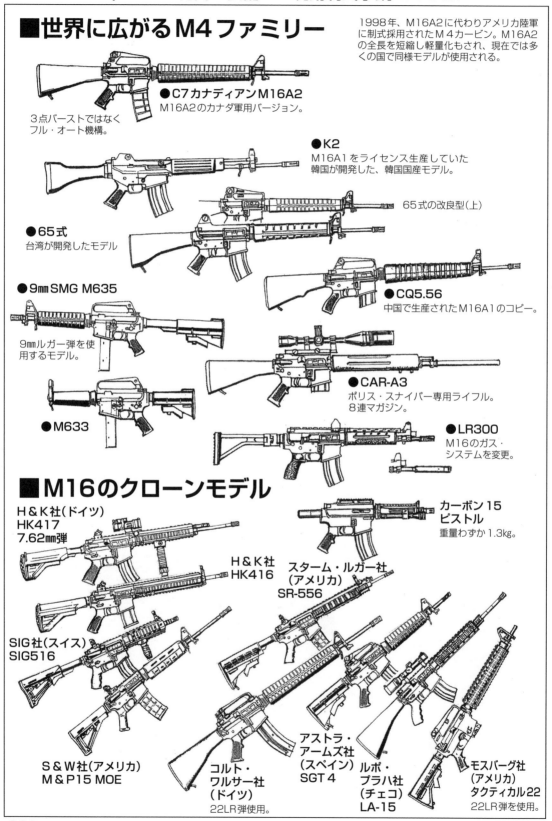

●C7カナディアンM16A2
M16A2のカナダ軍用バージョン。

3点バーストではなくフル・オート機構。

●K2
M16A1をライセンス生産していた韓国が開発した、韓国国産モデル。

65式の改良型(上)

●65式
台湾が開発したモデル

●CQ5.56
中国で生産されたM16A1のコピー。

●9mmSMG M635
9mmルガー弾を使用するモデル。

●CAR-A3
ポリス・スナイパー専用ライフル。8連マガジン。

●M633

●LR300
M16のガス・システムを変更。

■M16のクローンモデル

H&K社(ドイツ)
HK417
7.62mm弾

カーボン15ピストル
重量わずか1.3kg。

H&K社
HK416

スターム・ルガー社(アメリカ)
SR-556

SIG社(スイス)
SIG516

S&W社(アメリカ)
M&P15 MOE

コルト・ワルサー社(ドイツ)
22LR弾使用。

アストラ・アームズ社(スペイン)
SGT4

ルポ・プラハ社(チェコ)
LA-15

モスバーグ社(アメリカ)
タクティカル22
22LR弾を使用。

■M4A1のアクセサリー

キャリングハンドル

エイム・ポインター
（ドット・サイト）

レールシステム

赤外線
レーザー・ポインター

サイレンサー

バーティカル・
ピストル・
グリップ

現代の
軍用ライフルは、
レールシステムによって
多様なアクセサリーを簡単に
装着できるようになっており、
Ｍ４もアクササリーは豊富だ。

M203
アンダーバレル・
グレネード・
ランチャー

AN/PEQ-2

赤外線レーザーと赤外線照射
装置が一体可されたユニット
で、ナイトビジョンゴーグル
と併用する。

ドット（光点）サイト

ドットに目標を合わせて射撃。
素早く照準できるのが特徴。

M150
コンバット照準器

M320 グレネード・ランチャー

赤いドット

ホログラフィックサイト

レーザー・ホログラ
ム画像をレンズに投
影する照準器。

M26
12番ゲージ
5発マガジン

左側にあるチャージング・
ハンドルで連発できる。

中央の赤い
ドットを
目標に
重ねて射撃

エイム・ポインター（レーザー・ポインター）

赤色レーザー可視光線で敵に
も見える。サイトを見なくて
も射撃できる利点がある。

赤外線レーザー・ポインター

レーザー光は不可視で敵にも見え
ない。射手はナイトビジョンゴー
グルで着弾点が見えている。

バーティカル・ピストル・グリップ

スライドさせて装着

①9溝

②グリップ

③6溝
レールカバー

ロック確認孔

6溝

ロック位置

解除

レールの端のみで
ロックできる。

■M4A1 各操作部の名称

M4アダプター・レール
（アクセサリーを装着）

バックアップ・アイアンサイト
（光学照準器が無い時に使用）

フロントサイト

チャージングハンドル
（初弾を装塡するために使用）

**M16系
リアサイト**

左右調整

上下調整

イジェクション・ポート
（射撃時は閉めておく）

バヨネットラグ
（銃剣止め）

**フォワード
アシスト部**
（ボルトを閉鎖位置
にし、ロックさせる）

マガジン・キャッチ

アジャスタブル・バットストック
（展張位置）

コンペンセンター
（射撃時に銃口が
上に向く事を防ぐ）

スリップリング
（ハンドガードを固定）

セレクター
（射撃モードの
切り替え）

固定レバー
（ストックの
収縮展張を
固定）

トリガー

マガジン

スライド・キャッチ

起倒式

上下

左右

●トップ・スリング・アダプター

（ストック）（フロント・サイト）

M16系

クランプを
入れ…

M4系

M4系

①

②

③

●主要部品

チャージング・ハンドル

**ボルト&
ボルトキャリア**

**バックアップ・
アイアンサイト**

**アッパーレシーバー
&バレル**

**ローレシーバー
&
バッドストック**

**30発
マガジン**

**バーティカル・
ピストルグリップ**

スリング

●M4バリエーション

数多くのM4
バージョンを
開発している
ナイツ社のサイ
レンサー付
スナイパータ
イプ。

**アメリカン・
キャリー**

**タクティカル・
スリング**

2ポイント
支持。

100発ドラム弾倉を
装備して分隊支援火器に。

■現用アメリカ軍小火器

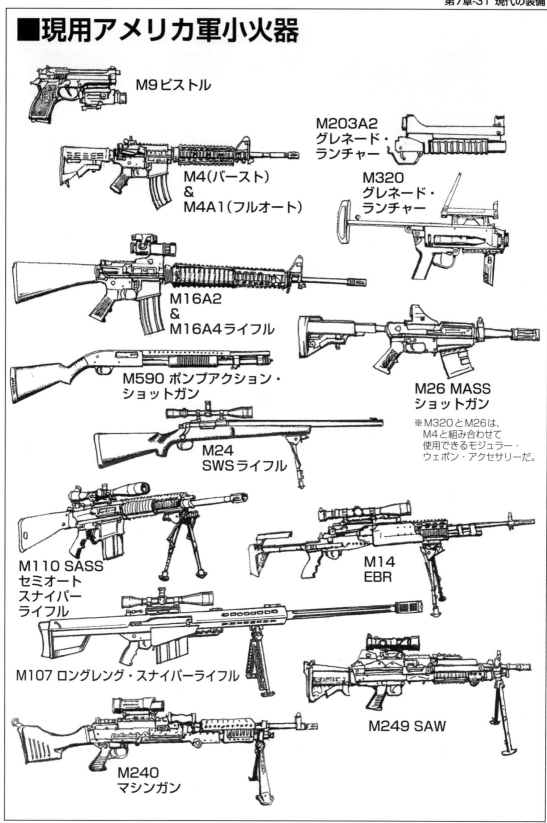

M9 ピストル

M203A2
グレネード・
ランチャー

M4(バースト)
&
M4A1(フルオート)

M320
グレネード・
ランチャー

M16A2
&
M16A4 ライフル

M590 ポンプアクション・
ショットガン

M26 MASS
ショットガン

※M320とM26は、
　M4と組み合わせて
　使用できるモジュラー・
　ウェポン・アクセサリーだ。

M24
SWS ライフル

M110 SASS
セミオート
スナイパー
ライフル

M14
EBR

M107 ロングレング・スナイパーライフル

M249 SAW

M240
マシンガン

■AK発展／輸出型

AK47は世界で最も有名なライフルであり、数多くのAKファミリーが存在することはP198〜205でも解説したが、ここではさらに最新型のAKを紹介していこう。ロシアになってからは、輸出モデルも多く生産されているのだ。

●AK101
口径：5.56㎜×45(NATO弾使用)。ストックは折り畳み可能。

AK102 ショート

●AN94 （1994年）

口径：5.45㎜×39。
設計はカラシニコフではなく、ゲンナジー・ニコノフ氏だ。

口径：7.62㎜×39。（AK47、AKMと同じ）

●AK103

AK104 ショート

●SAIGA-12
装弾数：5発、7発。
12ゲージのショットシェルを発射するショットガンだ。

●BIZON-2
AK74の発射機構をそのまま流用したSMGで、筒型マガジンを持つ。各種口径に対応したモデルがあり、代表的な物は口径9㎜×18マカロフ弾(64発)、7.62㎜×25弾(35発)など。

■AK近代化型

NATOに参加した旧東欧諸国では、ライセンス生産していたAKをNATO弾(5.56㎜×45)が使用できるよう改良を始めている。

ポーランド・FBラドム社 ベリルM96
口径：5.56㎜×45。

ブルガリア・アーセナル社 モデルAR-M7F4
ブルガリアも輸出用に5.56㎜×45口径モデルを製作。

セルビア・ツィスタバ社 モデル21カービンカスタム
口径：5.56㎜×45。

チェコ・モデルCZ2000（ラダ）
口径：5.56㎜×45。
特殊部隊向けのショートモデル。

紛争地帯ではホコリや汚れに強く、弾薬の補給も楽なAKシリーズを使う特殊部隊や傭兵が多い。

■PKO＝国連平和維持活動

PKO、PKOとピーピーいっとるがサンディはPKOの何たるかを知っとるか

エ〰〰とピース・キーピング・オペレーションの略で国連平和維持活動のことつまり世界の紛争を平和的に解決させるための組織ですね

うん、よく知っとるなPKOは便宜上、軽火器で武装し兵力引き離しや非武装地帯の確保にあたる「平和維持軍」と非武装で停戦状況などを確認する「監視団」に分類されている

でも「平和維持軍」で文官が主要な任務を担当するケースや監視団に武装した軍人が同行する場合もありますね

日本では1992年に国際平和協力法（PKO法）が制定され当時は大きな話題となった2015年は安保関連法案が論争を巻き起こしているが今でも日本はPKOで南スーダンに要員を派遣しているのはあまり知られていない

1988年にノーベル平和賞を受賞紛争を解決する手段として国際的に賞賛されているPKOだが国連憲章にその明確な規定はありません

「金だけでなく汗を流す」が日本の国際貢献論でこれを一番言われたが今やPKOも資金問題が最大の難問となってきている日本は2009年には9億5275万ドルのPKO予算を分担しており、これはPKOの全体予算の16.624％にあたるのだ

割当拠出＝特別会計として負担金を各国に割り当てる自発的拠出＝派遣国が負担する参加将兵の俸給は建前上、国連が支給することになっているが現実は各派遣国の立替え払いだ

■PKO (Peace-Keeping/Operation)の誕生

まず「国連憲章」の中には
PKOの言葉はどこにも無く
国連の活動上、必要にせまられて
生まれた、強いて言えば
6・5章的存在と説明される

「国連憲章」の第6章は
「紛争の平和的解決」を定めており
第7章では「平和に対する脅威、平和の
破壊及び侵略行為に対する軍事的強制
措置」が規定されPKOの任務は丁度
この第6章と第7章を足して2で割った
様なものなのです

どうして国連憲章に
明文化されていない
PKOが出来たのかと
言えば！

●集団安全保障

国連の加盟国が他国
から攻撃を受けた
場合、加盟国が共同
して反撃する。
このシステムにより
国際間の平和と安全
を保障しようとした
もので、この時各国
よにり編成されるの
が「国連軍」である。

ところが50年代の
国連軍創設の
アイデアも
大国の
エゴで
オジャン！！

国連軍の編成には、安全保障理事会の常任
理事国全ての承認が必要とされ、東西冷戦
の影響から5大国の利害が対立、「拒否権」
乱発で、決議は却下されてばっかり

| アメリカ | ソ連 | イギリス | フランス | 中国(台湾) |

※当時は台湾政府が、中国を代表していた

そこで国連が地域紛争に
対処するための苦肉の策で
誕生させたのがPKOだった

●朝鮮国連軍

1950年の朝鮮戦争勃発の
際、ソ連代表は欠席状態で
安全保障理事会はソ連抜き
で国連軍を編成、しかし
これも「決定」ではなく
「勧告」の形を取り、参加
は各国の任意とされ、結果
はアメリカが連轄、指導
する反共同盟の多国籍軍
であった

国連が勧告とはいえ、武力行使による強制行動を
とったのはこの時が最初で最後となる。

■PKO活動とは

国連は朝鮮国連軍以後
自ら武力行使することは
なくなり代わりに武力紛争を
平和的に解決するよう
努力している

「平和的解決」とは、武力行使によらず
外交々渉、斡旋、仲介、審査、調定、仲裁
裁判、司法的解決による手段で、
国連が斡旋、仲介等を行ない、紛争解決
を促進することだ

この際に平和的解決を進める
一方、事態が悪化するのを
防止するため、国連決議に
基づいて停戦や国内治安の
維持についてその履行を
監視させる事があり
これを「平和維持活動」
(PKO)という

そのために派遣
される「国連軍」
(PKF)は
あくまでも平和
解決に奉仕する
ためのもので
武装も自衛目的
の小火器までと
されている

■PKO活動には2タイプある

●軍事監視団

停戦監視や撤退の検証を行なう
「小人数のグループ」で通常
数力国から派遣された将校で
構成されるが、この場合は
個人として参加し、非武装の
場合が多い

●平和維持軍(PKF)

「部隊単位」の各国軍で構成され、任務は
監視業務に加えて、敵対する双方の兵力の
引き離しや武装解除、地雷や不発弾の処理
復興協力等が加わる。部隊は拳銃や小銃
程度(場合により、機関銃、迫撃砲、
装甲車まで)の武装が許され、自衛範囲
で使用が許可される

最近のPKO活動には
上記の軍事活動に加え
選挙監視や警察活動
行政の代行や助言等
非軍事的活動も
急激に広がっている

この自衛の
範囲には
PKFの任務
を武力で妨害
された場合
反撃する事も
含まれている

■PKO部隊・活動の実態

コンゴではベルギー軍の撤退促進と国内の治安維持、そしてカタンガ州での内戦防止と外国勢力の排除であったが、外国人傭兵の指揮するカタンガ憲兵隊と激しい戦闘になってしまった

ゲッ、ついに戦闘機を持ってきたのネこうなったら逃げようっと

国連軍に猛威をふるった傭兵側のマジステール。（フランス製練習機）

航空戦力がないため苦戦した国連軍はついにサーブJ29ジェット戦闘機（スウェーデン軍）5機を派遣。

コンゴにおけるスウェーデン兵士

PKOの兵員は加盟国により自発的に提供されるもので軍服、装備は自国の物を使用。

ブルーヘルメット

スエズ動乱地に組織されたPKOは、アメリカ軍のヘルメットの内帽を国連カラーの青ペンキで塗り、これを着用以来、ブルーヘルメット（またはベレー帽）はPKOの代名詞ともなっている

PKFの中でも最も危険な部隊といわれるUNIFIL（レバノン暫定軍）

92年4月で186人の部隊犠牲者を出したが戦闘は続き現在も駐留中2006年時点で部隊犠牲者は261人に増えている

イスラエル軍とゲリラ側の間に展開しているんだが頭越しの砲撃はしょっちゅうあるし、82年のレバノン侵攻時には、イスラエル軍に「妨害せずに通過させるように」と命令までされたイスラエル軍はすぐPKOを無視しやがるんだ

レバノンのフランス兵

旧ユーゴスラビア。ここもまた最悪の内戦状態だった昔からの民族対立でボスニア紛争、コソボ紛争、クロアチア紛争と紛争が続いたがNATOの介入やPKOでようやく2000年に戦闘は収束した

2003年からのイラク戦争ではアメリカを中心にイギリス、オーストラリア等が加わった「有志連合」が軍事介入。2010年にようやくオバマ大統領が戦闘終結宣言した。

2015年時点でPKOは世界16ヶ所で展開中2000年代になるとアフリカでの活動が増え現在も10ミッションが展開中だ

■各国のPKO派遣体制と事情
●カナダ（国連PKOを生み育てた）

カナダは56年のスエズ動乱に
国際緊急軍を提案（UNEF）し
カナダ軍を派遣
PKOの生みの親と言われる
2007年時点で60回のPKO中
最多の50回に参加している

カナダには約500人の緊急部隊
があり、自国民保護、災害への
緊急出動が主目的だが
政令によってPKOにも派遣
できるようになっている

カナダはアフガニスタンでは
53人の犠牲者を出している

●北欧国連待機軍

1968年、スウェーデン、デンマーク、
ノルウェー、フィンランドの北欧4カ国
は国連の平和維持活動を支えるため
正規軍を利用しない「北欧国連待機軍」
制度を組織した。PKOの参加や自然の
大災害等の海外救援活動に出動すること
を任務としている

4カ国はそれぞれ各分野
での専門家訓練センター
を設置、世界各国からの
訓練生も受け入れている

日本の自衛隊もスウェーデンに
研修に行ったゾ

スウェーデンは将校向け
訓練センター。
デンマークは憲兵用訓練
センター。
ノルウェーは後方支援訓練
センター。
フィンランドは軍事監視
訓練センターを受け持つ

●ネパール

勇猛さで有名な※グルカ兵を派遣
人的資源しか持たない小国だが
国連の"大義"には積極的に
参加している

同じ出稼ぎなら
英軍や
インド軍の方が
給料はいいが
国連の仕事は
それらとは
意義が違う

●フィジー

出稼ぎ兵ながら中立・公平で
国際的評価は高い
78年のレバノン以来
のべ2万5000人の兵士が
PKOに派遣されている
（2014年時点）

国連は派遣国政府へ
兵士1人あたり月に約1000ドル
払っている
フィジー政府は過去30年で
約3億2000万ドル
受け取っており
兵士へ払う給料を差し引いても
重要な収入源となっているのだ

※ネパールの山岳地域出身の傭兵の総称。忠誠心に厚く、白兵戦や夜襲が得意

■軍用無線機

パラボラアンテナを介して
直接本国とも
連絡できてしまう

現代の無線機は
デジタル式で
様々な型で送受信できる。
軍用パソコンと
接続することで画像や
データも送受信でき
敵の妨害対策機能も
装備している

軍用無線機は用途別に
いろいろあるが、歩兵部隊は
中距離を小隊長が使用。
無線手が背負って一緒に
行動している。

●個人携帯無線機
AN/PRC-148
MBITR
（航空機との通信
も可能だ

●マンパック型無線機
AN/PRC-117
デジタル式で小型軽量。

●携帯式
折りたたみ
アンテナ

GPS
受信機

UDT
（ディスプレイ）

一般兵
にも普及
したGPS。

●専用プレート
キャリア
パソコンも現在の軍隊には
欠かせない装備だ。

●GPS受信機
（全地球測位システム）

偵察用UAV、
GPSの利用

■ランドウォーリア
アメリカが開発した先進歩兵システム（現在実用中）。

上級指揮官

ワイヤレスLANアンテナ
（分隊内でLAN:データ通信
ネットワークを構成

ヘルメット・
サブ・システム
（ディスプレイ装置。
画像や文字等の
情報を表示

歩兵分隊内でも
無線で交信する
ほどになっている。

コントローラー
（システム制御）

マイク＆
ヘッドセット

無線システム

分隊内LAN

分隊指揮官

他の部隊

接続コード

バッテリー

ウエポン
サブ
システム
（ビデオカメラ
レーザー
測距／
暗視装置

ランドウォーリアは1990年代より
開発を進めており、兵士に高度な
デジタル情報機能と防御機能をもたせ
これらにより歩兵間、指揮官との
情報交換を行い、効果的に
戦闘能力を発揮させようとするものだ

■夜間戦闘

現代戦では夜間も
日中と同様の戦闘能力を
要求されているが
これは暗視装置の発達により
完全に可能となっている

アメリカ軍では
暗視装置は歩兵の
個人レベルまで行き渡り
暗闇での戦闘も可能だ
アメリカ軍は
24時間戦えます!

■戦場に夜はなくなった

●照明装置

白色光(ホワイトライト)
照明弾やサーチライト。
主に陣地防衛に用いる。

暗視装置で照明弾や
サーチライトを直接見ると、
ハレーションを起こし
一時的にまったく
見えなくなるゾ

●暗視装置
(イメージ・インデンシファイア)

月明かりなど
極めて僅かな
光の反射をとらえ、
増幅画像にする。
白黒TVを緑色に
したような画像に見える。

●暗視装置

初期の
スターライト
スコープ。

●赤外線映像装置
(サーマル・イメージ)

物体の発する熱を増幅し
映像化する。温度が高い所
ほど白く見える。

パッシブ式
赤外線スコープ

PVS-7
使用しない時は
跳ね上げておく。

AN/PVS-14

AN/PSQ-26
ENVG
スターライト式と赤外線式が
一体化された暗視装置。

暗視装置はパイロットから歩兵ま
でのヘルメットや銃に装着するタ
イプや、監視装置など様々な装
置が開発されている。

AN/PED-1
レーザー・
レンジ
ファインダー

赤外線装置を
組み込んだ
監視・
照準装置。

レーザー照準器

これは射手が暗視ゴーグルを
かけ、ライフルに小型で
強力なレーザー・エイム・
ポインターを装備したアイテム。

■M17/M18

1985年に採用された
ベレッタに替わり近代化
された拳銃ということで
採用された。
本体の色が
コヨーテブラウンと
ブラックがあるが、
コヨーテブラウンが主流だ

2007年1月19日に
ベレッタM9に置き換える
ものとして選定された、
シグ・ザウエル社の
SIG SAUER P320を
元に開発した
アメリカ軍の制式拳銃だ

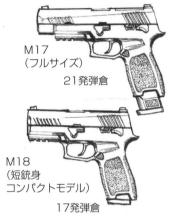

M17
（フルサイズ）

21発弾倉

M18
（短銃身
コンパクトモデル）

17発弾倉

モジュラーハンドガンシステム
として、各種サイトやサプレッサーを
取り付けることができる。

重量／ M17:834g
　　　　M18:737g
全長／ M17:203mm
　　　　M18:183mm
銃身長／ M17:120mm
　　　　　M18:98mm
全幅35.5mm
全高140mm

■XM5/XM250

アメリカ陸軍の次世代分隊火器
として、2020年に制式採用された。
M16/M4の後継がM5、M249の
後継がM250となる予定
（2024年より運用テスト）

こちらは大ニュースで、アメリカ軍が小銃用弾薬を
5.5mmから6.8mmへと変更するのです。
これはアフガンやイラクなど最近の戦闘で
交戦距離が延伸したことと、
対ボディアーマーの貫通能力も要求されたことから
新弾薬と新小銃の登場となったのです!!

6.8mm弾により
有効射程は300m
から500mとなり、
より遠くへより正確に
パンチのある射撃が
できる。

●XM5
重量／ 3.80kg
　　　　4.46kg（サプレッサー装着時）
全長／ 866mm
914mm（サプレッサー装着時）
銃身長／ 330mm
389mm（サプレッサー装着時）

●XM250
重量／ 5.9kg（バイポッド装着時）
　　　　6.6kg（サプレッサー装着時）
全長1063mm（サプレッサー装着時）
銃身長444mm

XM5ライフル
20発弾倉

XM250
分隊火器

M4後継の
FN SCARの
例もあるし
Xが取れるまで
安心
できん

■軍用ドローン　●UAV（無人航空機）

いま注目されているUAVは自力航行が可能で情報収集能力も進歩している。攻撃能力も追加され、空のロボット兵器として、地上部隊に多大な貢献を果たしている

RQ-4グローバル・ホーク
高度偵察用。
滞空時間も36時間以上と長い。

MQ-1Cグレイ・イーグル
対テロ戦争で実績をあげた
MQ-1プレデターの陸軍用派生型。
情報収集・監視・偵察の他、
ヘルファイアミサイル4発を搭載するため
攻撃用ドローンにもなる。滞空時間は25時間。

スイッチブレード

小型の自爆突入型UAV。バックパックに入れて携行可能で、ビデオカメラで目標を捕捉して突入する。航続時間は15分。

RQ-11レイヴン
前線における近距離偵察用。
発進は手投げだ。

RQ-20プーマAE
航続時間がレイヴンの
60～90分から3.5時間に
延びた。

■ロボット兵器　●UGV（無人車両）

パックボット
兵士が1人で
運べるUGV。

タロン
爆発物処理用。

陸のドローンはUGVと呼ばれ爆発物の処理が主な任務だったが、機関銃や対戦車ミサイルを搭載した戦闘用のUGVや、荷物や負傷者の搬送を行う輸送用UGVの開発が進められている

戦闘型

車両型ロボット
兵士の前で
強力に
援護する。

兵士の装備を運ぶ
輸送型。

**軍用犬
ロボット**

**LS3アルファ
ドッグ**
4脚歩行の
輸送用
メカロバだ。

■キャンプ卒業試験

さて本書はもう終わりだが
この辺で一発問題を出します
これにパパッと答えて
最終試験としたいと思う

野外で実際に
やれると一番
なんですがネ

問1／地形・地物を利用した射撃だが、正しい物に○をせよ

3×3(9点)

問2／M16A1の名称を正しく覚えよう

下の番号と合わせてみよう
①チャージングハンドル
②マガジンキャッチ・ボタン
③フラッシュサプレッサー
④ボルト・アシストノブ
⑤ハンドガード
⑥バットストック

6×1(6点)

問3／正しく照準が合っているのはどれだ
2×2(4点)

① ② ③
④ ⑤ ⑥

問4／世界各国のライフルのシルエットを当てよ

①FA-MAS
②AKM
③FAL
④M16A 1
⑤MP44
⑥ガリル
⑦89式
⑧G3
⑨L85A 1
⑩64式

10×1(10点)

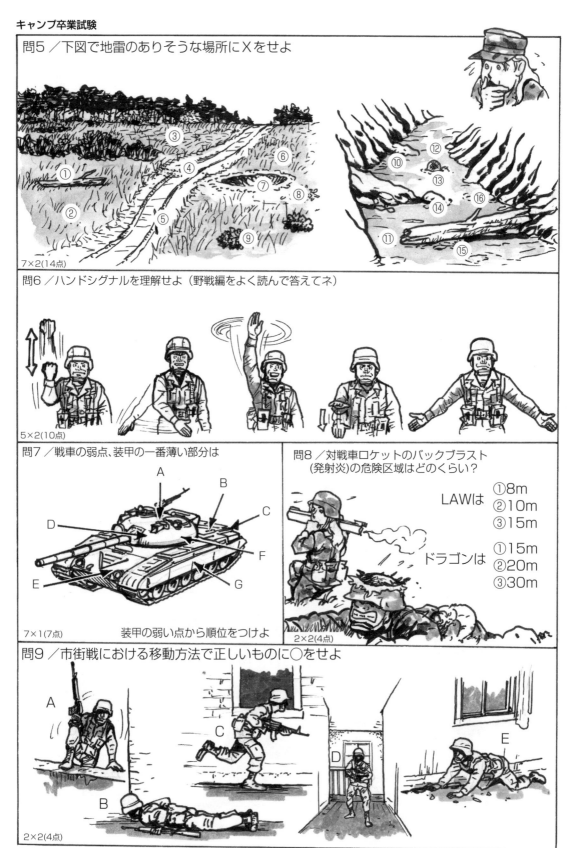

問5／下図で地雷のありそうな場所にXをせよ

7×2(14点)

問6／ハンドシグナルを理解せよ（野戦編をよく読んで答えてネ）

5×2(10点)

問7／戦車の弱点、装甲の一番薄い部分は

7×1(7点)　　　　　　　装甲の弱い点から順位をつけよ

問8／対戦車ロケットのバックブラスト
　　　（発射炎）の危険区域はどのくらい？

LAWは　①8m
　　　　②10m
　　　　③15m

ドラゴンは　①15m
　　　　　　②20m
　　　　　　③30m

2×2(4点)

問9／市街戦における移動方法で正しいものに○をせよ

2×2(4点)

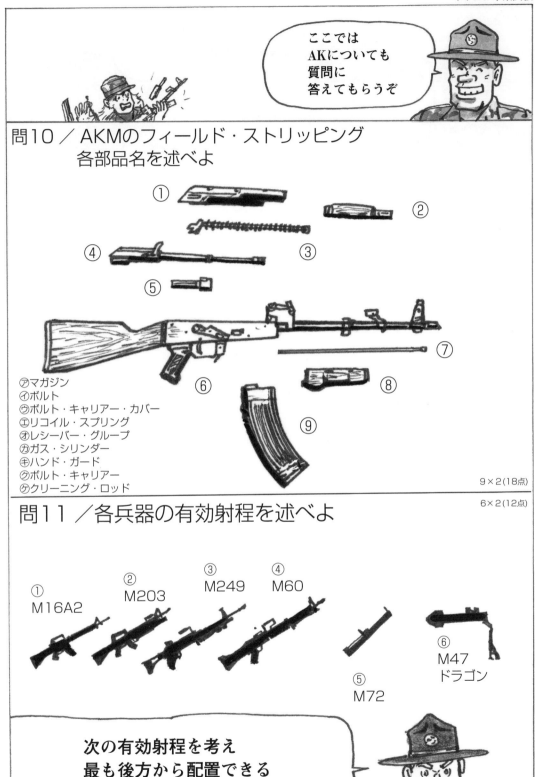

ここでは
AKについても
質問に
答えてもらうぞ

問10／AKMのフィールド・ストリッピング
各部品名を述べよ

① ② ③ ④ ⑤ ⑥ ⑦ ⑧ ⑨

㋐マガジン
㋑ボルト
㋒ボルト・キャリアー・カバー
㋓リコイル・スプリング
㋔レシーバー・グループ
㋕ガス・シリンダー
㋖ハンド・ガード
㋗ボルト・キャリアー
㋘クリーニング・ロッド

9×2(18点)

6×2(12点)

問11／各兵器の有効射程を述べよ

①
M16A2

②
M203

③
M249

④
M60

⑤
M72

⑥
M47
ドラゴン

次の有効射程を考え
最も後方から配置できる
兵器から順に並べよ

問12

よおし今度はちょっとお遊びで
ベトナム戦時に使用された軍隊用語の問題だ

山カンでも当たるように右にある
答えの中から選んでみてネ

①FNG
②DD
③Deros
④AirCab
⑤Arty
⑥Bad
⑦Cammies
⑧Zoo
⑨Honcho
⑩Bird
⑪Joim
⑫Corpsman
⑬Dust-off
⑭Grunt
⑮Concertina
⑯Mustang
⑰Lifer
⑱Fragging
⑲K-Bar
⑳Lurp
㉑R&R
㉒SteelPot
㉓Vet
㉔TWOShop
㉕RocK&Roll
㉖LeatherNeck
㉗Winchester
㉘Six-by
㉙Doc
㉚Remt
㉛Contact
㉜Strac

㋑ジャングル
㋺迷彩服
㋩良いこと
㋥砲兵隊
㋭空挺/空中機動歩兵
㋬海外勤務帰国予定日
㋣看護婦
㋠クソったれ新兵
㋷職業軍人
㋦兵隊出身の士官
㋬もつれた鉄条網
㋼歩兵
㋾ヘリコプター医療救助
㋕衛生兵
㋡マリファナタバコ
㋚飛行機
㋟上官
㋨海兵隊員
㋝自動砲火
㋧情報部

㋕元兵士
㋬ヘルメット
㋹休暇
㋒規則一点ばり
㋩後方支援部隊
㋕衛生兵(海兵隊)
㋒大型トラック
㋓弾薬切れの無線暗号
㋜敵との武力衝突
㋙上官を手榴弾で始末する
㋗戦闘用ナイフ
㋜長距離偵察隊員

32×1(32点)

ここでついでにGIのスラングも
少し教えちゃいます

チキン→新年、若造、ガキ、新兵
ブラス・ハット→将校
(GIが将校をバカにして使う)
フルーツ・サラダ→胸の略緩リボン
スクランブル・エッグ→将校帽のひさしに
　　　　　　　　　　付いている金モール
アンクル・サム→アメリカ政府
ピッグ→M60GPMG
ワンスター→准将又は将軍
シート・タイム→トイレ休けい
ナンバー・ワン→最高
ナンバー・テン→最低

なにぃ〜〜
30点以下はもう一度
最初から読み直せ!!
合格点は80点以上だ

あとがき

上田 信

　本書は2015年11月発行の『コンバット・バイブル［増補改訂版］』に、あらたに19ペー
ジを書き足しての書籍版です。前回の改訂版からもアメリカ軍は数々の実戦を経て、兵器・
装備も進化を続けています。その中でも歩兵の主力火器であるアサルトライフルの後継が
XM5に決まり、使用弾薬が5.56㎜から6.8㎜弾となったことが大きな変化です。

　そして同じ弾薬を使う分隊支援火器も変わることになり、弾薬用の各種装備品も造られ、
強力になった弾薬を使用しての戦術も変化することになる。そうなれば『コンバット・バイブル』
続改訂版が出版されるかもしれませんね。

キャンプ卒業試験［解答］

問1	Ⓐ Ⓓ Ⓔ ────── **9点**
問2	A－⑥　B－①　C－⑤　D－③ E－④　F－② ────── **6点**
問3	②　⑥ ────────── **4点**
問4	A－⑧　B－⑦　C－⑨　D－① E－②　F－⑥　G－④　H－⑤ I－⑩　J－③ ─────── **10点**
問5	①　④　⑥　⑨　⑬　⑮　⑯ ───────────── **14点**
問6	第4章／野戦編を参照 ── **10点**
問7	BCAGFED ──────── **7点**
問8	LAW③　ドラゴン③ ──── **4点**
問9	B　E ───────────── **4点**
問10	①－ウ　②－カ　③－エ ④－ケ　⑤－イ　⑥－オ ⑦－コ　⑧－キ　⑨－ア－**18点**

問11　①450m　②150m　③450m
　　　④1100m　⑤200m
　　　⑥1000m ──────── **12点**

問12　①－チ　②－ト　③－ヘ
　　　④－ホ　⑤－ニ　⑥－ハ
　　　⑦－ロ　⑧－イ　⑨－レ
　　　⑩－タ　⑪－ヨ　⑫－カ
　　　⑬－ワ　⑭－ヲ　⑮－ル
　　　⑯－ヌ　⑰－リ　⑱－ケ
　　　⑲－フ　⑳－コ　㉑－ム
　　　㉒－ラ　㉓－ナ　㉔－ネ
　　　㉕－ツ　㉖－ソ　㉗－ヤ
　　　㉘－ク　㉙－オ　㉚－ノ
　　　㉛－マ　㉜－ウ ─────── **32点**

合計130点

主な参考文献

●BOOKS

『ミリタリーイラストレイテッド⑰　U.S.軍事技術による衣・食・住カタログ』（光文社文庫）／『ミリタリーイラストレイテッド②　最新　米軍サバイバル・マニュアル』（光文社文庫）／『アメリカ陸軍サバイバルマニュアル』（朝日ソノラマ）／『アウトドアライフ　ハンドブック』（新星出版社）／『ビーパルじいさんのアウトドア教本』（小学館）／『アウトドアライフ』（永岡書店）／『ゲイブン・ブックス　日本の防衛戦力Part1　陸上自衛隊』（芸文社）／『サンケイ・ワールドウォーイラストレイテッド④　ライフル・拳銃・手榴弾』（サンケイ新聞出版局）／『ジャガーバックス　戦う自衛隊』（山下純二・立風書房）／『ジャガーバックス　ドイツ兵器大図鑑』（立風書房）／『武器』（マール社）／『世界の銃器　床井雅美』（ごま書房）／『科学技術軍事図説事典』（現代ロシア語社）／『イラストレイテッド・ガイド　②現代エリート部隊　⑤アメリカ陸軍⑧対戦車兵器』（ホビージャパン）／『コンバット・スキル　戦闘マニュアル』（ホビージャパン）／『ザ・グリーンベレー』（柘植久慶・原書房）／『ザ・ファイティング』（柘植久慶・原書房）／『戦場サバイバル』（柘植久慶・原書房）／『スペシャル・フォース』（柘植久慶・原書房）／『米陸軍サバイバル』（柘植久慶・原書房）／『傭兵マニュアル』（毛利元貞・並木書房）／『傭兵　フランクキャンパー』（高橋和弘・朝日ソノラマ）／『アメリカ海兵隊の徹底研究』（稲垣治・光人社）／『中国軍事教本（人民戦争の軍事学）　上・下』（龍渓書舎）／『新入隊員必携　陸上自衛隊幕僚監部第5部監修』（学陽書房）／『世界の軍用銃』（文林堂）／『未来兵器』（文林堂）／『ミリタリーユニフォーム大図鑑』（文林堂)」／『最強　世界の歩兵装備図鑑』（学研パブリッシング）／『[図解]携帯兵器バイブル』（笠倉出版社）／『マニュアル　日本語版』（すてんかん工廠）／『ミリタリーナレッジレポート』（友清仁）／『軍用ドローンの脅威』（イカロス出版）／『ガン＆ガール　イラストレイテッド　米軍現用銃火器編』（イカロス出版）／『THE USARMYSOLDIER』（Histoire &Collections）／『ウィキペディア』（フリー百科事典）

●MAGAZINES

『月刊コンバット増刊　アメリカ陸軍Ⅰ　アメリカ陸軍大事典　ミリタリー・マガジン　ミリタリー・マガジン2　ミリタリーサープラスガイド　アメリカ海兵隊』（ワールドフォトプレス）／『月刊アームズマガジン』（ホビージャパン）／『月刊丸』（潮書房）／『月刊GUN　別冊GUN Part1〜5』（国際出版社）／『月刊PANZER』（サンデーアート社）／『月刊戦車マガジン』（デルタ出版）／『週刊サンケイ緊急増刊　全記録ベトナム戦争30年』（サンケイ新聞出版局）／『モノマガジン』（ワールドフォトプレス）／『PXマガジン』（ワールドフォトプレス）／『ワールド・ムック　26 ザ・ガン＆ライフル　29 ザ・スーパーガン　43 ベトナム戦争と兵器　45 自衛隊装備カタログ　52 自衛隊1982 ユニフォーム個人装備　59 ベトナム戦争』（ワールドフォトプレス）

コンバット・バイブル
［永久保存版］

2024年4月29日初版発行

著　者●上田　信
編集人●横田祐輔
発行人●杉原葉子

発行　　株式会社電波社
　　　　〒154-0002
　　　　東京都世田谷区下馬6-15-4
　　　　TEL：03-3418-4620
　　　　FAX：03-3421-7170
　　　　振替口座：00130-8-76758

　　　　https://www.rc-tech.co.jp/

印刷・製本　　大日本印刷株式会社

ISBN 978-4-86490-256-4 C0076
©2024 DENPA-SHA CO.,LTD.